高等院校"卓越工程师"系列教材·机械类

计算机辅助设计及分析

米　洁　刘相权　编著
郝静如　主审

北京邮电大学出版社
www.buptpress.com

内 容 简 介

本书系统地阐述了计算机辅助设计及分析的基本理论、关键技术和应用技术。全书共分为 9 章，内容包括：机械 CAD 技术概述、机械 CAD 的支撑技术、工程数据的处理技术、设计图形处理技术、建模技术、计算机辅助设计分析软件工程技术、虚拟样机仿真分析、有限元分析基础、ANSYS 有限元分析。本书在注重内容系统性、完整性的基础上，重点强调工程技术的应用，将本学科一些应用性较广的新技术引入本书教学内容。鉴于目前有限元分析技术和虚拟样机技术在工程设计领域中的广泛应用，其已成为工程设计人员不可缺少的通用分析工具，本书介绍了 ANSYS 和 ADAMS 软件的使用方法和应用实例，以提高读者对所学理论的实际运用能力。

本书可作为机械工程类专业本科生和研究生教材，也可作为相关工程技术人员的参考资料。

图书在版编目(CIP)数据

计算机辅助设计及分析 / 米洁，刘相权编著 . --北京：北京邮电大学出版社，2013. 12

ISBN 978-7-5635-3747-1

Ⅰ. ①计… Ⅱ. ①米… ②刘… Ⅲ. ①AutoCAD 软件 Ⅳ. TP391. 72

中国版本图书馆 CIP 数据核字(2013)第 262988 号

书　　　名：计算机辅助设计及分析
著作责任者：米　洁　刘相权　编著
责 任 编 辑：王丹丹
出 版 发 行：北京邮电大学出版社
社　　　址：北京市海淀区西土城路 10 号(邮编：100876)
发　行　部：电话：010-62282185　传真：010-62283578
E-mail：publish@bupt. edu. cn
经　　　销：各地新华书店
印　　　刷：北京鑫丰华彩印有限公司
开　　　本：787 mm×1 092 mm　1/16
印　　　张：14
字　　　数：348 千字
印　　　数：1—3 000 册
版　　　次：2013 年 12 月第 1 版　2013 年 12 月第 1 次印刷

ISBN 978-7-5635-3747-1　　定　价：28. 00 元

· 如有印装质量问题，请与北京邮电大学出版社发行部联系 ·

前　　言

随着计算机的日益普及，计算机辅助设计及分析技术已在机械、电子、汽车、造船、航空航天等领域得到了广泛的应用。该技术在缩短新产品开发周期、降低开发成本、提高设计水平等方面效果显著，已成为机械工程类专业学生和相关工程技术人员的必修知识和常用技术。

计算机辅助设计及分析技术是一门交叉学科，所涉及的内容非常广泛，包括工程数据库、计算机图形学、建模技术、虚拟样机技术、有限元分析等多个学科。针对机械工程设计的特点，本书有选择的介绍了其中的常用技术，内容由浅入深、逐步展开，力求理论叙述条理清楚、通俗易懂。同时，计算机辅助设计及分析技术又是一门理论和实际应用结合非常紧密的技术。而当前国内的 CAD 教材一般或注重基本原理和关键技术的讲解，或针对某种软件进行介绍，缺乏对理论和应用的全面贯通。针对这种现状，本书作者在长期从事数字化集成设计教学和科研的基础上，结合工程应用的实际案例，除对相关系统知识进行讲解外，还将机械系统动力学仿真软件 ADAMS 和有限元分析软件 ANSYS 引入本书内容，以提高读者解决实际问题的能力。

本书由北京信息科技大学米洁、刘相权编著。其中第 2 章、第 4 章的第 3 节、第 5 章、第 6 章、第 8 章由米洁编写，第 1 章、第 3 章、第 4 章的第 1 节和第 2 节、第 7 章、第 9 章由刘相权编写，全书由米洁统稿。

全书由北京信息科技大学郝静如教授主审，在此表示衷心的感谢。

本书编写过程中得到了北京信息科技大学机电工程学院有关同行们的关心和帮助，在此表示感谢。

编写过程中参阅了大量参考文献，在此向有关作者一并感谢。

由于编者水平有限，书中不足、疏漏之处在所难免，恳请广大读者批评、指正。

目　　录

第 1 章　机械 CAD 技术概述 …… 1

1.1　CAD 技术的基本概念 …… 1
1.2　CAD 技术的发展 …… 3
1.3　CAD 系统的功能及作业过程 …… 6
1.4　CAD 系统的组成 …… 8
1.5　CAD 技术的应用 …… 20
1.6　CAD 常用支撑软件介绍 …… 24

第 2 章　CAD 系统支撑技术 …… 32

2.1　数据结构的基本概念 …… 32
2.2　常见的数据结构 …… 36
2.3　数据管理技术 …… 41
2.4　计算机网络技术 …… 48

第 3 章　工程数据的处理技术 …… 53

3.1　数表的计算机处理 …… 53
3.2　线图的计算机处理 …… 58
3.3　数表的插值 …… 65
3.4　曲线拟合 …… 72
3.5　数表的文件化 …… 74

第 4 章　设计图形处理技术 …… 77

4.1　图形的表达与编辑原理 …… 77
4.2　图形的几何变换 …… 80
4.3　曲线与曲面 …… 95

第 5 章　建模技术 …… 103

5.1　概述 …… 103
5.2　几何建模技术 …… 107
5.3　特征建模技术 …… 117

第 6 章　软件工程技术 …… 122

6.1　软件开发遇到的问题 …… 122
6.2　软件工程的概念 …… 123

6.3 软件开发过程 …… 124
6.4 软件生命期 …… 127

第7章 虚拟样机仿真分析实例 …… 129

7.1 ADAMS建模基础 …… 129
7.2 连杆机构的建模与仿真分析实例 …… 130
7.3 凸轮机构的设计与仿真分析实例 …… 144
7.4 齿轮机构的建模与仿真分析实例 …… 152

第8章 有限元分析基础 …… 162

8.1 有限元法简介 …… 162
8.2 一维杆件系统的有限元法 …… 165
8.3 弹性力学基础 …… 169
8.4 平面问题的三角形单元求解 …… 174
8.5 有限元建模 …… 179

第9章 ANSYS有限元分析实例 …… 185

9.1 悬臂梁的有限元分析实例 …… 186
9.2 简支梁的有限元分析实例 …… 193
9.3 轴承座的有限元分析实例 …… 202
9.4 桁架的有限元分析实例 …… 209

参考文献 …… 218

第1章 机械CAD技术概述

计算机的出现及其技术的发展，实现了将人类从脑力劳动解放出来的愿望。早在几十年前，计算机就已作为重要的工具，辅助人类承担一些单调、重复的劳动，如辅助数控编程、工程图样绘制等。在此基础上逐渐出现了CAD(Computer Aided Design，计算机辅助设计)、CAPP(Computer Aided Process Planning，计算机辅助工艺过程设计)及CAM(Computer Aided Manufacturing，计算机辅助制造)等概念。其中CAPP是连接CAD、CAM的桥梁，如图1-1所示。

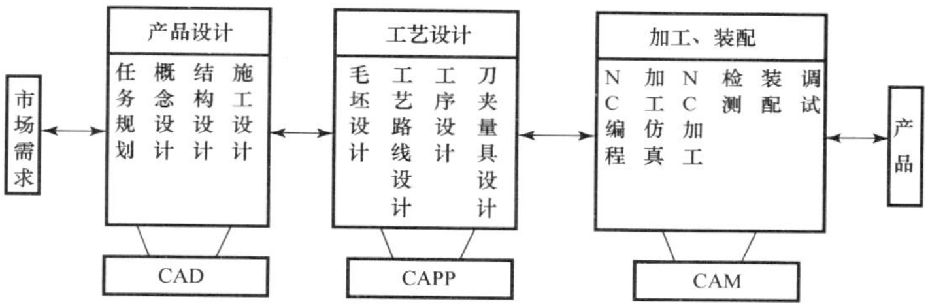

图1-1 CAD/CAM应用过程

随着计算机技术在工业中的不断普及，CAD技术已渗透到社会发展的各个角落，包括机械、电子、造船、航空航天、建筑和纺织等领域。CAD技术给制造业从产品设计到加工制造的整个开发过程带来了根本性的变革，并已成为企业技术创新、开拓市场的强有力的技术手段。

CAD技术的普及应用不仅对传统产业的改造、新兴产业的发展、劳动生产率的提高、材料消耗的降低、国际竞争能力的增强均有巨大的带头作用，而且CAD技术及其应用水平正成为衡量一个国家科学技术现代化和工业现代化水平的重要标志之一。

1.1 CAD技术的基本概念

随着科学技术的发展，人们生活水平的不断提高，消费者的价值观正在发生结构性的变化，呈现出多样化与个性化，为了适应这种变化，工厂的产品也向着多品种、中小批量方向发展。要适应这种瞬息万变的市场要求，则要求生产更具有柔性，对设计人员相应提出了更高的要求。计算机辅助设计(CAD)就是满足这种新的要求而产生的一种新的设计方法。

1.1.1 CAD 技术的定义

传统的机械设计方法是凭借直接、间接经验，通过类比分析确定方案，然后对机械零件做必要的计算，最后将部分合成整机。这种方法的特点如下：

(1) 依赖于人；

(2) 计算中用近似方法，精度低；

(3) 周期长、效率低；

(4) 常规设计全局考虑少。

目前，与计算技术相关的数学、物理、力学、系统工程学等学科的最新成果开始应用于机械设计、优化设计、可靠性设计、有限元分析、价值分析等方面。现代机械设计就是在传统机械设计方法的一般原理下，计算机技术和各种现代科学方法的有机结合。它继承了传统设计中有益的东西，又注入了现代科学的精华，从而形成了崭新体系。

计算机辅助设计是指工程技术人员以计算机为工具，用各自的专业知识，对产品进行总体设计、绘图、分析和编写技术文档等设计活动的总称。CAD 技术将计算机高速的数据处理、海量存储能力和人的逻辑判断、综合分析和创造性思维能力结合起来，实现了高效率和自动化，降低了设计成本。

CAD 的工作特点如下：

(1) 效率高，缩短研制周期

采用 CAD 技术，能明显地减少设计计算、图纸制作和资料检索的时间，大大提高设计速度。

(2) 提高设计质量

在 CAD 技术中，数学模型一般都比较准确，计算精度大大提高，而且可以进行优化设计、有限元分析等计算，使设计结果准确可靠。

(3) 系列化、标准化、通用化

设计人员可以利用 CAD 系统建立标准图及标准设计库，也可以修改原有产品设计中的参数得到新的设计结果。由于可以充分利用以前的设计结果，CAD 系统在标准化、系列化、通用化方面有突出的优势。

(4) 无图纸化生产的前提，提供 CAM、CIMS 基础

在 CAD 系统中，信息可以通过电子文档来存储和传递，因此信息的交流快捷而可靠。同时，随着 CAD/CAM 技术的发展，CAD 的信息可以直接转化成 CAPP 和 CAM 所需的信息，为实现计算机集成制造打下基础。

对 CAD 比较容易存在的误解有以下两点：

(1) 错误认为 CAD 只是将以前在图纸上绘图设计改为在计算机上进行设计，忽略了计算机在计算速度、修改、存储等方面的优势。

(2) 错误认为计算机能够自动设计，能够完全替代人的作用。目前一些系统将人的经验知识嵌入软件，使得计算机虽有一定的智能，但只具备有限的能力。计算机本身只会机械地执行程序，在执行过程中随着外界条件的变化而做出任何灵敏的甚至“聪明”的反应都是程序编制者预先安排的结果。

1.1.2　CAD/CAM 集成技术

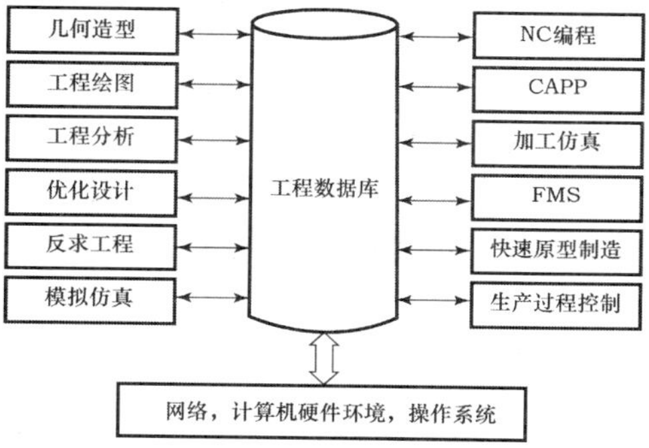

图 1-2　CAD/ CAM 集成系统总体模式

在实际生产中，设计和制造是密切相关的，制造阶段所需的信息和数据大多来自设计阶段，因此，对设计和制造来说，这些数据和信息应该是共享的。但是，CAD、CAPP、CAM 技术在相当长的时间里是按照各自的轨迹独立发展起来的，各系统之间很难自动完成数据交换，例如，CAD 系统设计的结果不能直接为 CAPP 系统接受，若进行工艺过程设计时，还需要人工将 CAD 输出的图样文件等信息转换成 CAPP 系统所需要的输入数据，这不但影响了效率的提高，而且在人工转换中难免发生错误，从而严重阻碍了 CAD、CAPP、CAM 效益的发挥。

随着计算机日益广泛深入的应用，人们很快认识到，只有当 CAD 系统输入的信息能为后续活动(如 CAPP、CAM) 继续应用时才是最经济的，为此提出了 CAD/CAPP/CAM 集成的概念，致力于 CAD、CAPP 和 CAM 各应用模块之间进行信息自动传递和转换的研究，以便将业已存在的 CAD/CAPP/CAM 系统集成起来。

如图 1-2 所示，理想的 CAD/ CAM 集成系统应该与一个公共数据库相连，应用程序使用存储在公共数据库的信息，实现产品设计工艺规程编制、生产过程控制、质量控制、生产管理等产品生产全过程的信息集成。目前，CAD/CAM 集成系统已经进入应用和成熟阶段。

1.2　CAD 技术的发展

1.2.1　CAD 技术的产生与发展

1. 准备和酝酿时期(20 世纪 50～60 年代初)

这一时期 CAD 技术处于被动式的图形处理阶段。

20 世纪 40 年代，计算机问世。1950 年美国麻省理工学院研制成功阴极射线管(CRT)，作为图形显示终端，结束计算机只能处理字符数据的历史，并于 1950 年首先在计算机上采用了阴极射线管做成的图形终端，并能被动地显示图形，由此开始了交互式计算机图形学的研究。交互图形生成技术开始萌芽。

20 世纪 50 年代末期，美国麻省理工学院(MIT)林肯实验室研制的空中防御系统就能将雷达的信号转换为显示器上的图形，操作者可以用光笔指向显示屏幕上的目标来拾取所需的信息。1959 年 12 月，在 MIT 召开的一次会议上提出了 CAD 概念。

2. 蓬勃发展和进入应用时期（20 世纪 60 年代）

这一时期提出了计算机图形学、交互技术、分层存储符号的数据结构等新思想，从而为 CAD 技术的发展和应用打下了理论基础。

20 世纪 60 年代中期出现了许多商品化的 CAD 设备，这一时期 CAD 系统的特点是规模庞大，价格昂贵。因此，只有经济实力雄厚和技术力量较强的大型企业和研究单位才能研究和应用 CAD 技术。

1963 年，美国通用汽车公司(GM)和 IBM 公司开发成功了用于汽车前窗玻璃线型设计的 DAC-1 系统。60 年代中后期，IBM 公司的 SMS、SLT/MST 设计自动化系统。洛克希德公司研制的主要用于二维绘图 CAD 系统。美国通用汽车公司为设计汽车车身和外形而开发的 CAD-1 系统。美国的 CDC 公司也开发了作为商品销售的 Digigraphic CAD 系统。60 年代末，美国安装的 CAD 工作站已达 200 多台，可供几百人使用。

3. 技术商品化、广泛使用时期（20 世纪 70 年代）

1970 年美国 Applicon 公司第一个推出完整的 CAD 系统。出现了面向中小企业的 CAD 商品化系统。这一时期对三维几何造型也开始研究。

70 年代末，32 位工作站和微型计算机的出现对 CAD 技术的发展起了极大的推动作用。

70 年代末，美国 CAD 工作站安装数量超过 12 000 台，使用人数超过 2.5 万。

4. 高速发展、突飞猛进时期（20 世纪 80 年代）

在这个时期，随着微型计算机的性价比的提高，以 PC386、486 为主机的 CAD/CAM 系统不断增加；相应的软件技术如数据管理技术、有限元分析、优化设计等技术也迅速提高，商品化软件的出现，促进了 CAD 技术的推广和应用。

图形系统和 CAD 工作站的销售量与日俱增，至 1988 年，美国实际安装 CAD 系统发展到 63 000 套；CAD 技术从大中企业向小企业扩展；从发达国家向发展中国家扩展；从用于产品设计发展到用于工程设计和工艺设计。实体造型技术成为主流并走向成熟，大大拓展了 CAD 应用技术领域。

5. 开放式、标准化、集成化和智能化的发展时期（20 世纪 90 年代后）

(1) 由于微机加 Windows 操作系统与工作站加 UNIX 操作系统在以太网的环境下构成了 CAD 系统的主流工作平台，因此现在的 CAD 技术和系统都具有良好的开放性。CAD 技术已不停留在过去单一模式、单一功能、单一领域的水平。

(2) 一些工业先进国家和国际标准化组织都在从事标准接口的开发工作，图形接口、图形功能日趋标准化。

(3) 出现集成化的 CAD 系统和一批商品化的集成软件。在 CAD 系统中综合应用文本、图形、图像、语言等多媒体技术和人工智能和专家系统等技术，大大提高了自动化设计的程度，出现了智能 CAD 的新学科。

1.2.2 CAD在我国的发展

从1985～1990年进行了大规模的CAD技术的开发与研究。在国家统一规划下，选择了24种机械产品作为开发对象，包括汽车、拖拉机、减速器、组合机床等。参加技术攻关的有250多个单位，涉及人员达2 600人，取得了40多项科研成果，攻克了一些CAD关键技术，如三维造型、有限元分析等。

“八五”期间，机械工业CAD开发与推广又被列入国家科委重点科研项目，从“七五”攻关成果中优选了13个机械产品CAD应用软件，进一步完善、推广，取得了一定的成果。

1995年，机械工业部推行了“CAD应用1215工程”，即选择12家企业开展“甩掉图板”的试点工作，探索CAD技术在企业应用的实际经验。此项目的实施，使企业产生了明显的效益，为企业推广应用CAD技术提供了宝贵的经验。

机械工业部将1997年定为机械工业CAD应用发展年，以国家科委、机械工业部等单位主办的“首届全国CAD应用工程博览会”于1997年7月在北京举行。CAD应用工程工作已取得丰硕成果，并已列入“九五”计划的重点项目。

国内高等院校和科研院所在CAD支撑和应用软件的开发上担任极其重要的角色。在优化设计方面，华中科技大学(原华中理工大学)的优化程序库OPB及机械零件的优化设计程序早在20世纪80年代末就在工矿企业推广；在二维交互绘图系统方面，华中理工大学开目CAD，以及与清华大学共同研制的GH-MDS都已经在国内行业中推广；在三维造型和几何设计方面，北京航空航天大学PAN-DA、清华大学和华中科技大学(原华中理工大学)共同开发的CADMIS等都实现了参数化特征造型、曲面造型、数控加工和有限元分析的集成；在有限元方面，大连理工大学研制分析软件IFEAS与华中理工大学的有限元前后处理系统GH-FEM实现了集成；在数控编程方面，南京航空航天大学的超人CAD/CAM能实现复杂曲面的造型和数控代码的自动生成和加工仿真。

1.2.3 CAD技术的发展趋势

1. 集成化

为适应设计与制造自动化要求，特别是近些年来出现的CIMS的要求，进一步提高集成水平是CAD系统发展的一个重要方向。集成化的目的是实现在整个产品生命周期中各个分系统间信息流的畅通和综合。集成涉及功能集成、信息集成、过程集成与动态联盟中的企业集成。

2. 智能化

设计活动包括推理型工作、方案的构思与拟定、最佳方案选择等。这些工作依赖于一定的知识模型，采用符号推理方法才能获得圆满解决。因此将人工智能技术，特别是专家系统技术与CAD相结合，形成智能化CAD系统是机械CAD的发展趋势。智能化CAD系统的发展将对信息科学的发展产生深刻的影响。

3. 标准化

随着CAD技术的发展，工业标准化问题越来越显示出重要性。CAD系统的集成一般建立在异构的工作平台之上，为了支持异构跨平台的环境，要求CAD系统必须是开放的系统，必须采用标准化技术。

目前已制定了一系列相关标准，如面向图形设备的标准计算机图形接口(CGI)、面向图形应用软件的标准GKS和PHIGS、面向不同CAD系统的产品数据交换标准IGES和STEP等标准。这些标准规范了CAD技术的应用与发展。

4. 网络化

网络技术使CAD系统实现异地、异构系统在企业间的集成成为现实。网络化CAD/CAM技术可以实现资源的取长补短和优化配置，极大地提高企业的快速响应能力和市场竞争力，“虚拟企业”、“全球制造”等先进制造模式由此应运而生。

5. 虚拟化

虚拟设计是一种新兴的多学科交叉技术。它涉及多方面的学科研究成果与专业技术，通过以虚拟现实技术为基础，以机械产品为对象，利用这项技术可使设计人员能与多维的信息环境进行交互。在一个“虚拟”真实的环境中，设计人员对虚拟模型进行各个角度的观察，评价和修改，大大减少实物模型和样件的制造，降低了产品成本，缩短了产品的开发周期。同时，将设计人员在CAD/CAM环境下的活动提升到人机融为一体的交互活动，充分发挥设计者的智慧和决策作用。

1.3 CAD系统的功能及作业过程

1.3.1 CAD系统的主要功能

CAD系体与外界进行信息传递与交换的基本功能是靠硬件提供的，而系统所能解决的具体问题是由软件保证的。

硬件应具备的功能有：计算功能、存储功能、输入/输出功能、交互功能。

软件应具备的功能有以下几种。

1. 几何建模

几何建模功能是CAD的核心功能。几何建模所提供的有关产品设计的各种信息是后续作业的基础。利用CAD系统提供的几何建模功能，用户可以实现：

(1) 构造产品零件的几何模型、产品及部件的三维装配模型；

(2) 对产品各零件间可能存在的装配干涉进行分析，评价产品的可装配性，避免真实装配中的种种问题；

(3) 对运动机构进行机构内部零部件之间及机构与周围环境之间的干涉碰撞分析检查，避免各种可能存在的干涉碰撞问题。

2. 工程分析

采用三维几何模型和装配模型可以对不同产品的性能做深入准确的分析，这是传统手工设计方法所无法比拟的。并且借助于计算机工具，可以采用各种可视化手段把分析结果表示出来。通过计算机工程分析这种方法，可以取代传统设计方法所进行的大量模型试验，缩短设计周期，降低设计成本。常用的工程分析内容包括以下几种：

(1) 有限元分析。对产品结构的应力、应变、强度、振动、热变形、磁场、流场等分析计算并直观显示计算结果；

（2）优化设计。为获取最佳性能，需要进行优化设计。包括总体方案优化、零件结构优化、工艺参数优化等。

（3）运动学、动力学分析。对机构的位移、速度、加速度及关节的受力进行自动分析并进行运动仿真。

3. 工程绘图

工程图纸是设计工程师的语言，因此CAD系统的工程绘图功能是必不可少的。

（1）CAD系统应具备二维图形的处理能力。

（2）应具有二、三维图形的转换功能，能够将三维几何造型直接转换为二维图形，并保持二者之间的信息关联。

4. 工程数据管理

CAD系统涉及的数据量大，种类多，因此，CAD系统应能提供有效的工程数据管理手段。通常，采用工程数据库管理系统作为统一的数据环境，实现CAD系统中各种工程数据的管理，支持工程设计与制造全过程的信息流动和交换。

1.3.2 CAD系统的作业过程

通常，产品的设计过程需要经历需求分析、功能设计、方案设计、总体设计、详细设计、分析计算、审核校验、结果表达等工作流程。

传统机械设计方法的特点和局限性：设计方法主要为类比设计和经验设计，设计手段主要为手工方式，设计计算主要为静态、近似计算，设计周期长，绘制装配图、零件图占整个设计周期的70%左右的时间，设计中存在的问题在样机试制、装配、调试时才能发现。

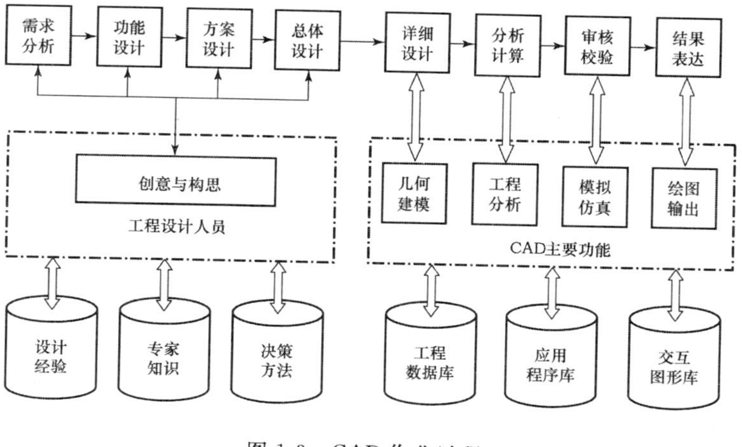

图1-3　CAD作业过程

CAD是设计过程中的一种信息处理系统，它在工程设计人员对产品创意构思的基础上主要从事设计对象的描述、系统分析、方案优化、计算分析、图形处理、模拟仿真等作业。下面以图1-3为例阐述CAD的作业过程。

（1）创意与构思。这一部分工作目前主要由人工来完成。即设计人员在市场需求分析的基础上，创造性的进行产品的功能设计、方案设计、总体设计的构思，充分发挥人的逻辑判断、综合分析和创造性思维能力。

(2) 设计人员在进行产品概念设计的基础上从事产品的几何造型，完成产品几何模型的建立。

(3) 提取模型中的相关数据进行工程分析和计算，例如有限元分析、优化设计、仿真模拟等。

(4) 根据计算分析结果决定对设计进行修改，满意后编辑全部设计文档，输出工程图。

从 CAD 作业过程可以看出，CAD 技术也是一项产品建模技术，它是将产品的物理模型转化为计算机内部的数据模型，以供后续的产品开发活动所共享，驱动产品生命周期的全过程。

1.4 CAD 系统的组成

1.4.1 CAD 系统的组成

CAD 系统的运行环境由硬件、软件、设计者三部分所构成，如图 1-4 所示。其中硬件主要包括计算机及其外围设备等具有有形物质的设备。硬件是 CAD 系统运行的基础，硬件的每一次技术突破都带来 CAD 技术革命性的变化。软件是实现各项功能技术的核心。若使硬件各个元件能进行正确的协同工作，要有软件的控制、指挥实现。硬件好比是人的身体，而软件好比是人的头脑，两者只有有机地组织起来才能充分发挥作用。

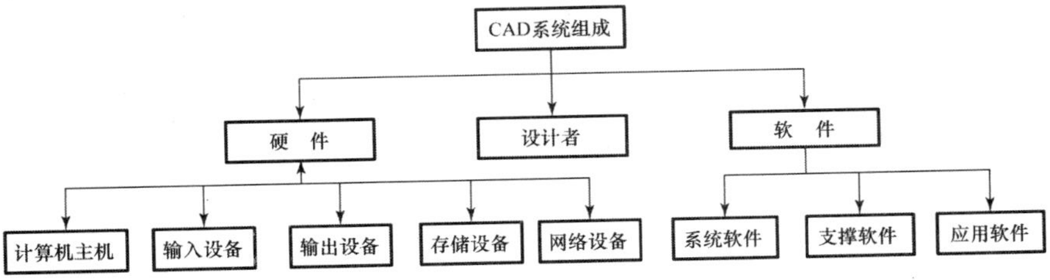

图 1-4 CAD 系统的组成

虽然计算机硬件和软件功能强大，但两者只是辅助设计工具，CAD 系统的运行离不开设计者的创造性思维活动。因此，设计者在系统中起着关键的作用。目前 CAD 系统基本都采用人机交互的工作方式，这种方式要求设计者与计算机密切合作，发挥各自所长：计算机在信息的存储与检索、分析与计算、图形与文字处理等方面具有特有的功能；设计者则在创造性思维、综合分析、经验判断等方面占有主导地位。

1.4.2 CAD 系统的硬件

CAD 系统的硬件由主机及其所属外围设备(包括输入设备、输出设备、存储设备、网络设备等)组成，如图 1-5 所示。

CAD 系统硬件的配置与一般计算机系统有所不同，主要差别是要求较完善的人机交互设备及图形输入/输出装置。CAD 系统对硬件的具体要求为：

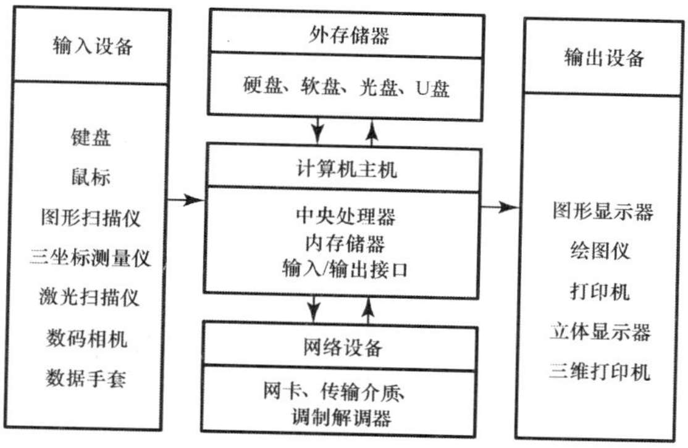

图1-5　CAD系统的硬件组成

(1) 强大的图形处理功能。

(2) 需要有相当大的外存储容量。

(3) 友好方便的人机交互功能。

(4) 良好的通信联网功能。

下面将对CAD系统的主要硬件进行简要介绍。

1. 主机

主机是计算机的主体，由中央处理器(Central Processing Unit，CPU)、内存储器(也称内存)及输入/输出(I/O)接口组成，是计算机系统硬件的核心，图1-6为计算机主板。

中央处理器是计算机的心脏，其主要功能是处理数据，由控制器和运算器两部分组成。控制器是实现计算机各部分联系及程序自动执行的部件，其功能是从内存中依次取出命令，产生控制信号，向其他部件发出指令，指挥整个运算过程。控制器是统一指挥、协调其他部件的中枢。运算器是进行算术、逻辑运算的部件。

内存储器也称内存，如图1-7所示，与外存储器相对应。之所以叫内存储器，是因为它安装在计算机内部，通常是安装在主板上。它的作用是暂时存储处理器需要处理的数据或处理后的结果。也就是说，内存是计算机处理器的工作空间。它是处理器运行的程序和数据必须驻留于其中的一个临时存储区域。内存存储是暂时的，因为数据和程序只有在计算机通电或没有被重启动时才保留在这里。在关机或重启动之前，所有修改过的数据应该保存到某种永久性的存储设备上(如硬盘)，以便将来它可以重新加载到内存里。

图1-6　主板

图1-7　内存

主机的类型和性能很大程度上决定了CAD系统的使用性能。功能较强的CAD系统都选用工作站作为系统的主机。用于衡量主机处理能力的重要指标有：

(1) 运算速度

运算速度是衡量计算机性能的一项重要指标。通常所说的计算机运算速度是指每秒钟所能执行的指令条数，一般用“百万条整数指令/秒”(MIPS)或“百万条浮点数指令/秒”(MFLOPS)来描述。MIPS或MFLOPS值越大，表明主机处理速度越快。微型计算机一般采用主频来描述运算速度，一般说来，主频越高，运算速度就越快。例如，Intel公司的CPU主频最高已达3.20 GHz以上，AMD公司的可达400 MHz以上。

(2) 字长

字长是指中央处理器在一个指令周期内从内存提取并处理的二进制数据的位数，如32位机。字长越多，表明一次处理的信息量越大，计算速度越快，计算精度越高。市场上常见的计算机的字长有32位、64位等几种。

按照主机功能等级不同，可将计算机分为大中型机、小型机、工程工作站及微型计算机等档次。

(1) 大中型计算机

一台大中型计算机可以连接几十至几百个图形终端和字符终端及其他图形输入和输出设备。支持多用户同时工作，优点是：系统具有一个大型的数据库，可以对整个系统的数据实行综合管理和维护，计算速度极快。缺点是：如果CPU失效，则整个用户都不能工作，随着计算机的总负荷增加，系统的响应速度将降低。随着计算机性价比的不断提高，由大中型计算机构成CAD系统的应用逐渐减少。

(2) 小型机

小型机的性价比优于大中型机，20世纪70年代末80年代初的CAD系统多采用这种机型，80年代中期以后，小型机逐渐被性价比更好的工程工作站所替代。

(3) 工程工作站

工程工作站是20世纪80年代初的出现的介于个人微机和小型机之间的新型计算机。由于它为工程技术人员提供了比较理想的独立使用工作环境，故称为工程工作站。与一般小型机相比，工程工作站具有较强的人机交互、图形显示和处理功能，具有高速网络通信能力，能够方便地通过网络组成分布式计算机系统，是较理想的CAD系统硬件平台。

(4) 微机

随着个人微机性价比的不断提高，目前采用个人微机进行CAD不仅成为可能，而且发展较快。高档微机的功能已接近工程工作站水平，许多原来只能在工程工作站上运行的CAD软件已被移植到微机平台上。目前，由微型计算机组成的CAD系统在我国已占有主流地位。图1-8为苹果公司生产的超薄笔记本。

由于网络技术的发展，现在微机已能与大型机、小型机和工作站联网，成为整个网络的一个结点，共享大型机和工作站等的资源。这样，大型机系统、小型机系统、工作站系统和微机系统就不再相互割裂，而成为一个有机的整体，在网络中发挥各自的优点，使得原来要在小型机和工作站上进行的CAD工作可由微机来完成。

图 1-8　苹果笔记本计算机

2. 存储设备

计算机存储器有内、外存储器之分。要想将计算机处理的有用信息永久性保存，就要采用辅助的外存储器。外存储器是 CPU 不能直接访问的存储器，它需要经过内存储器、CPU 及 I/O 口交换信息。目前，常见的外存储器有硬盘、软盘、光盘、U 盘等类型。

(1) 硬盘

如图 1-9 所示，硬盘是最为常见的计算机内部使用的存储设备。随着用户对个人计算机性能的需求日益提高，硬盘也在朝者大容量、高速度、低噪音的方向发展，目前的主流硬盘容量为 320～1 500 GB，影响硬盘容量的因素有单碟容量和碟片数量。硬盘是个人计算机中存储数据的重要部件，其容量就决定着个人计算机的数据存储量大小的能力，这也就是用户购买硬盘所首先要注意的参数之一。其他比较重要的参数有读/写速度、数据传输速度等。

(2) 软盘

存储容量为 1.44 MB，目前已逐渐被更为方便的 U 盘所取代。

(3) U 盘

如图 1-10 所示，U 盘是一种小容量移动存储器，大多采用 USB 接口，具有写入速度快、存储安全、携带方便等优点。目前，容量一般为 1～64 G，随着大容量移动存储设备的普及和技术的不断发展，U 盘的容量会越做越大。

图 1-9　硬盘

图 1-10　U 盘

(4) 光盘

光盘是利用激光技术进行信息读/写的一种先进的外存储设备。分不可擦写光盘(如CD-ROM、DVD-ROM等)和可擦写光盘(如CD-RW、DVD-RAM等)。光盘具有存储容量大、工作可靠性高、存储成本低、存取速度快等特点,目前已成为计算机不可缺少的信息存储介质之一。

3. 输入设备

输入设备能够将各种信息转换成电信号,传递给计算机。

(1) 键盘

键盘是常用的输入设备。CAD系统工作时,可将设计参数、图形的坐标值、命令和字符等都可以用键盘输入计算机。

(2) 鼠标

鼠标是一种手动输入的屏幕指示装置。它用于移动光标在屏幕上的位置,以便在该位置上输入图形、字符,或从屏幕菜单上选择需要的项目。有的鼠标有专用接口卡。大多数的鼠标器和计算机的USB端口相连接。

(3) 图形扫描仪

如图1-11所示,图形扫描仪是直接把图形和图像扫描到计算机中以像素信息进行存储的设备。现在市面上能见到的一般是36位或48位真彩色扫描仪。

图1-11 图形扫描仪

(4) 三坐标测量设备

三坐标测量设备主要包括三坐标测量仪、三维激光扫描仪等。三坐标测量仪属于接触式测量设备,而激光扫描仪属于非接触测量设备。

三坐标测量仪(如图1-12所示)通过传感测量头与产品表面接触而采样记录产品表面的坐标位置,并结合CAD软件进行产品的建模。这种测量设备测量精度较高,但测量效率较低。

三维激光扫描仪(如图1-13所示)通常采样激光三角测距原理进行非接触测量,从而获得物体表面各点的三维点位数据,再经CAD软件系统处理造型后,可形成物体的三维曲面模型。

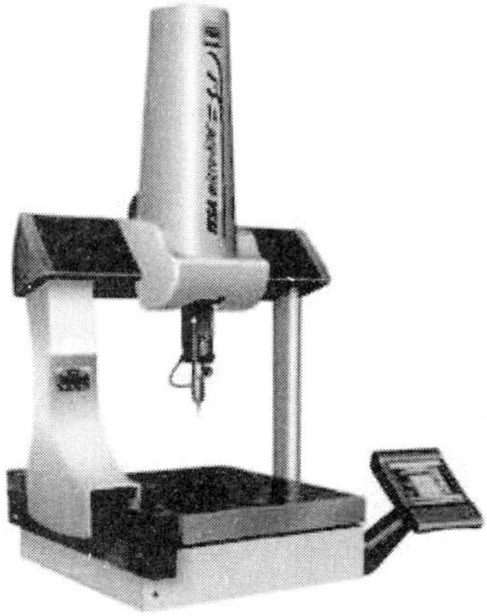

图 1-12　三坐标测量仪

图 1-13　三维激光扫描仪

（5）数码相机

数码相机（如图 1-14 所示）采用光电装置把光学图像转化成数字图像，然后存储在磁性存储介质中，并且可以直接连接输入到计算机中进行显示和编辑修改等。数码相机和数码摄像头设备为计算机真实图像输入提供了更为有效的手段。

（6）数据手套

虚拟现实系统中最常用的输入装置。如图 1-15 所示，数据手套利用光导纤维的导光量来测量手指角度。当光导纤维弯曲时，传输的光将会有损失，弯曲越大，损失越多。数据手套可以帮助计算机测试人手的位置与指向，从而可以实时地生成手与物体接近或远离的图像。

除以上介绍的各种输入设备外，还有其他的输入设备工具，例如，触摸屏、跟踪球、语音输入设备等。

图 1-14　数码相机

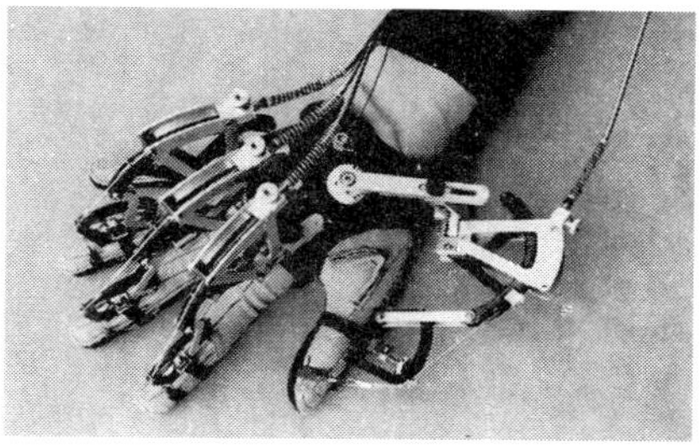

图 1-15　数据手套

4. 输出设备

输出设备的功能是将计算机处理后的信息以能为人或其他设备所接受的形式输出。CAD 系统常用的输出设备有图形显示器、绘图仪、打印机等。

(1) 图形显示器

图形显示器是将计算机 CPU 当前所做工作的数字信息，通过显示处理单元，转换成显示装置所需的电压值，将图形和文字立即显示在显示器的屏幕上。目前，CAD 系统常用的图形显示器主要有阴极射线管显示器(Cathode Ray Tube，CRT)、液晶显示器(Liquid Crystal Display，LCD)两类，分别如图 1-16 和图 1-17 所示。

与比较笨重的 CRT 显示器相比，液晶显示器具有如下特点：

① 机身薄，节省空间

与比较笨重的 CRT 显示器相比，液晶显示器只要前者三分之一的空间。

② 省电，不产生高温

它属于低耗电产品，可以做到完全不发热(主要耗电和发热部分存在于背光灯管或 LED)，而 CRT 显示器，因显像技术不可避免产生高温。

③ 低辐射，益健康

液晶显示器的辐射远低于 CRT 显示器(仅仅是低，并不是完全没有辐射，电子产品或多或少都有辐射)，这对于整天在计算机前工作的人来说是一个福音。

④ 画面柔和不伤眼

不同于 CRT 技术，液晶显示器画面不会闪烁，可以减少显示器对眼睛的伤害，眼睛不容易疲劳。

图 1-16 CRT 显示器

图 1-17 LCD 显示器

(2) 绘图仪

绘图仪是一种输出图形的硬复制设备。绘图仪在绘图软件的支持下可绘制出复杂、精确的图形，是各种计算机辅助设计不可缺少的工具。绘图仪按工作原理可分为笔式绘图和非笔式绘图两大类。

笔式绘图仪是以墨水笔作为绘图工具，计算机通过程序指令控制笔和纸的相对运动，同时，对图形的颜色、图形中的线型以及绘图过程中抬笔、落笔动作加以控制，由此将屏幕显示的图形或存储器中的图形输出。根据笔与纸的相对运动实现方法的不同，笔式绘图仪可分为平板式(如图 1-18 所示)和滚筒式(如图 1-19 所示)两类。

图 1-18　平板式绘图仪

非笔式绘图机的作图工具不是笔。一般包括静电绘图机、喷墨绘图机(如图 1-20 所示)、热敏绘图机等几种类型。

图 1-19　滚筒式绘图仪

图 1-20　喷墨绘图机

(3) 打印机

以纸为介质,将计算机处理后的结果变为永久的可保留信息,这种输出称为硬拷贝。按其工作方式,可分为击打式和非击打式两种。

击打式打印机工作时靠机械力使打字头将色带上的颜色复制在纸上,有“活字”击打式打印机和点阵式打印机(如图 1-21 所示)两种。活字式打印机和常见的手动打字机相似,一般只能用于 CAD 系统的数据输出,打印时噪声很大,现已很少用。点阵式打印机应用较多,其打印头是规则排列的一组点阵,有 24×24、32×32、16×16、5×7 等规格的点阵打印机,打印时由微处理系统确定打出点阵的排列而打印出不同的图案,可用于文字和图形输出。

非击打式打印机是以热、流体、电光、磁等作为动力源进行打印的。常用的有激光打印机(如图 1-22 所示)、喷墨打印机、感热式打印机等。这类打印机不用机械方式打印,打印过程噪声小,打印图案清晰,分辨率高,应用越来越多。

图 1-21　点阵式打印机

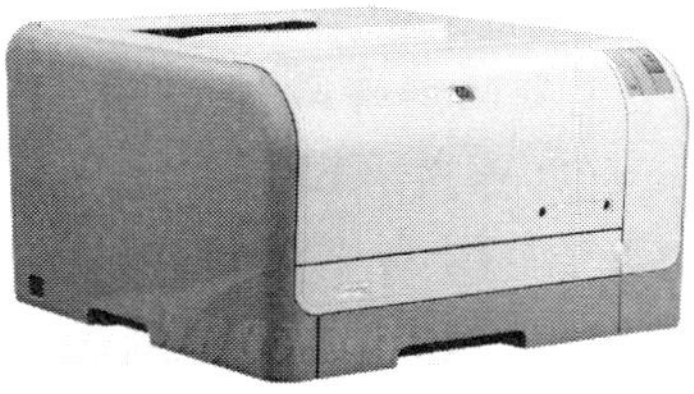

图 1-22　激光打印机

(4) 立体显示器

在使用虚拟现实技术的CAD系统中,立体显示器提供逼真的三维视觉,使用户尽可能地沉浸在虚拟环境中。显示设备主要包括头盔显示器(HMD)、立体眼镜及3D立体投影仪等,其中较常用的是头盔显示器(如图1-23所示),其所能提供的临场感要比立体眼镜好得多。

头盔显示器通常固定在用户的头部,用两个显示器分别向两只眼睛显示两幅图像。这两个显示屏中的图像是由计算机分别驱动的,屏上的两幅图像存在着细小的差别,类似于我们的"双眼视差"。大脑将融合这两个图像并获得深度知觉。头盔显示器上还装有头部位置跟踪设备。通过头部跟踪,计算机随时可以知道用户头部的位置及运动方向。因此,计算机就可以随着用户的头部运动,相应地改变呈现在用户视野中的图景,从而提高了用户对虚拟系统知觉的可信度。头部追踪还增加双眼视差和运动视差,这些视觉成像能改善用户的深度知觉。

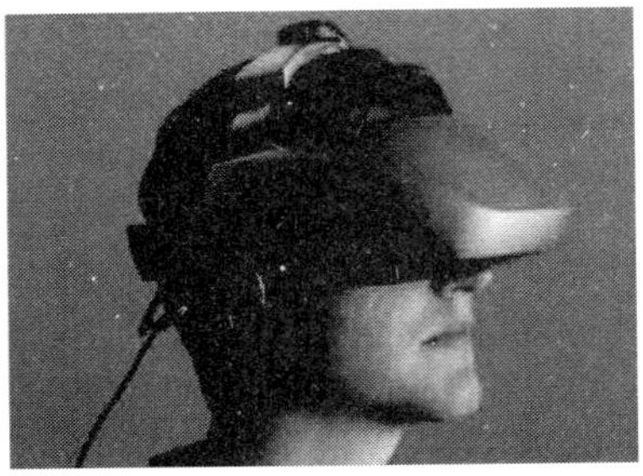

图1-23 头盔显示器

(5) 三维打印机

三维打印机(如图1-24所示),又称为快速成型机。它通过对计算机中三维软件的识别,进行STL(三角网格格式)转换,再结合切层软件确定摆放方位和切层路径,并进行切层工作和相关支撑材料的构造。最后使用喷头将固态的线形成型材料加热成半熔融状态之后挤出来,和支撑材料自下而上一层一层地构铸成最终实体。简单点说,可理解为软件把物体分成若干个横截面,而三维打印机将这些横截面一层一层的沉淀堆积,最终形成我们所需的实体。

5. 网络设备

计算机网络是利用通信线路和通信设备将分散在不同地点并具有独立功能的计算机相互连接的计算机群。按照网络覆盖的区域范围,可将计算机网络分为广域网和局域网两种。广义网用于地区之间的通信,距离可达几千千米,需采用调调制解调器,将数字信号先调制成模拟信号进行远距离传送。Internet是目前遍布全球、规模最大且价格便宜的一个广域网,它把全世界难以计数的机器连在一起。局域网一般局限于数千米距离范围内,是直接用于传递数字信号的计算机网络。

图1-24 三维打印机

CAD系统所采用的网络均属于局域网,直接建立在一些相互连接设备的基础之上，最简单的网络就是将两台计算机直接连接起来，共享文件和打印机，这是一种极端简单的情况。不管网络的类型及模式如何，从硬件的角度看，一个网络通常由服务器、工作站、电缆、网卡、集线器和其他网络配件等组成，为了扩展网络范围还要引入路由器、网桥和网关等部件与设备。

（1）网络适配器

如图 1-25 所示，网络适配器又称网卡。它是物理上连接计算机网络的硬件设备，分为有线网卡和无线网卡。网络中的每个结点必须装有网卡。

（2）传输介质

网络连接可分为有线和无线两种，其介质也有所不同。有线网络传输介质主要有以下几种：双绞线、同轴电缆、光缆。无线网络传输媒体有无线电波和红外线两种。

（3）调制解调器

调制器和解调器合在一起的总称。调制解调器（如图 1-26 所示），能把计算机的数字信号转变成可沿普通电话线传送的模拟信号，而这些模拟信号又可被线路另一端的另一个调制解调器接收，并译成计算机可懂的语言。这一简单过程完成了两台计算机间的通信。

图 1-25　网卡

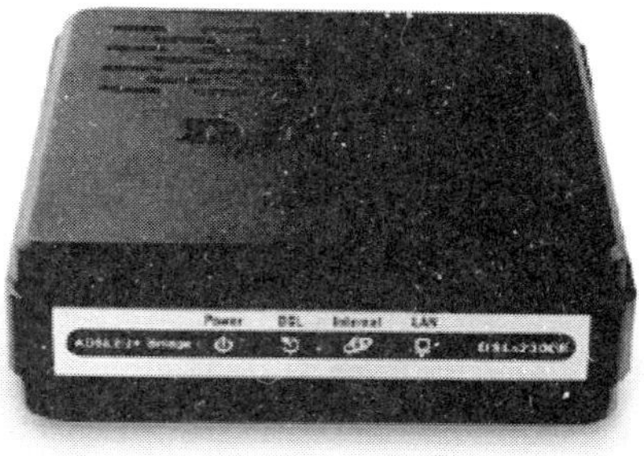

图 1-26　调制解调器

（4）其他网络设备

借助网卡、调制解调器及传输介质就可以组建局域网。为提高网络性能，保证在局域网内、局域网之间或不同网络间能够有效地传输信息，在组建计算机网络时，一般还要根据具体情况另选用中继器、集线器、网关等互联设备。

1.4.3　CAD 系统的软件

CAD 系统由硬件和软件两部分组成，在具备了 CAD 硬件之后，软件配置水平决定了整个 CAD 系统的优劣。硬件是实现 CAD 各项功能的物质基础；软件是实现 CAD 各项功能的技术核心。由于 CAD 系统功能越来越复杂，故软件成本在整个 CAD 系统成本中的比重越来越大，软件系统的价格高于硬件系统价格的几倍至几十倍，软件占据着越来越重要的地位。

CAD 系统的软件是指控制 CAD 系统运行，并使计算机发挥最大功效的计算机程序、数据以及各种相关文档。程序是对数据进行处理并指挥计算机硬件工作的指令集合，是软件的主要内容。文档是指关于程序处理结果、数据库、使用说明书等，文档是程序设计的依据，其设计和编制水平在很大程度上决定了软件的质量，只有具备了合格、齐全的文档，软件才能商品化。

如图 1-27 所示，根据软件在系统中执行的任务及服务对象的不同，CAD 系统的软件可分系统软件、支撑软件和应用软件三个不同层次。系统软件与计算机硬件直接关联，起着扩充计算机的功能和合理调度与运用计算机硬件资源的作用。支撑软件运行在系统软件之上，是各种应用软件的工具和基础，包括实现 CAD 各种功能的通用性应用基础软件。应用软件是在系统软件及支撑软件的支持下，实现某个应用领域内的特定任务的专用软件。

1. 系统软件

系统软件是用户与计算机硬件连接的纽带，是使用、控制、管理计算机的运行程序的集合。系统软件一般包括操作系统、编程语言系统和服务性软件。系统软件通常由计算机制造商或软件公司开发。系统软件有两个显著的特点。

通用性：不同应用领域的用户都需要使用系统软件；

基础性：即支撑软件和应用软件都需要在系统软件的支持下运行。

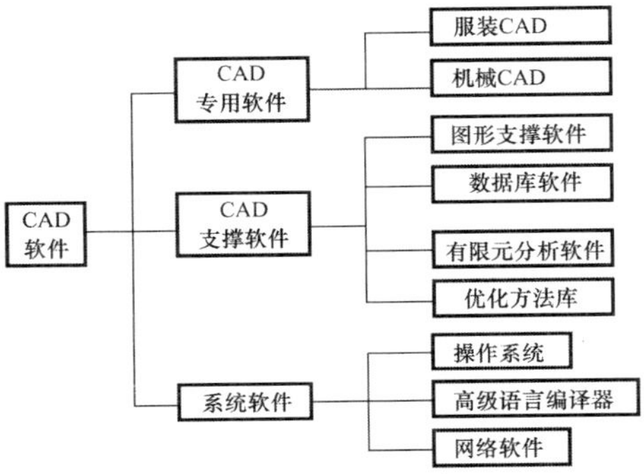

图 1-27　CAD 软件系统层次结构关系

（1）操作系统

操作系统对计算机硬件资源和软件资源进行统一管理，对整个计算机系统起到监控、管理、调度和指挥的作用。微机上操作系统有 MS-DOS、Windows 等；工作站上常用 UNIX 系统，是一种多任务、多用户的操作系统；网络操作系统有 NetWare、Windows NT；嵌入式实时操作系统 Linux 等。

（2）语言编译系统

计算机语言可分为机器语言、汇编语言和高级语言。语言编译系统是将高级语言转换为计算机机器语言。目前在微机上应用较多的有 Visual C＋＋、Visual Basic、Delphi 等。

（3）服务性软件

服务性软件又称实用软件（Utility Program），它是为用户对计算机进行操作和维护提供方便的程序。这类软件通常包括机器的监控管理程序、故障检查程序、测试诊断程序及各种子程序库。

2. 支撑软件

支撑软件是目前市场上供应的各种商品化 CAD 系统，如绘图软件、几何建模软件、有限元分析软件等，是在系统软件基础上开发出来的满足 CAD 用户某些需要的通用软件或工具软件，是 CAD 系统的核心。

支撑软件包括各种设计软件、工具软件、高级语言开发平台和数据库系统等。这类软件不针对具体的应用对象，而是为某一应用领域的用户提供工具或开发环境。支撑软件一般具有较好的数据交换性能、软件集成性能和二次开发性能。这类软件可从市场购买，也可自行开发。

根据支撑软件的功能可分为功能单一型软件和功能集成型软件。

（1）功能单一型支撑软件

功能单一型支撑软件只提供 CAD 系统中某些典型过程的功能，如二维绘图、三维造型、工程分析、数据库管理等。这类软件任务单一专业性处理能力很强，这是功能集成型软件不能比拟的。

二维绘图软件：具有基本图形元素（点、线、图）绘制等，图形变换（缩放、平移、旋转等）、编辑（增、删、改等）、存储、显示控制以及人机交互、输入/输出设计驱动等功能。目前市场上比较流行的有 AutoCAD 软件、CAXA 电子图板、开目 CAD、PICAD 等。

三维造型软件：具有参数化特征造型功能、装配和干涉检查功能，以及简单曲面造型功能，其价格适中，易于学习掌握，是理想的三维设计工具。这类软件目前国内主要以 MDT、Solidworks、Solid Edge 为主。

工程分析软件：计算机辅助工程分析软件，即 CAE，具体包括工程数值分析、结构与过程优化设计、强度与寿命评估、运动学/动力学仿真等内容。对于机械产品设计经常用到的工程分析软件主要有有限元分析软件、优化方法软件和动力学仿真软件。

有限元分析软件：可以进行静态、动态、热特性分析，通常包括前处理、计算分析及后处理三部分。比如 SAP、NASTRAN、ANSYS、ADINA 等有限元分析软件。

优化方法软件：将优化技术用于工程设计，综合多种优化计算方法，为选择最优方案、取得最优解、求解数学模型提供强有力的数学工具软件。如 MATLAB 软件。

动力学仿真软件：在产品设计时，实时、并行地模拟产品生产或各部分进行的全过程，以预测产品的性能、产品的制造过程和产品的可制造性。比如，ADAMS 机械系统动力学分析软件。

数据库管理系统软件：能够支持各子系统中的数据传递与共享，其中工程数据库是 CAD 系统中的重要组成部分。比如，SQL Server、Oracle、Sybase、Visual FoxPro 等关系型数据库管理系统。

（2）功能集成型支撑软件

功能集成型支撑软件功能比较完备，综合提供了设计计算、三维造型、工程分析、数控编程以及加工控制等功能模块。如 PTC 公司的 Pro/E、EDS 公司的 UG、DASSAULT 公司的 CATIA、SDRC 公司的 I-DEAS 等。

3. 应用软件

应用软件是在系统软件和支撑软件的基础上，针对专门应用领域的需要而研制的软件。

这类软件通常由用户结合当前设计工作需要自行开发或委托软件开发商进行开发。应用软件开发可以基于支撑软件平台进行二次开发，也可以采用常用的程序设计工具进行开发。目前常见的支撑软件均提供了二次开发工具。

应用软件和支撑软件之间并没有本质的区别，当某一行业的应用软件逐步商品化形成通用软件产品时，也可以称之为一种支撑软件。

1.5 CAD技术的应用

CAD在机械设计制造行业的应用最早,最为广泛。采用CAD技术进行产品设计不但可以使设计人员甩掉图板,更新传统的设计思想,实现设计自动化,降低产品的成本,提高企业及其产品在市场上的竞争能力;还可以使企业由原来的串行式作业转变为并行作业,建立一种全新的设计和生产技术管理体制,缩短产品的开发周期,提高劳动生产率。如图1-28所示,当今世界各大航空航天及汽车等制造业巨头不但广泛采用CAD技术进行产品设计,而且投入大量的人力物力及资金进行CAD软件的开发,以保持自己技术上的领先地位和国际市场上的优势。

图1-28 CAD在机械产品建模设计中的应用

近十年来,在CIMS工程和CAD应用工程的推动下,我国计算机辅助设计技术应用越来越普遍,越来越多的设计单位和企业采用这一技术来提高设计效率、产品质量和改善劳动条件。目前,我国从国外引进的CAD软件有好几十种,国内的一些科研机构、高校和软件公司也都立足于国内,开发出了自己的CAD软件,并投放市场,我国的CAD技术应用呈现出一片欣欣向荣的景象。

除机械设计制造行业外,CAD已广泛应用于其他行业(如图1-29~图1-34所示)。

在土木建筑领域,应用CAD技术可以完成绘制透视效果图、建筑施工图、结构施工图和设备施工图等。

在电子工业领域,CAD技术最早曾用于电路原理图和布线图的设计工作。目前,CAD技术已扩展到印刷电路板的设计,并在集成电路、大规模集成电路和超大规模集成电路的设计制造中大显身手，并由此大大推动了微电子技术和计算机技术的发展。

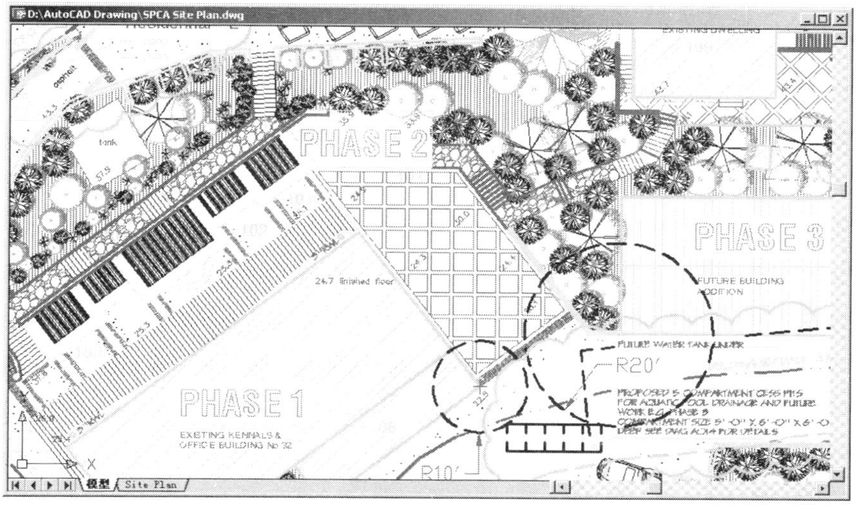

图 1-29　CAD 在建筑施工图设计中的应用

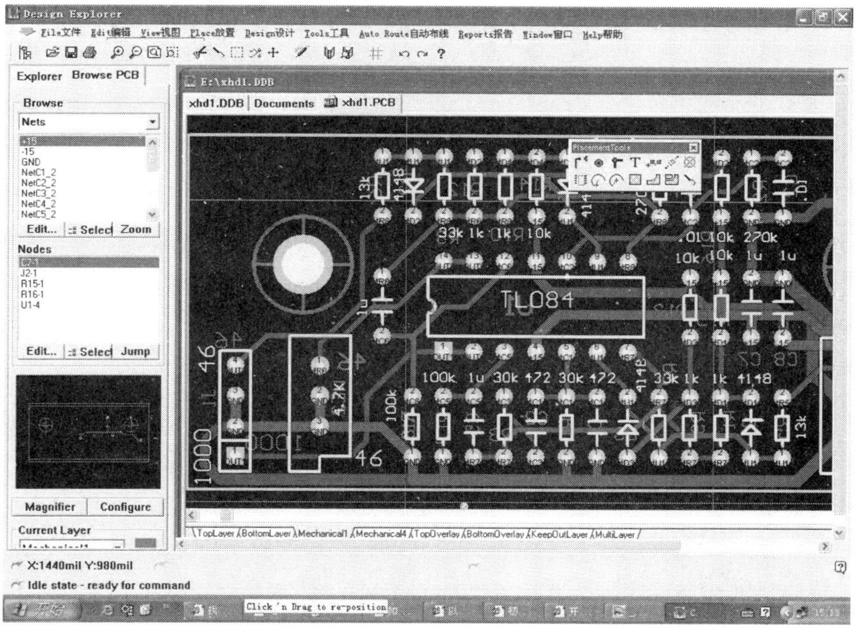

图 1-30　CAD 在电路原理图设计中的应用

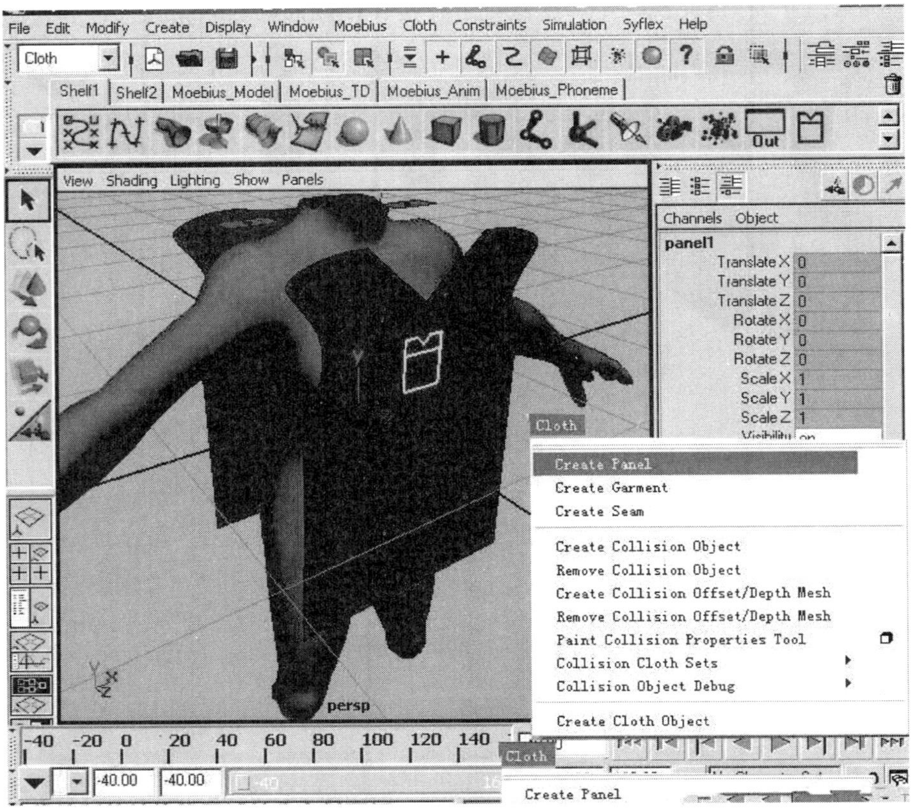

图 1-31　CAD 在服装设计中的应用

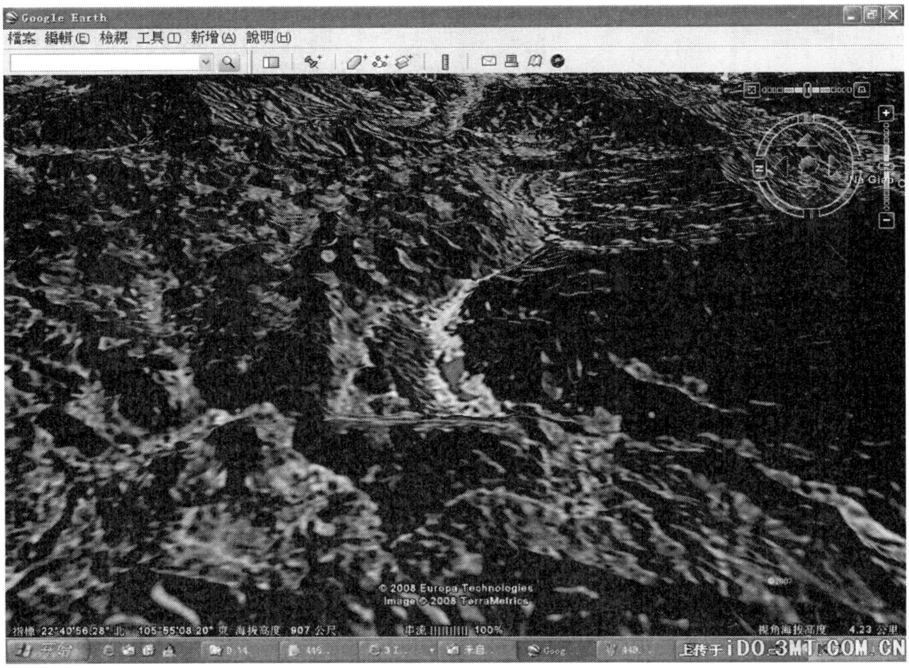

图 1-32　CAD 在地形图设计中的应用

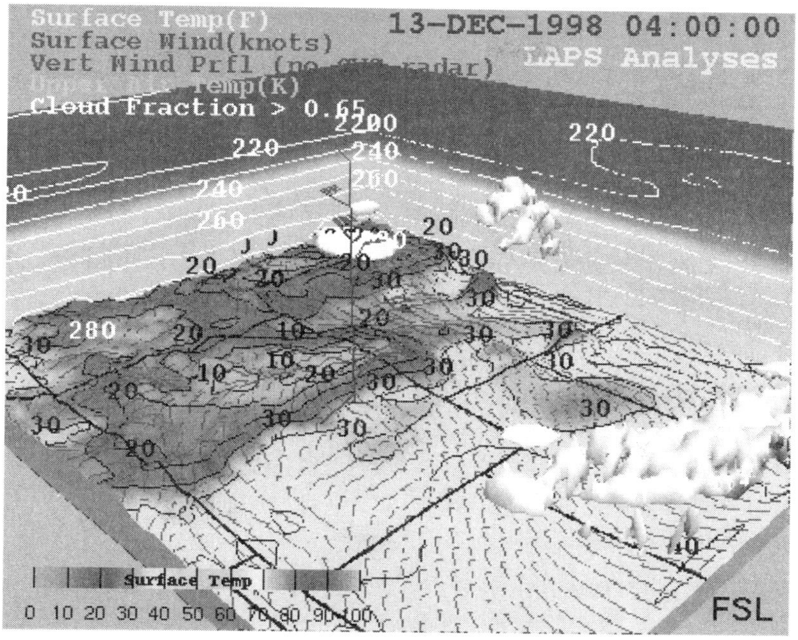

图 1-33　CAD 在天气预报中的应用

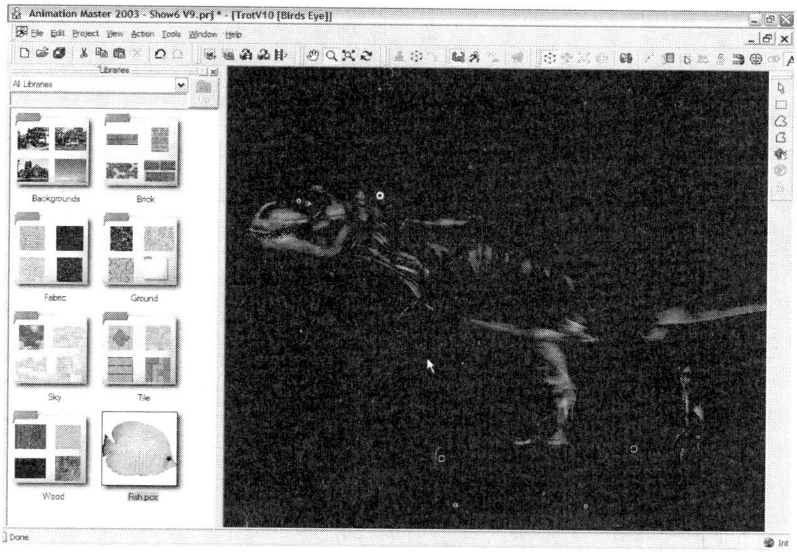

图 1-34　CAD 在动画设计中的应用

在纺织行业领域，以前我国纺织品及服装的花样设计、图案的协调、色彩的变化、图案的分色、描稿及配色等均由人工完成，速度慢、效率低，而目前国际市场上对纺织品及服装的要求是批量小、花色多、质量高、交货要迅速，这使得我国纺织产品在国际市场上的竞争力不强。采用 CAD 技术以后，大大加快了我国纺织及服装企业走向国际市场的步伐。

通过应用 CAD 技术，在地质领域可完成绘制地理图、地形图、矿藏勘探图；在气象领域可完成绘制气象分析图、预报图;在医疗卫生领域可完成绘制人体解剖图;如今,CAD技术已进入到人们的日常生活中,在电影、动画、广告和娱乐等领域大显身手。美国好莱坞电影公司主要利用CAD技术构造布景,可以利用虚拟现实的手法设计出人工不可能做到的布景。这不仅降低电影的拍摄成本,而且还可以给观众造成一种新奇、古怪和难以想象的环境,获得极大的票房收入。轰动全球的大片《泰坦尼克号》应用了大量的三维动画制作,用计算机真实地模拟了泰克尼克号航行、沉船的全过程,取得了极大的成功。此外,动画和广告制作中也充分利用了计算机造型技术,实质上也是一种虚拟现实技术。虚拟现实技术还被用于各种模拟器及景物的实时漫游、娱乐游戏中。

1.6 CAD常用支撑软件介绍

近些年来,一些CAD软件在研究和工程应用领域得到了广泛应用,取得巨大效益。有代表性的软件主要有以下几种。

1. AutoCAD(由美国Autodesk公司开发)

Autodesk公司是世界第四大PC软件公司。目前在CAD/CAE/CAM工业领域内,该公司是拥有全球用户量最多的软件供应商,也是全球规模最大的基于PC平台的CAD和动画及可视化软件企业。Autodesk公司的软件产品已被广泛地应用于机械设计、建筑设计、影视制作、视频游戏开发以及Web网的数据开发等重大领域。

AutoCAD是当今最流行的二维绘图软件,它在二维绘图领域拥有广泛的用户群。AutoCAD有强大的二维功能,如绘图、编辑、剖面线和图案绘制、尺寸标注以及二次开发等功能,同时有部分三维功能。AutoCAD提供AutoLISP、ADS、ARX作为二次开发的工具。在许多实际应用领域(如机械、建筑、电子)中,一些软件开发商在AutoCAD的基础上已开发出许多符合实际应用的软件。图1-35为AutoCAD软件界面。

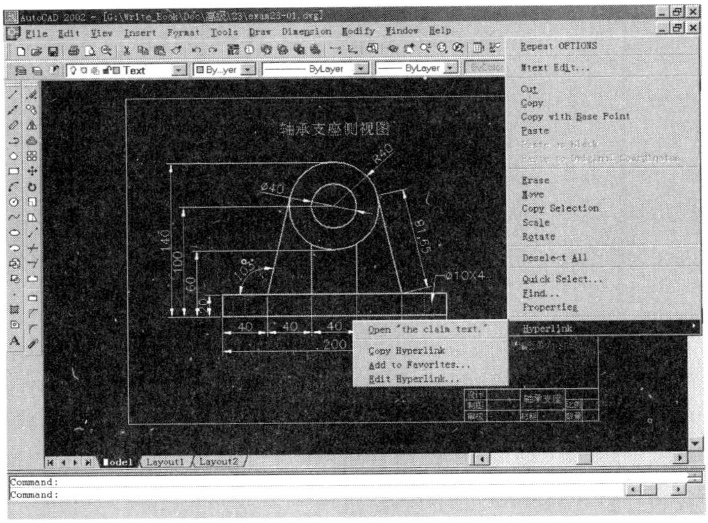

图1-35 AutoCAD软件界面

2. CAXA 电子图板(由北京北航海尔软件有限公司开发)

CAXA 电子图板是一套高效、方便、智能化的通用中文设计绘图软件,可帮助设计人员进行零件图、装配图、工艺图表、平面包装的设计,适合所有需要二维绘图的场合,使设计人员可以把精力集中在设计构思上,彻底甩掉图板,满足现代企业快速设计、绘图、信息电子化的要求。图 1-36 为 CAXA 软件界面。

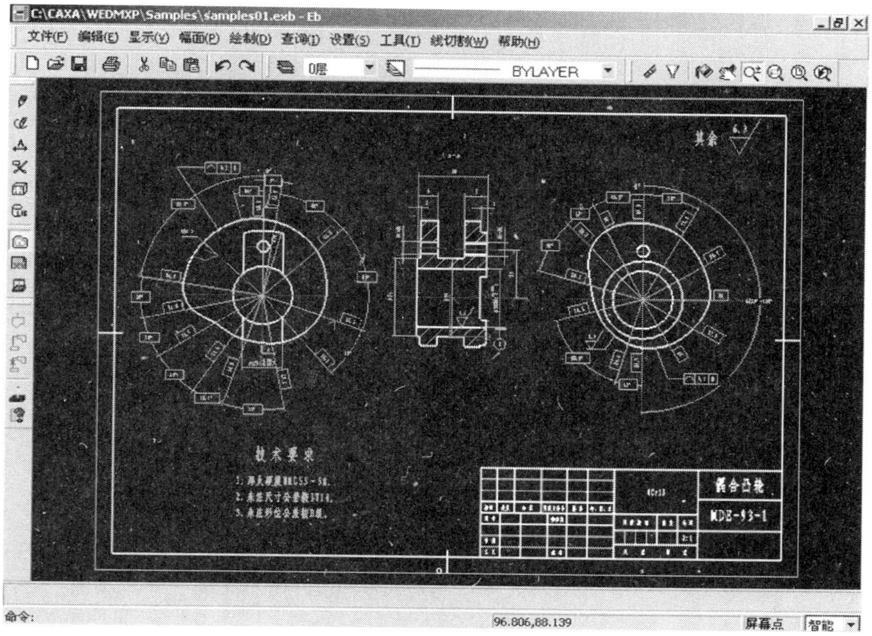

图 1-36　CAXA 软件界面

3. 开目 CAD(由华中理工大学机械学院开发)

开目 CAD 是具有自主版权的基于微机平台的 CAD 和图纸管理软件,它面向工程实际,模拟人的设计绘图思路,操作简便,机械绘图效率比 AutoCAD 高得多。开目 CAD 支持多种几何约束种类及多视图同时驱动,具有局部参数化的功能,能够处理设计中的过约束和欠约束的情况。开目 CAD 实现了 CAD、CAPP、CAM 的集成,适合我国设计人员的习惯,是全国 CAD 应用工程主推产品之一。图 1-37 为开目 CAD 软件界面。

4. SolidWorks(由美国 SolidWorks 公司开发)

SolidWorks 是微机版参数化特征造型软件的新秀,该软件旨在以工作站版的相应软件价格的 1/4～1/5 向广大机械设计人员提供用户界面更友好,运行环境更大众化的实体造型实用功能。

SolidWorks 是基于 Windows 平台的全参数化特征造型软件,它可以十分方便地实现复杂的三维零件实体造型、复杂装配和生成工程图。图形界面友好,用户上手快。该软件可以应用于以规则几何形体为主的机械产品设计及生产准备工作中,其价位适中。图 1-38 为 SolidWorks 软件界面。

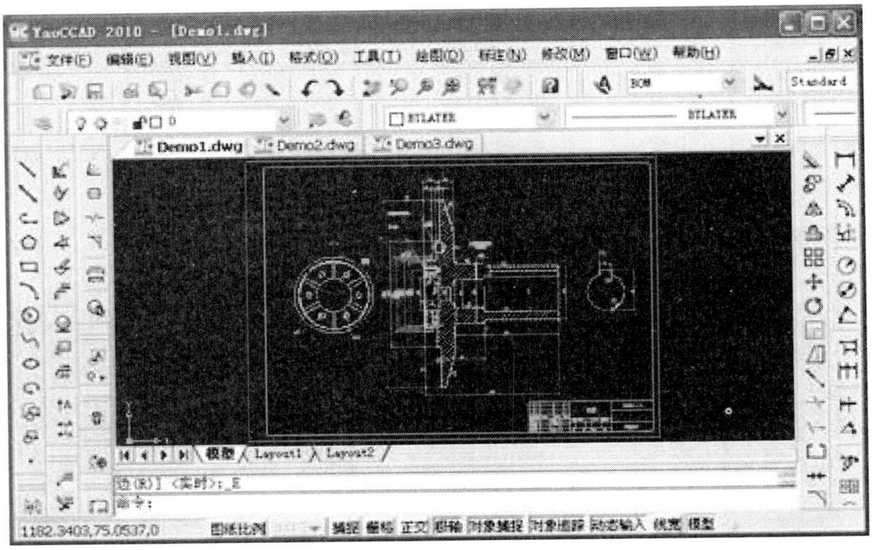

图 1-37　开目 CAD 软件界面

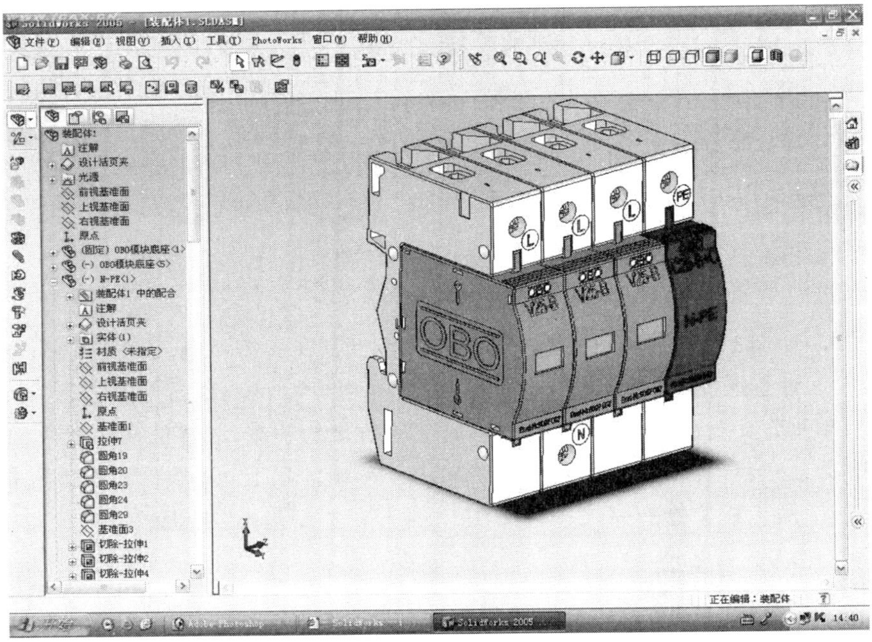

图 1-38　SolidWorks 软件界面

5. Pro/E(由美国参数技术公司开发)

美国参数技术公司(PTC)提出了单一数据库、参数化、基于特征、全相关的概念,这种全新的概念已成为当今世界机械 CAD/CAE/CAM 领域的新标准。利用该概念开发出来的 Pro/E 软件能将设计至生产全过程集成到一起,让所有的用户能够同时进行同一产品的设计制造工作,即实现所谓的并行工程。

Pro/E 系统实现了真正的全相关性，任何地方的修改都会自动反映到所有相关地方；具有真正管理并发进程、实现并行工程的能力；具有强大的装配功能，能够始终保持设计者的设计意图；容易使用，可以极大地提高设计效率。

Pro/E 系统用户界面简洁，概念清晰，符合工程人员的设计思想与习惯。整个系统建立在统一的数据库上，具有完整而统一的模型。Pro/E 建立在工作站上，系统独立于硬件，便于移植。图 1-39 为 Pro/E 软件界面。

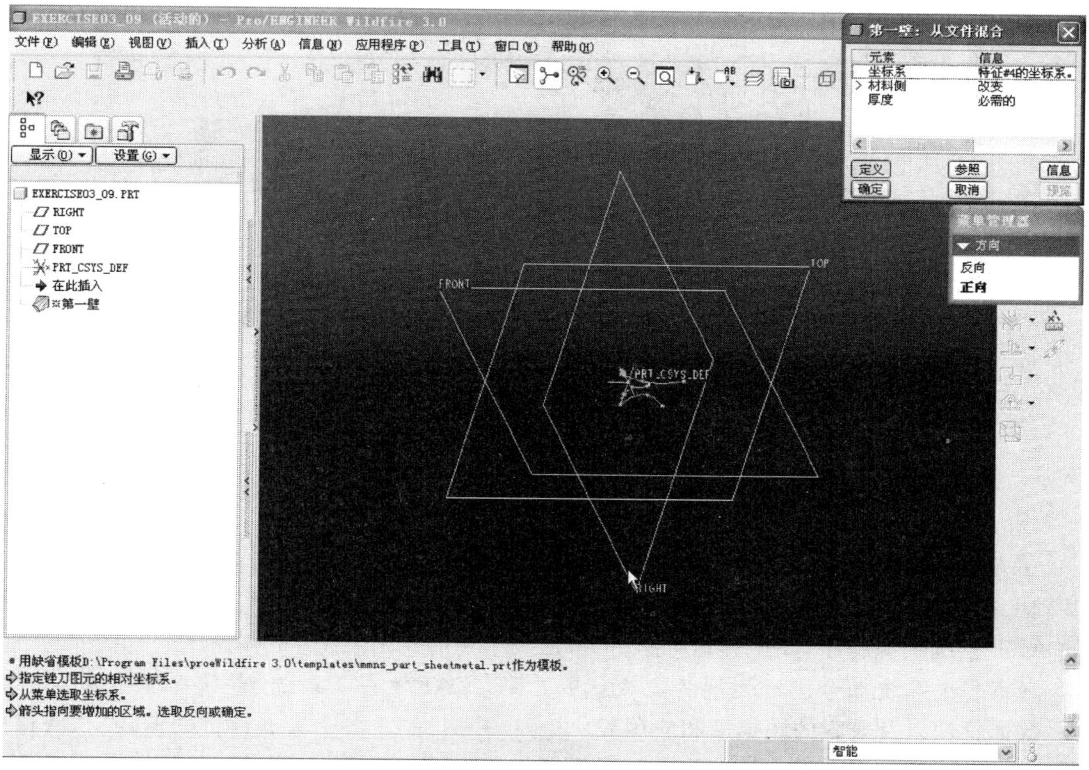

图 1-39　Pro/E 软件界面

6. UG（先后由美国麦道公司、美国通用汽车公司、SIEMENS 公司开发）

UG 起源于美国麦道（MD）公司的产品，1991 年 11 月并入美国通用汽车公司 EDS（电子资讯系统有限公司）分部。2006 年 UG 被 SIEMENS 收购。UG 由其独立子公司 Unigraphics Solutions 开发。

UG 是一个集 CAD、CAE 和 CAM 于一体的机械工程辅助系统，适用于航空航天器、汽车、通用机械以及模具等的设计、分析及制造工程。UG 采用基于特征的实体造型，具有尺寸驱动编辑功能和统一的数据库，实现了 CAD/CAE/CAM 之间无数据交换的自由切换，它具有很强的数控加工能力，可以进行 2～2.5 轴、3～5 轴联动的复杂曲面加工和镗铣。UG 还提供了二次开发工具 GRIP、UG/OPEN，允许用户扩展 UG 的功能。图 1-40 为 UG 软件界面。

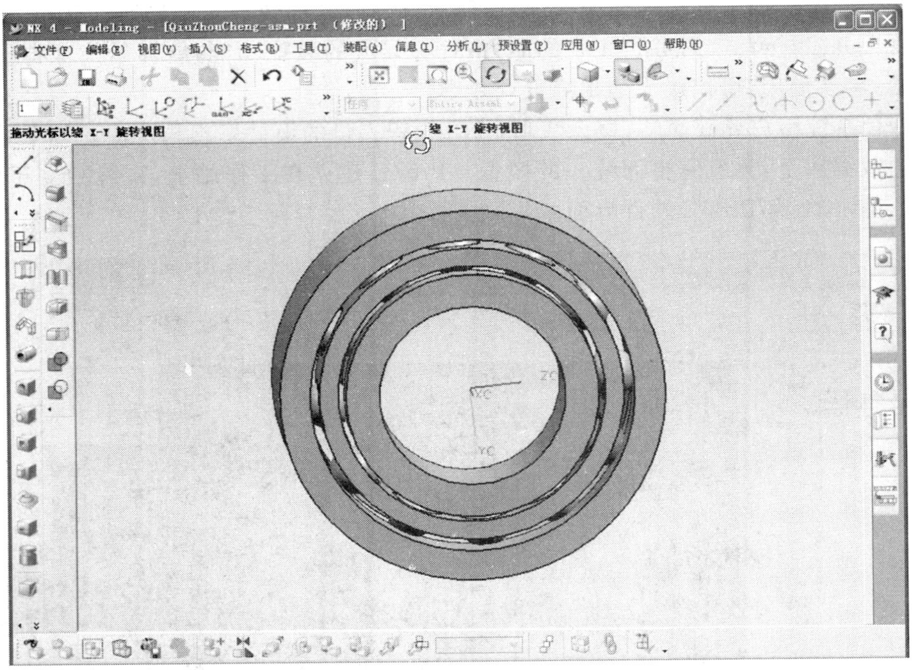

图 1-40 UG 软件界面

7. CATIA(由法国达索飞机公司开发)

CATIA 系统是在 CADAM 系统(原由美国洛克希德公司开发,后并入美国 IBM 公司)基础上扩充开发的,在 CAD 方面购买原 CADAM 系统的源程序,在加工方面则购买了有名的 APT 系统的源程序,并经过几年的努力,形成了商品化的系统。

CATIA 系统如今已经发展为集成化的 CAD/CAE/CAM 系统,它具有统一的用户界面、数据管理以及兼容的数据库和应用程序接口,并拥有 20 多个独立计价的模块。CATIA 源于航空航天业,但其强大的功能以得到各行业的认可,在欧洲汽车业,已成为事实上的标准。CATIA 的著名用户包括波音、克莱斯勒、宝马、奔驰等一大批知名企业。其用户群体在世界制造业中具有举足轻重的地位。波音飞机公司使用 CATIA 完成了整个波音 777 的电子装配,创造了业界的一个奇迹,从而也确定了 CATIA 在 CAD/CAE/CAM 行业内的领先地位。如今 CATIA 系统在全世界 30 多个国家拥有近 2 000 家用户,北京的国家体育场-鸟巢便是其杰作之一。图 1-41 为 CATIA 软件界面。

8. I-DEAS(由美国 SDRC 公司开发)

I-DEAS Master Series 5 于 2004 年 6 月 20 日在美国首次展示,引起了广泛的注意。该软件是高度集成化的 CAD/CAE/CAM 软件系统。它帮助工程师以极高的效率,在单一数字模型中完成从产品设计、仿真分析、测试直至数控加工的产品研发全过程。I-DEAS 是全世界制造业用户广泛应用的大型 CAD/CAE/CAM 软件。

I-DEAS 在 CAD/CAE 一体化技术方面一直雄居世界榜首,软件内含诸如结构分析、热力分析、优化设计、耐久性分析等真正提高产品性能的高级分析功能。SDRC 也是全球最大的专业 CAM 软件生产厂商。图 1-42 为 I-DEAS 软件界面。

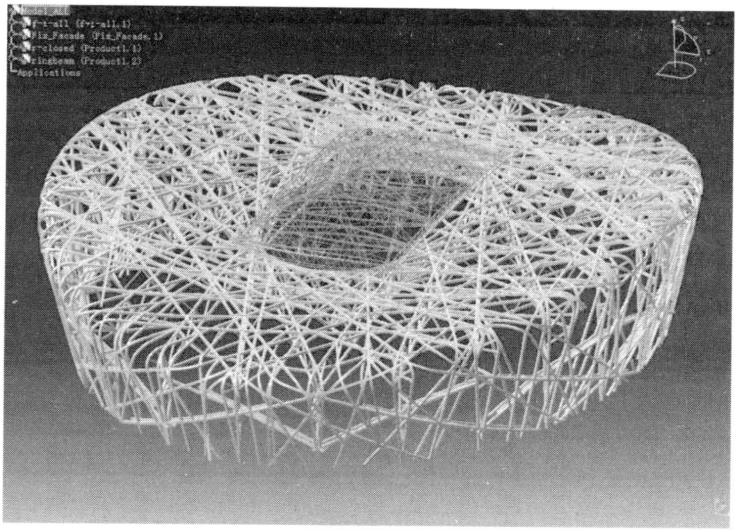

图1-41　CATIA软件界面

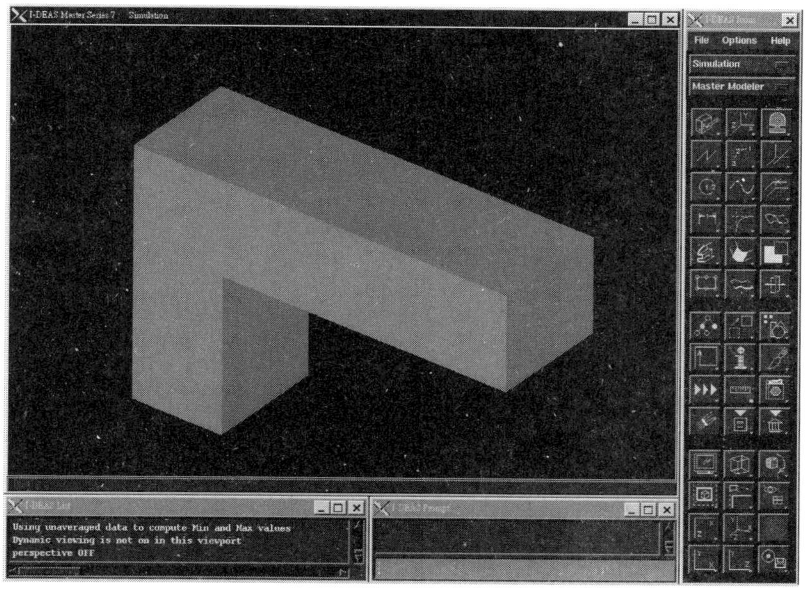

图1-42　I-DEAS软件界面

9. ANSYS(由美国ANSYS公司开发)

ANSYS软件是融结构、流体、电场、磁场、声场分析于一体的大型通用有限元分析软件。软件主要包括三个部分:前处理模块,分析计算模块和后处理模块。由世界上最大的有限元分析软件公司之一的美国ANSYS开发,它能与多数CAD软件接口,实现数据的共享和交换,如Pro/E、I-DEAS、AutoCAD等,是现代产品设计中的高级CAE工具之一。

ANSYS有限元软件包是一个多用途的有限元法计算机设计程序,可以用来求解结构、流体、电力、电磁场及碰撞等问题。因此它可应用于以下工业领域:航空航天、汽车工业、生物医学、桥梁、建筑、电子产品、重型机械、微机电系统、运动器械等。图 1-43 为 ANSYS 软件界面。

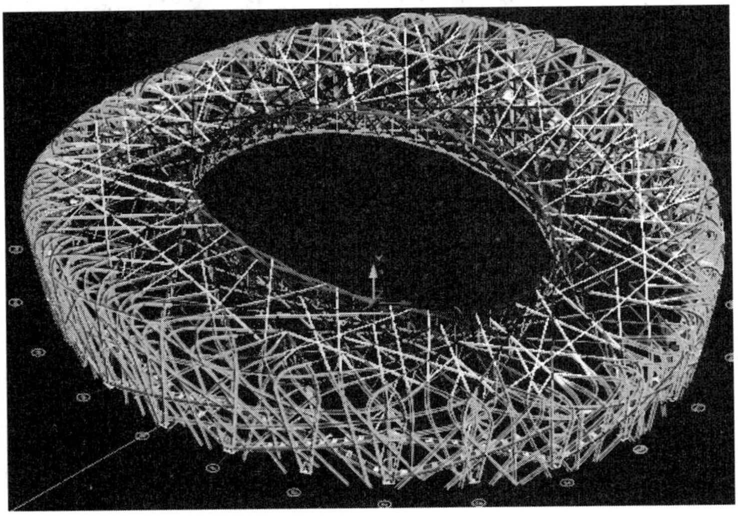

图 1-43　ANSYS 软件界面

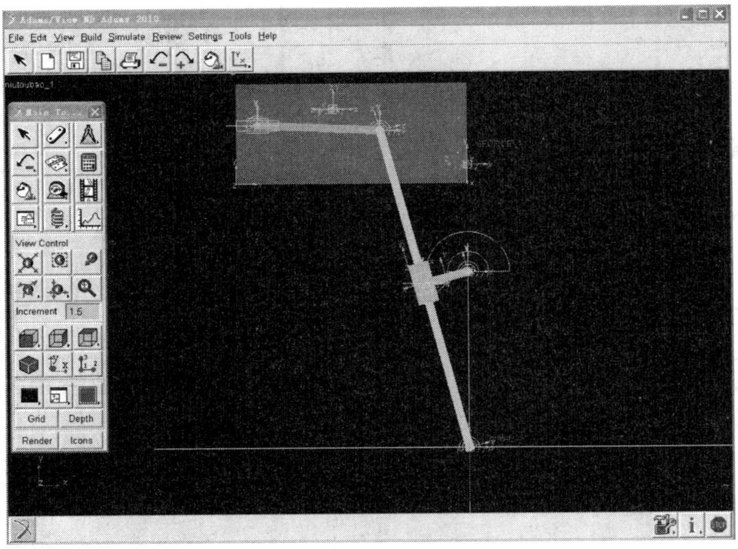

图 1-44　ADAMS 软件界面

10. ADAMS(由美国 MDI 公司开发)

ADAMS,即机械系统动力学自动分析(Automatic Dynamic Analysis of Mechanical Systems),是全球运用最为广泛的机械系统仿真软件,用户可以利用 ADAMS 在计算机上建立和测试虚拟样机,实现事实再现仿真,了解复杂机械系统设计的运动性能。

ADAMS 软件使用交互式图形环境和零件库、约束库、力库,创建完全参数化的机械系统几何模型,其求解器采用多刚体系统动力学理论中的拉格朗日方程方法,建立系统动力学方程,对虚拟机械系统进行静力学、运动学和动力学分析,输出位移、速度、加速度和反作用力曲线。ADAMS 软件的仿真可用于预测机械系统的性能、运动范围、碰撞检测、峰值载荷以及计算有限元的输入载荷等。图 1-44 为 ADAMS 软件界面。

11. MATLAB(由美国 MathWorks 公司开发)

MATLAB 是矩阵实验室(Matrix Laboratory)的简称,和 Mathematica、Maple 并称为三大数学软件。它在数学类科技应用软件中在数值计算方面首屈一指。用于算法开发、数据可视化、数据分析以及数值计算的高级技术计算语言和交互式环境,主要包括 MATLAB 和 Simulink 两大部分。

MATLAB 可以进行矩阵运算、绘制函数和数据、实现算法、创建用户界面、连接其他编程语言的程序等,主要应用于工程计算、控制设计、信号处理与通信、图像处理、信号检测、金融建模设计与分析等领域。图 1-45 为 MATLAB 软件界面。

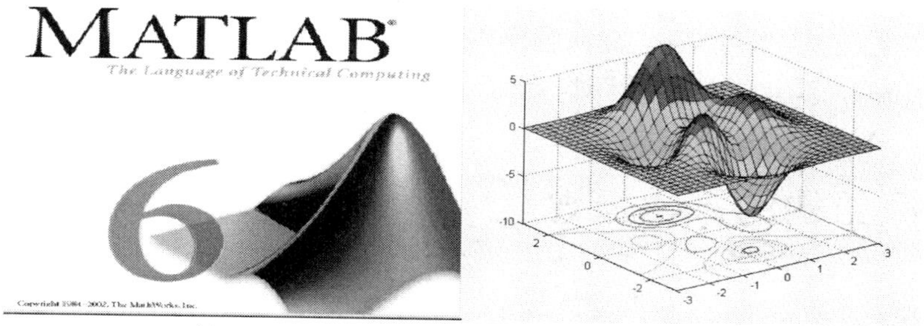

(a)　(b)

图 1-45　MATLAB 软件界面

12. SQL Server(由美国 Microsoft、Sybase 和 Ashton-Tate 三家公司共同开发)

SQL Server 是一个关系数据库管理系统。它最初是由 Microsoft、Sybase 和 Ashton-Tate 三家公司共同开发的,于 1988 年推出了第一个 OS/2 版本。在 Windows NT 推出后,Microsoft 与 Sybase 在 SQL Server 的开发上就分道扬镳了,Microsoft 将 SQL Server 移植到 Windows NT 系统上,专注于开发推广 SQL Server 的 Windows NT 版本。Sybase 则较专注于 SQL Server 在 UNIX 操作系统上的应用。

SQL Server 是一个全面的数据库平台,使用集成的商业智能(BI)工具提供了企业级的数据管理。SQL Server 数据库引擎为关系型数据和结构化数据提供了更安全可靠的存储功能,使您可以构建和管理用于业务的高可用和高性能的数据应用程序。图 1-46 为 SQL Server 软件界面。

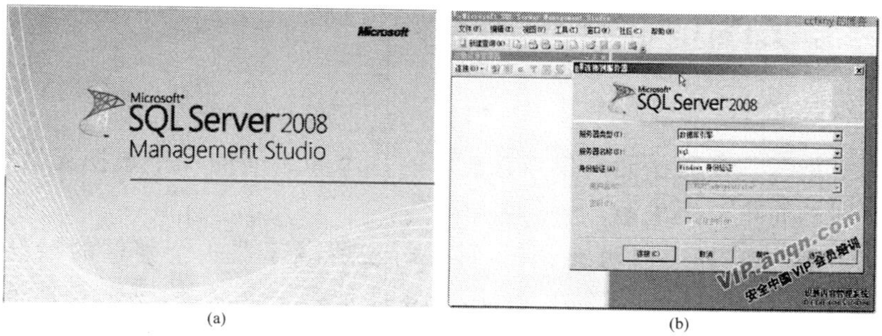

(a)　(b)

图 1-46　SQL Server 软件界面

第 2 章
CAD 系统支撑技术

CAD 技术是一项先进的计算机应用技术，所涉及的内容极为广泛。除了必要的硬件和软件之外，尚需有众多技术的支撑，如计算机网络技术、数据管理技术、人工智能、仿真分析等。本章对其中的常用数据结构、数据管理技术及计算机网络技术进行简要的叙述，以满足后续章节应用的需要，其他支撑技术请读者参阅相关的著作和资料。

2.1 数据结构的基本概念

数据结构是指相互之间存在一种或多种特定关系的数据元素的集合。简言之，数据结构即为数据之间的关系。从内容来看，数据结构包含数据之间的逻辑关系、数据在计算机中的存储形式以及数据的操作运算三方面内容，即数据的逻辑结构、数据的存储结构和数据的操作运算。

2.1.1 数据的逻辑结构

数据的逻辑结构描述的是数据之间的逻辑关系，它从客观的角度组织和表达数据。用一个二元组

$$B=(D,R)$$

来表示，其中 D 为非空的有限数据元素（包括结点、记录、表目等）的集合，R 为数据元素间关系的有限集合。

逻辑结构可以归纳为线性结构和非线性结构两大类型，其中非线性类型又可分为树状结构、网状结构和树状网状结构，如图 2-1 所示。

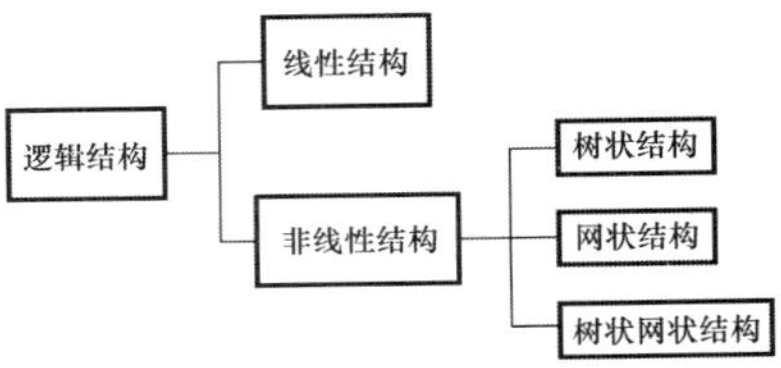

图 2-1　逻辑结构分类

1. 线性结构

线性结构是指每一个数据元素仅与它前面的一个和后面的一个数据元素相联系，因而只能表达数据间的简单顺序关系。

例如，表 2-1 所示的减速器明细表中，每一行说明减速器一个零件的情况，称为记录。该表的逻辑结构描述了记录之间的关系，哪个零件是第一个记录，哪个零件是最后一个记录，以及任意一个记录的前驱和后继的记录是什么零件。

表 2-1　减速器明细表

序号	名称	数量	材料
1	箱体	1	HT100
2	箱盖	1	HT100
3	齿轮轴	2	45 钢
4	齿轮	6	45 钢
5	…	…	…

线性结构的数据之间关系很简单，只是顺序排列的位置关系，而且这种位置关系是线性的。这种结构的数据可以用数表的形式表示。

2. 非线性结构

非线性结构的数据间逻辑关系比较复杂，多个数据元素之间的关系构成一个数据结构，而该结构可能又是另一个数据结构的数据元素。通常有树状结构、网状结构及树状网状的结构。

（1）树状结构

在树状结构中，数据之间的关系是一种层次式的逻辑关系，每个数据元素仅与它前面的一个数据元素相关，可与后面多个数据元素相关。

例如，图 2-2 车床组成图中，车床由床身导轨、主轴箱、尾座等几大部件组成；而主轴箱部件又由离合器、主轴组件等组成；主轴组件又是由主轴、齿轮等零件组成的。

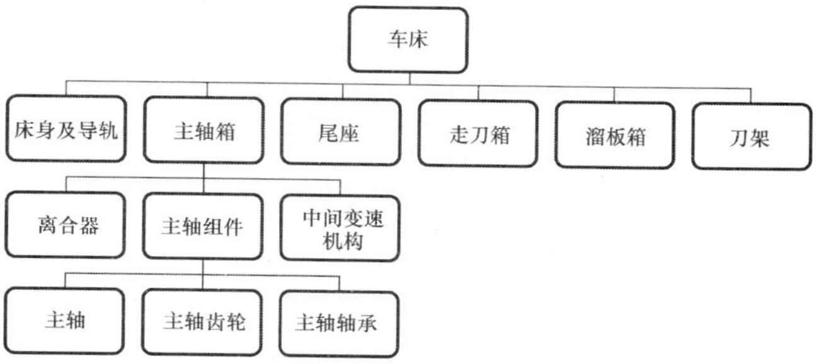

图 2-2　车床组成关系

（2）网状结构

网状数据结构的数据元素之间的关系是一种多元关系，即一对多、多对多、多对一。

例如，如图 2-3 所示的加工工艺路线方案图，圆圈结点表示具有一定工序内容和工序时间的工序。从第一道工序到最后一道工序可以有几种不同的工艺过程方案。这种数据元素之间的关系是一种多元关系。

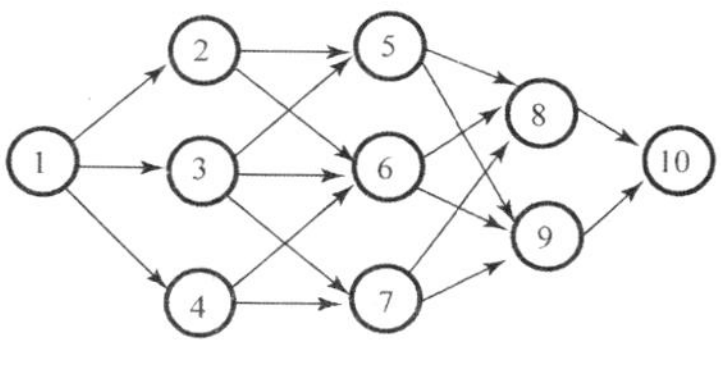

图 2-3　加工工艺路线方案

(3) 树状网状结构

在树状网状数据结构中，数据是分层的，但是层与层之间的数据关系又是网状关系。

例如，如图 2-4 所示四面体的数据结构，四面体由四个面 $F1$、$F2$、$F3$、$F4$ 组成，每个面又由相应的边组成，每个边都有两个顶点。这种关系的数据结构分为 4 层，分别为体、面、边、点，第二层与第三层、第三层与第四层则为网状关系。

2.1.2 数据的存储结构

数据的存储结构是数据逻辑结构在计算机存储器中的实现，它从物理存储的角度来描述数据间的关系，也称为物理结构。

常见的数据存储结构有顺序存储结构和链式存储结构两种。这就是说，若给定某逻辑结构的一个数据集合，其存储结构有可能不同，它在计算机存储介质上可用不同的存储形式进行存储。表 2-1 所示的各个记录可以相邻顺序地存放，也可以通过指针链接进行分散存储。

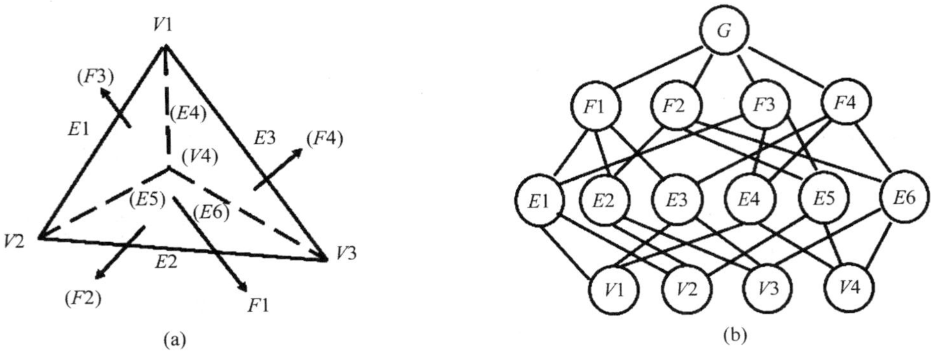

图 2-4 四面体的数据结构

1. 顺序存储结构

利用一组地址连续的存储单元依次存放各数据元素。各数据在存储器中的存储顺序与逻辑顺序一致，也依次排列，如表 2-2 所示。

表 2-2 数据的顺序存储

元素序号		1	2	3	4	5	6	…	n
数据元素		D_1	D_2	D_3	D_4	D_5	D_6	…	D_n
内存地址	…	b	$b+1$	$b+2$	$b+3$	$b+4$	$b+5$	…	$b+n$

这种存储方式占用的存储单元少，简单易行，结构紧凑。但数据结构缺乏柔性，若要增删数据，必须重新分配存储单元，重新存入全部数据，因而不适合需要频繁修改、补充、删除数据的场合。

2. 链式存储结构

用一组任意的存储单元存储数据元素，这组存储单元可以是连续的，也可以是分散的，数据之间按照存取路径进行链接。在已知初始数据的地址后，检索出该地址存放的数据和下一数据的地址，一环扣一环，可逐次找到各个数据。数据中存入的下一个数据的地址称为指针。通过各种指针，可构成不同的存取路径，以适应逻辑结构的需要。因而存储结构可独立于逻辑结构，使存储的物理顺序不必与逻辑顺序一致，但仍可按逻辑要求存取数据。

在链式存储结构中，一个数据元素项由信息字段和指针字段组成，如图 2-5 所示。信息字段是存放数据元素本身的域；指针字段存放直接后继或直接前驱的域称为指针域，指针域中存储的信息称作指针。根据信息段逻辑关系的复杂程度分别设置一个或若干个指针，从而建立起数据元素之间的联系。

信息字段	指针字段

图 2-5　链式存储数据字段组成

链式存储结构根据指针的数目可分为三种类型。

（1）单向链结构

各个数据元素通过指针构成一个链状结构，且链接方向单一。如图 2-6 所示，单向链结构根据其链接方向是否与逻辑顺序一致又可分为正向链图 2-6(a)和反向链图 2-6(b)。若将最后一个数据元素与第一个数据元素通过指针链接，则就成为环链结构图 2-6(c)。

（2）双向链结构

图 2-7 为双向链结构。双向链结构中有两个指针，分别按正、反两个方向链接。双向链也可以构成环链，元素的存取可以从环的任何一个数据元素入口，按指针逐个存取各个记录，直到再遇到入口记录为止。对于双向环链结构，可以自入口处按较短路径方向存取记录，提高存取效率。当某个指针因意外而损坏时不至影响整个结构，且易恢复。

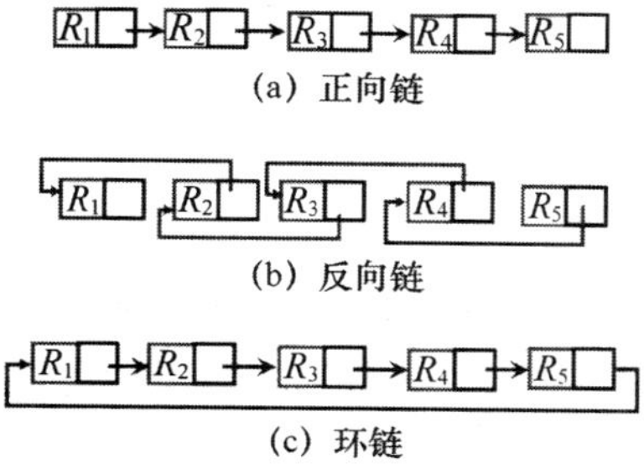

图 2-6　单向链存储结构

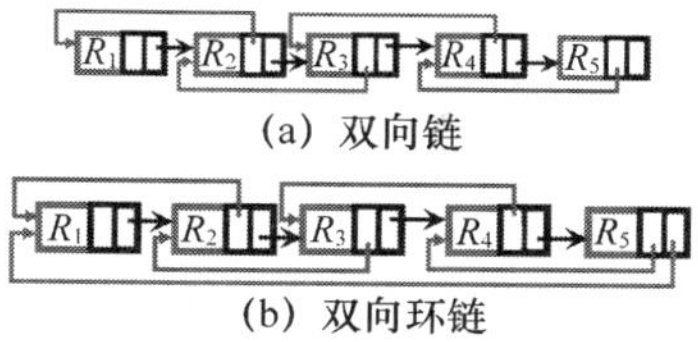

图 2-7　双向链存储结构

（3）多向链结构

如图 2-8 所示为多向链结构。结构中有多于两个的指针，通常用于矩阵元素、树结构存储，只要查询到某一元素，即可获得相关元素的地址。

链式存储结构增删记录十分方便。如图 2-9 所示，只要将插入项前一个记录的指针指向插入项，而插入项本身的指针指向后一项即完成插入。同理，将删除项前一个记录的指针指向删除项后一项即完成删除操作。该结构还为数据检索，尤其是非线性结构的数据检索提供了便利条件，但链接存储相对于顺序存储结构而言，需要较大的存储空间。

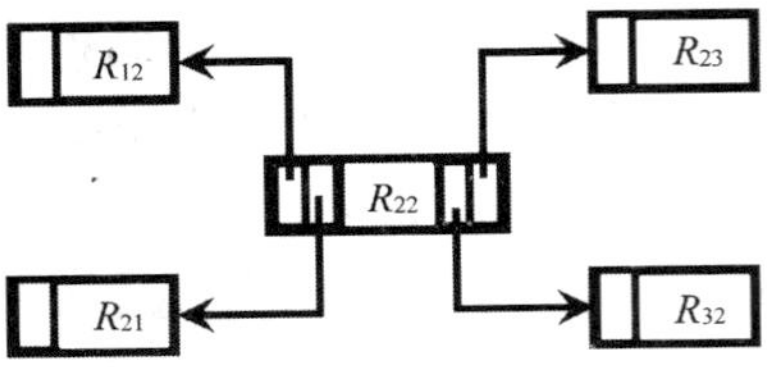

图 2-8　多向链存储结构

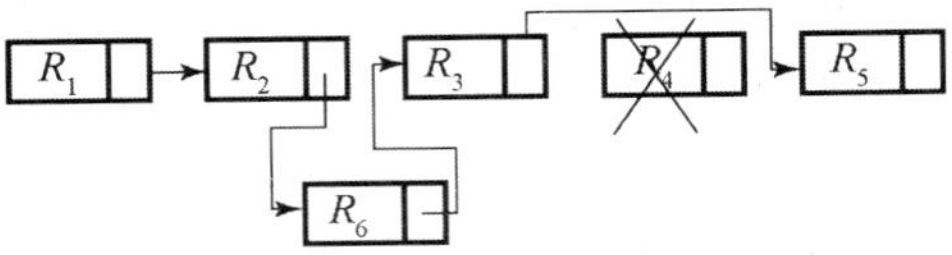

图 2-9　链式存储结构的记录增删

2.1.3　数据的操作运算

在数据结构中，数据的基本操作运算包括：

(1) 插入。在数据结构指定的位置添加新的数据元素。

(2) 删除。删去数据结构中某个指定的数据元素。

(3) 更新。改变指定数据元素的一个或多个数据项的值。

(4) 检索。在数据结构中寻找满足某特定要求的数据元素。

(5) 排序。重新安排数据元素之间的逻辑顺序关系，使之按数值大小由小到大或由大到小的次序排列。

综上所述，数据结构是按某种逻辑结构组织起来，按一定的存储关系把组织好的数据存储到计算机中，并定义一系列操作运算的数据的集合。

2.2　常见的数据结构

2.2.1　线性表

线性表是一种最常用、最简单的数据结构，它是由 n 个类型相同的数据元素组成的有限序列。在线性表中，除表头和表尾数据元素之外，每个数据元素都有且仅有一个直接前驱和直接后继数据元素。线性表中的数据元素个数 n 为线性表的长度，若 $n=0$，则该线性表为空表。

线性表中的数据元素可以是一个数、一个符号、一个记录，也可以是一个线性表，甚至为其他更复杂的信息。

线性表逻辑上可表示为：

$$[a_1, a_2, a_3, \cdots, a_{k-1}, a_k, a_{k+1}, \cdots, a_n]$$

例如，光轴轴径值表示成线性表形式：

$$[3, 6, 10, 14, 18, 24, 30, 40, 50, 65, \cdots]$$

线性表的存储结构有两种不同的结构形式，即顺序存储结构和链式存储结构。

2.2.2　栈与队列

栈和队列是两种常见的特殊线性表，其特殊性在于其操作运算受到了限制。因此，栈和队列也称为两种限定性的数据结构。

1. 栈(Stack)

栈是限定在表尾进行插入或删除操作运算的线性表。该线性表的表尾端称为栈顶(Top),表头端称为栈底(Bottom)。不含任何数据元素的栈称为空栈。

假设栈 $S=(O_1,O_2,\cdots,O_n)$,则 O_1 是栈底元素,O_n 是栈顶元素。如图 2-10 所示,栈的操作运算遵循“后进先出”的原则,即栈的操作是按后进先出的原则进行的。因此,栈又称为“后进先出”线性表。栈一经确定,其栈底便固定不变,而栈顶则随数据元素的进栈和出栈不断地浮动。与线性表类似,栈可以顺序存储,也可以链式存储。由于栈的容量一般是可以预见的,而且其运算仅限于栈顶一端,所以栈通常采用顺序存储结构。

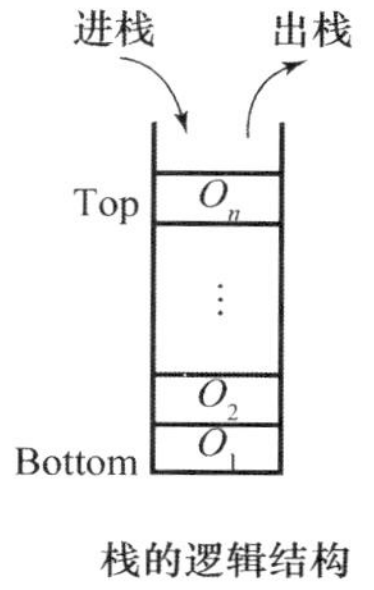

图 2-10　栈栈的逻辑结构

栈的操作运算主要有进栈(插入)和出栈(删除)两种操作方式。

(1) 进栈操作时,首先需检查是否栈满。若未满,则使栈顶指针加一,并在此存储地址处存放待进栈的数据元素;若栈已满,表示栈顶已等于栈的上界,此时栈内无存储空间容纳待进栈的元素,应转入栈操作上溢出错处理程序。

(2) 出栈操作时,需要检查是否栈空。若栈顶指针大于栈底指针,表明栈未空,则把栈顶数据元素输出,然后使栈顶指针减一;若栈顶指针等于栈底指针,表示没有元素可出栈,则应转入栈操作下溢出错处理程序。

2. 队列(Queue)

队列是限定在表的一端插入,另一端删除的特殊线性表,允许插入的一端称为队尾,允许删除的一端称为队头,如图 2-11 所示。队列与购物排队情况类似,在队列的数据结构中,第一个进队的数据元素将是第一个出队的元素,所以队列又称之为“先进先出”线性表。

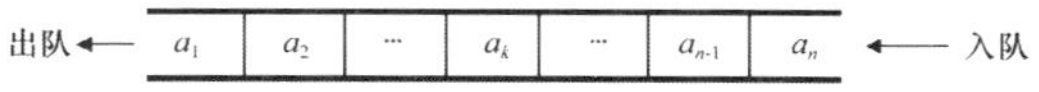

图 2-11　队列

同样,队列可以顺序存储,也可以链式存储。在顺序存储中,需设置头指针 front 和尾指针 rear,分别指向队头和队尾。若 front=rear 时,则队列为空。

设队列长度为 m,当 rear−front$\geqslant m$ 时,进行插入操作则产生上溢错误,表示该队列没有多余的存储空间可供其他数据元素入队;当 front=rear 时,进行删除操作则产生下溢错误,表示该队列中没有数据可供出队。在如图 2-11 所示的情况下,其队列容量为 m,设 front=1、rear=m 时为队满状态,若某数据元素出队后,有 front>1、rear=m、rear−front$<m$,表示此队列为非满状态,但此时队尾处于队列存储区域的上限位置,若插入某一数据元素,仍会产生上溢错误,不过此时的溢出为假溢出。为解决此类问题,需在每次出队时对队列中的所有数据元素进行一次移位操作。如果采用如图 2-12 所示的循环队列,即将队列的头和尾相连,当队尾到

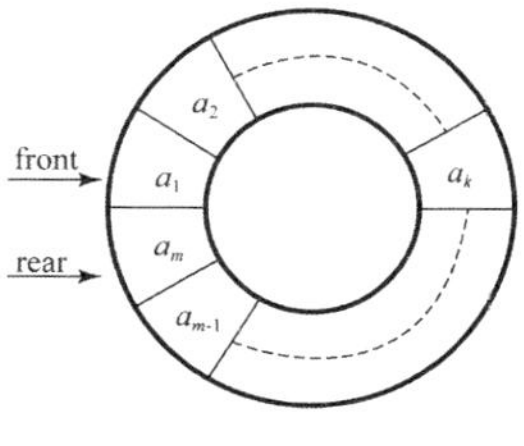

图 2-12　循环队列

达存储区域的上限 rear=m,且 front>1 时,进队数据元素则可从队列的第一个单元循环存放,这样也可避免假溢出问题。

队列在软件技术中常常用到,尤其是计算机操作系统的作业排队中起着广泛的应用。

2.2.3　树

线性表、栈、队列都属于线性结构,但并非所有的问题都可以依靠线性结构描述。树是一种非线性数据结构。如图 2-13 所示,除根结点之外,树的每一个结点有且仅有一个直接前驱,可以有一个以上的直接后继。树结构是按各结点之间的相互关系进行组织,清晰地反映了数据元素之间的层次关系。因而,树结构也称为层次结构。

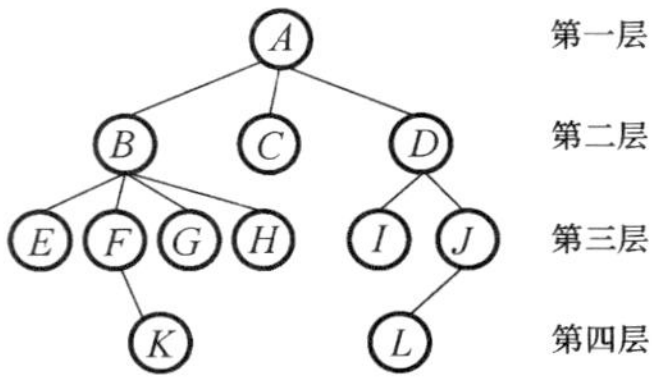

图 2-13　树的逻辑结构

1. 树结构的基本术语

(1) 结点。结点是树结构的基本单元,它包含一个数据元素及若干指向其子树的指针。

(2) 结点的度与树的度。结点的度是指该结点所拥有子树的个数。图 2-13 中结点 A 的度为 3,B 的度为 4,C 的度为 0,D 的度为 2;树中最大结点的度,作为该树的度。图 2-13 所示树的度为 4。

(3) 叶结点。结点度为 0 的结点称为叶结点,或终端结点,如图 2-13 中 C、E、K、G、H、I、L 结点;度不为 0 的结点称为分支结点,或非终端结点,如图 2-13 中 A、B、F、D、J 结点。在树结构中,除叶结点之外的所有结点都为分支结点;而除根结点之外的分支结点也称为内部结点。

(4) 子结点与父结点。在树结构中,某结点的任一子树称为该结点的子结点,而该结点则称为它所有子结点的父结点,如图 2-13 中结点 B 的子结点为 E、F、G、H,而 B 又是这些子结点的父结点。

(5) 结点的层数和树的深度。从树结构的树根算起,根结点为第一层,根结点的子结点为第二层,其余结点的层数等于其父结点的层数加 1。树结构中最大结点层数称为树的深度,图 2-13 所示的树的深度为 4。

(6) 森林。森林是 $n(n\geqslant 0)$棵互不相交树的集合。

2. 树的存储结构

树的存储结构可有多种形式。树为非线性结构,一般采用链式存储结构。各数据元素既可以连续存放在一起,也可以分散存储,通过指针来建立元素间的联系和存取路径。以图 2-13 所示的树为例,说明其存储方式。

(1) 单向链结构

存储结构与逻辑结构不一致,每一个元素只用一个指针,存取路径和时间较长,如

图 2-14 所示。

(2) 多向链结构

存储结构与逻辑结构一致，各层次的数据元素分别按顺序连续存储在四个块中，层次之间的逻辑联系用指针实现，但当下层数据个数较多时，指针就多，占存储单元也多，如图 2-15 所示。

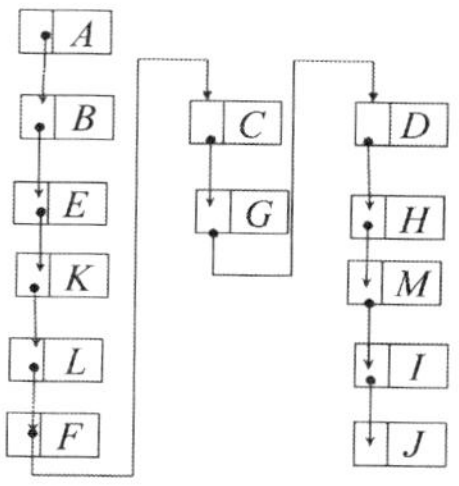

图 2-14　树的单向链存储结构

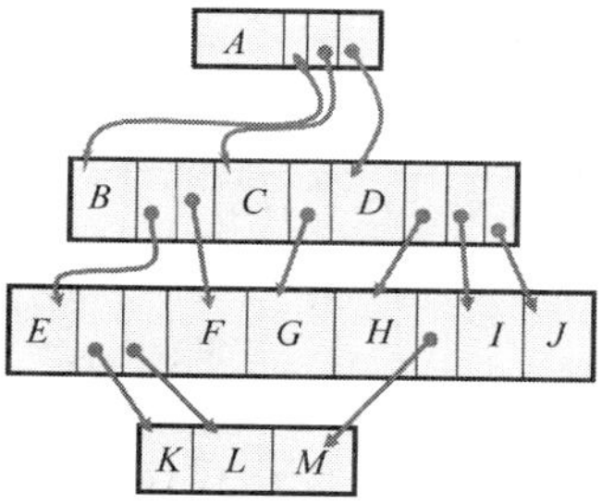

图 2-15　树的多向链存储结构

2.2.4　二叉树

二叉树是一种非常重要的树结构，许多实际问题抽象出来的数据结构往往是二叉树形式，许多算法用二叉树形式实现非常简单、方便。任何树结构都可以转换成与之对应的二叉树，这为树结构的存储和运算提供了方便。

1. 二叉树的概念

二叉树是一种特殊的树，每个结点的度最多为 2，即二叉树至多有两棵子树，分别为左子树和右子树，如图 2-16 所示。二叉树的子树是有序的，左、右子树不能颠倒，即使只有一棵子树，也要区分是左子树还是右子树。

在一棵深度为 k 的二叉树中，其结点总数最多为 (2^k-1) 个。一棵拥有 (2^k-1) 个结点的二叉树称为满二叉树。在满二叉树中，所有分支结点都存在左子树和右子树，并且所有叶结点都在同一层次上。

若对满二叉树各结点进行编号，约定从其根结点开始，自上而下、从左到右进行连续编号。如果有一个深度为 k、结点数为 n 的二叉树，当且仅当其每一个结点都与深度为 k 的满二叉树中的编号从 1 至 n 的结点一一对应时，则此二叉树称为完全二叉树。

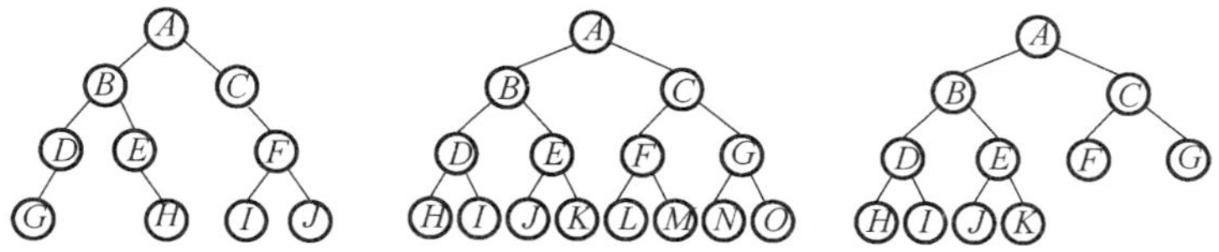

(a) 一般二叉树　(b) 满二叉树　(c) 完全二叉树

图 2-16　二叉树结构

2. 二叉树的存储结构

二叉树可以采用顺序存储结构，也可采用链式存储结构。

对于完全二叉树，可用一组连续的存储单元存储二叉树的数据元素。如图 2-16 所示的完全二叉树，可用一个一维数组作为它的存储结构，将二叉树中编号为 i 的结点数据存放在数组元素 group[i]中，如图 2-17(a)所示。这种顺序存储结构仅适合于完全二叉树，若一般二叉树也按完全二叉树形式来存储，将有许多存储单元为空，造成一定存储单元的浪费，如图 2-16 的一般二叉树相应的顺序存储结构如图 2-17(b)所示。

A	*B*	*C*	*D*	*E*	*F*	*G*	*H*	*I*	*J*	*K*				

(a)

A	*B*	*C*	*D*	*E*		*F*	*G*			*H*			*I*	*J*

(b)

图 2-17　二叉树顺序存储结构

通常，一般二叉树采用链式存储结构，每个结点除了数据域之外，还包含两个指针域，分别指向其左子树和右子树。这种结构与逻辑结构一致，描述清楚，也便于删除和插入操作，但占用存储单元较多。链式存储结构如图 2-18 所示。

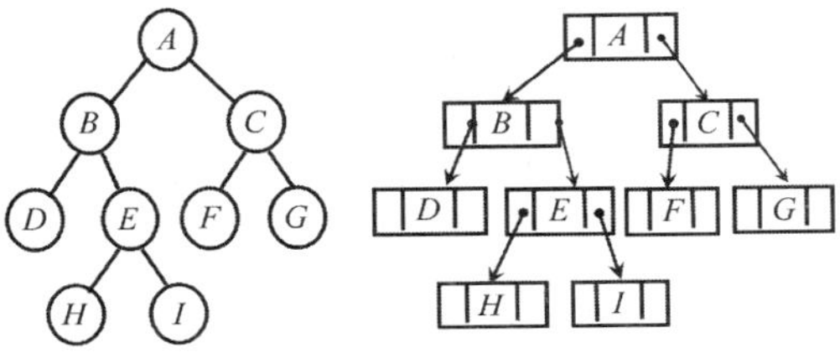

图 2-18　二叉树链式存储结构

3. 二叉树的遍历

二叉树的遍历是一种常用的二叉树操作运算方式，它是按一定的规律查询二叉树的每一个结点，保证每个结点被访问且只被访问一次。遍历对于在二叉树中查找某一指定结点，或逐一对全部结点进行某种处理具有重要意义。对于线性结构，遍历并非难事，但对于二叉树来讲就需要找到一个完整而有规则的遍历方法。

任何一棵二叉树(或子树)都由三部分组成，即根结点(D)、左子树(L)、右子树(R)。根据对这三部分信息遍历次序的不同，可得到六种遍历方案，即 DLR、LDR、LRD、DRL、RDL、RLD。若限定左、右子树的访问次序为先左后右，则得到三种常用的二叉树遍历算法，即 DLR(前序遍历)、LDR(中序遍历)和 LRD(后序遍历)。

(1) 前序遍历(DLR)

前序遍历基本思想：首先访问根结点，然后前序遍历左子树，再前序遍历右子树。这是一个从上至下，先左后右的原则。图 2-19(a)所示二叉树采用前序遍历的结点访问顺序为 $A \to B \to D \to E \to H \to I \to C \to F \to G$。

由于二叉树左、右子树也是二叉树，所以程序中二叉树的遍历使用了递归算法，这使遍历操作算法更为简单、清楚。

(2) 中序遍历(LDR)

中序遍历基本思想：首先中序遍历左子树，然后访问根结点，再中序遍历右子树。

图 2-19(b)所示二叉树采用中序遍历的结点访问顺序为 $D \to B \to H \to E \to I \to A \to F \to C \to G$。

(3) 后序遍历(LRD)

后序遍历基本思想：首先后序遍历左子树，再后序遍历右子树，最后访问根结点。图 2-19(c)所示二叉树采用后序遍历结点访问顺序为 $D \to H \to I \to E \to B \to F \to G \to C \to A$。

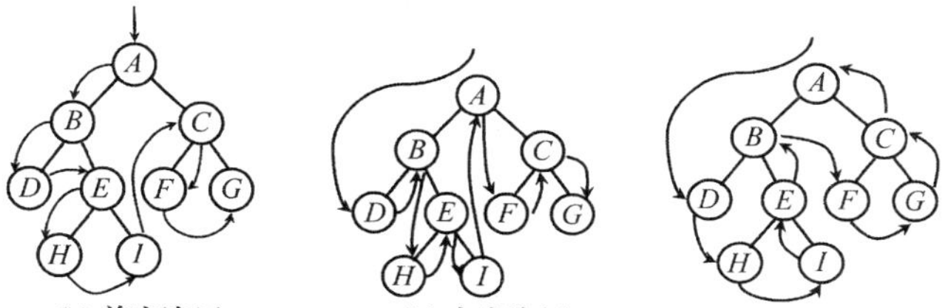

(a) 前序遍历　(b) 中序遍历　(c) 后序遍历

图 2-19　二叉树遍历

2.3 数据管理技术

机械 CAD 系统作业具有数据量大、种类多、结构复杂的特点，所涉及的数据包括产品的物理特征、材料性能、数学模型、零件规格、形体几何描述、测试数据、各种设计标准和规范等，内容极为广泛。这些数据除了数值、文字信息等形式之外，还有大量的几何图形、影像等信息。如何管理这些数据信息，直接影响 CAD 系统的应用水平和工作效率。随着计算机应用技术的发展，CAD 系统的数据管理也经历了程序直接管理、文件管理、数据库管理、产品数据管理等多种数据模式的发展过程。

2.3.1 程序直接管理

如图 2-20 所示，程序中用到的数据，包括数据的存储操作都必须由程序员自己编程管理，数据与程序互相依赖，程序之间存在大量重复数据。数据的增删都会涉及程序的变更，非常不方便。

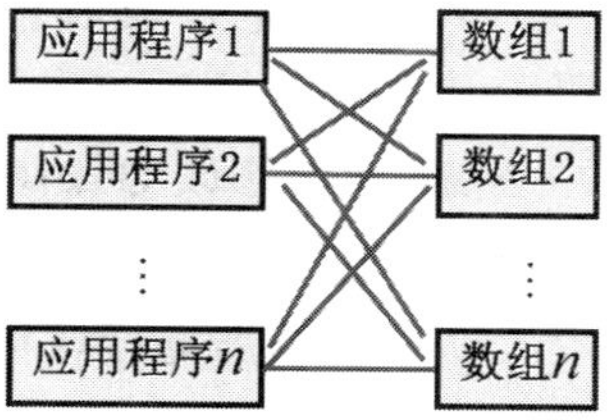

图 2-20　程序直接管理数据

2.3.2 文件管理模式

数据的文件管理是按统一的规则和方法进行数据组织和存取的技术，它把数据组织成数据文件形式，用专用的文件管理系统实现对数据的统一管理，如图 2-21 所示。

数据文件是一组具有相同性质和结构的数据记录的集合，而数据记录则是由一系列相关的数据项组成。在文件管理系统中，这些数据文件、记录以及数据项等每一级数据均由应用程序进行命名，通过应用程序对数据的逻辑关系、组织形式和存取方法进行定义，然后由文件管理系统对数据文件进行建立和操作管理，因此，这种数据管理模式一般用于不希望用户直接修改数据结构的情况下。文件管理系统对数据文件的存取有顺序存取、随机存取和动态存取等不同的存取方式。

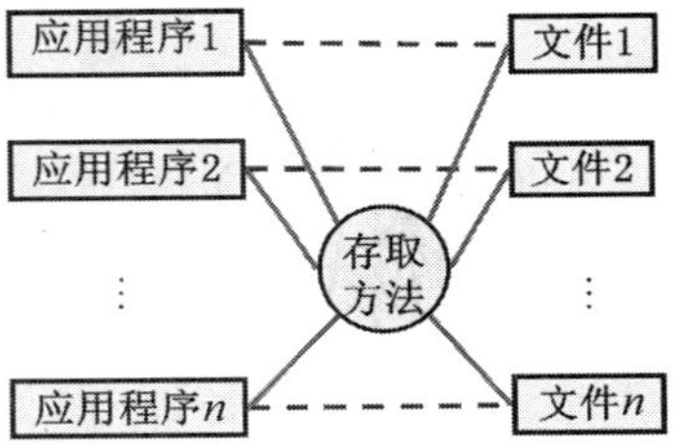

图 2-21 应用程序与数据文件关系

文件管理系统一般是由计算机操作系统直接提供，具有实现方便、简单、灵活、使用效率高等优点，但也存在如下制约性的缺陷。

(1) 数据的冗余度大。由于文件管理系统不能实现以记录和数据项为单位的数据共享，各用户也就需要建立自己各自的数据文件，这势必造成数据的大量冗余，不仅浪费了大量存储空间，还容易形成数据的不一致性。

(2) 缺乏数据的独立性。由于用户程序和数据文件结构密切相关、相互依存，若因需要修改数据结构，必须随之修改相关的应用程序，这对系统的维护和扩展带来相当大的困难。

(3) 没有集中的数据管理系统，难以保证数据的完整性和安全性。

2.3.3 数据库管理模式

1. 数据库管理系统

数据库是 20 世纪 60 年代在文件系统基础上发展起来的数据管理技术。一个数据库系统除了必要的硬件和系统软件之外，其核心部分是数据库管理系统(DBMS，Data Base Management System)。DBMS 是用于对数据库及系统资源进行统一管理和控制的软件系统，它提供了对数据库的定义、建立、检索、编辑修改等操作功能，对数据的安全性、完整性和保密性进行统一的管理和控制，起着连接应用程序与数据库之间的接口作用，如图 2-22 所示。用户通过 DBMS 对可存储在数据库中的数据进行各种处理和应用，而无须了解数据的具体存储结构。

与数据的文件管理系统相比，数据库管理系统具有如下的特点：

(1) 数据存储的独立性。数据的物理存储独立于应用程序，应用程序的改变不会影响数据的结构，数据的扩充修改也不会影响应用程序。

(2) 应用程序的编制与开发，可以不考虑数据的存储管理和访问效率等问题。

(3) 由于同一数据可组织在不同的文件中，因此每个数据在理论上只需要存储一次，因而减少了数据的冗余，实现数据的共享。

(4) 通过 DBMS 实现对数据的统一管理和控制，保证了数据的正确性和保密性。

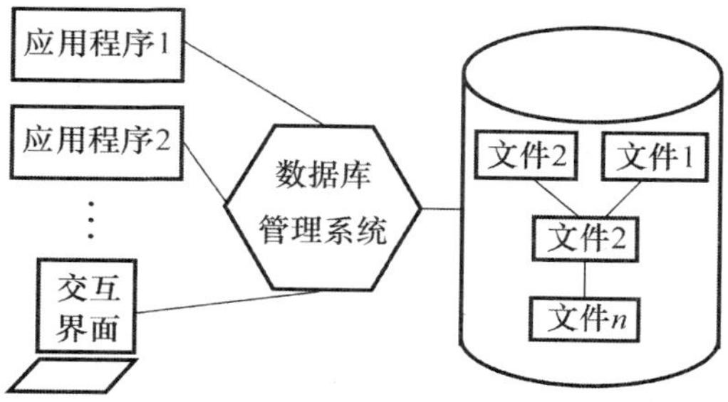

数据库管理时数据与程序的关系

图 2-22 数据库管理模式

2. 常用数据库的数据模型

随着计算机及其应用技术的拓展，数据库技术得到不断的发展。就其数据库结构形式而言，数据库技术经历了层次模型、网状模型、关系模型、面向对象模型以及关系对象模型的发展历程。

图 2-23 为几种常用的数据库结构模型。层次模型的数据库是一种有序的树状结构，各结点分层布置，体现了结点间的“一对多”的关系；而网状模型的数据库是一种网状连通图的结构形式，结点间的连接没有过多的约束，体现了事物间的“多对多”的关系；关系模型是以集合论中的关系概念为基础发展起来的一种数据库模型，在关系模型中每一张二维数表可看作为是一种关系，表中的每一行为一个记录，每一列为性质相同的属性，关系与关系之间的联系可通过关键码实现。关系模型数据库具有数据结构简单，符合工程习惯，数据独立性高及数学基础严密等优点，是当前数据库系统的主流结构，市场上所提供的商用数据库系统如 Sybase、Oracle、FoxPro、Informix 等多属于关系型数据库。

3. 机械 CAD 系统涉及的数据类型

机械 CAD 系统作业涉及整个产品开发过程中大量工程类数据，包括文字、数据、图形，有静态的和动态的数据、结构型的和非结构型的数据等，涉及的数据量大、类型多。常见类型有以下几种。

(1) 管理型数据。包括产品设计与制造过程中所用的各种设计资料，如国家标准和规范、产品目录、技术资料等。这类数据其数据结构不变，数据之间关系分明，数据相对稳定，即使有所变动，也仅是其数值的改动。

(2) 设计型数据。是指产品设计过程所产生的数据，如产品功能描述数据、设计分析参数、各种资源描述数据等。这类数据最大的特点是动态性，包括数值、数据类型和数据结构等，它们是随设计过程的展开在不断地变化。

(3) 图形类数据。包括产品各种图表、二维或三维的零件图和装配图。这类数据是呈动态变化的，它们往往随设计过程的延伸急剧增加。例如，一个三维图形经剖切后，立即在剖面上产生新的交点、交线和面等大量新的图形数据。

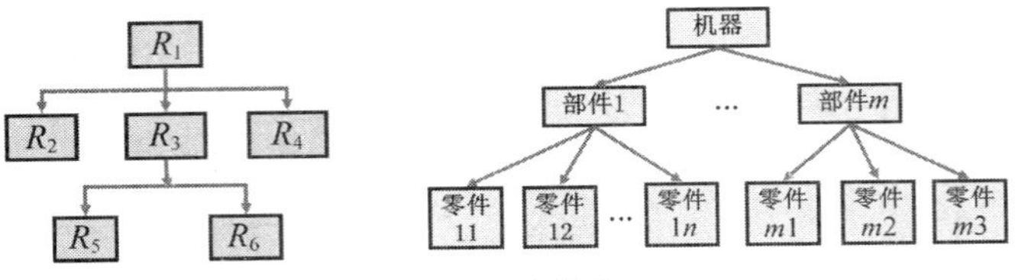

(a) 层次模型

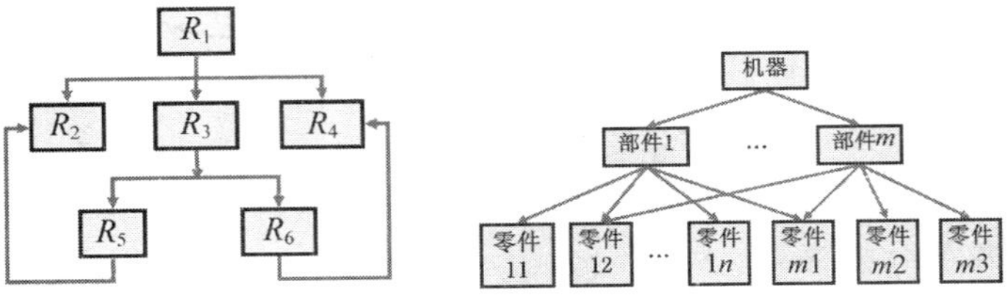

(b) 网状模型

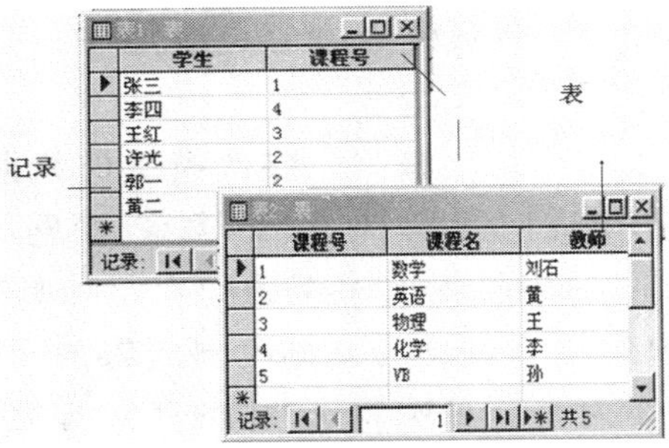

(c) 关系模型

图 2-23 常用的数据库结构模型

4. 工程数据库

常见的商用数据库一般用于日常事务管理领域，所管理的数据类型比较单一，主要为结构型静态数据。对于机械 CAD 所涉及的工程数据的管理，这些商用数据库系统往往是难以胜任的。因而，人们提出了工程数据库的概念。

(1) 工程数据库定义

工程数据库是存储和管理工程设计所需数据的数据库，包含几何、物理、工艺以及其他技术实体特征及相互间的关系，适合于工程应用领域所使用的工程数据的管理。

(2) 工程数据库的特点

工程数据库与一般商用数据库系统的主要区别是对复杂数据类型和结构的支持，在于对工程数据进行动态的定义和管理，具有对数据模型进行动态修改的能力。工程数据库具有如下显著的特点：

① 具有复杂工程数据的存储和管理的能力。能够存储和处理非结构化的变长工程数据和特殊类型数据，支持文字、图形、图像、语音等多媒体信息的存储和集成管理，支持多种媒体数据的编辑处理，以及不同媒体数据类型格式的转换与控制等。

② 具有动态建模的能力。能够动态地进行模型的建立、修改和扩充，支持反复改进的工程设计过程。

③ 支持多库操作和多版本管理。由于工程设计涉及的信息多种多样，需要在各设计模块之间进行数据信息的传递，需要提供多库操作和通信能力。由于工程事务的复杂性和反复试验的实践性，要求工程数据库具有良好的多版本管理和存储功能，以正确地反映工程设计的动态过程和最终状态。

④ 支持工程数据的长记录存取和文件兼容处理。工程数据中，有些数据不适合在数据库中直接存储，若以文件系统为基础来设计其存储方式，会更为方便、更为有效，如工程图以文件形式存储，而在工程数据库中仅存储该图形文件的路径和地址。

⑤ 支持智能型规则的描述和查询处理具有一定的语义识别、推理和查询规则的能力，能够自动检测和维护设计规则。

⑥ 具有良好的数据库系统环境和支持工具。CAD 系统往往是在多用户环境下实现各专业的协同作业，要求工程数据库有一个分布式设计环境，并为所有基本单元系统存取全局数据提供统一的接口标准，能向用户提供透明性的存储空间，能够利用整个计算机网络系统进行通信。

(3) 工程数据库的发展趋势

工程数据库是工程软件开发的数据支撑，智能化、巨型化、工具化、分布式、集成化是其发展方向。

① 分布式数据库

数据库技术与分布处理技术相结合产生了分布式数据库(Distribute Database)。它是由一组分布在不同场地计算机中的数据组成，这组数据具有物理分布性、逻辑整体性、分布独立性和场地自制能力。

物理分布性：即数据库中的数据分布在计算机网络的不同场地计算机上。

逻辑整体性：即数据库中的数据虽然物理分布，但逻辑相关，是相互联系的整体。

分布独立：在用户来看，整个数据库系统仍是一个集中的数据库，不关心数据物理位置分布的细节，分布的实现完全由系统完成。

场地自制能力：即系统网络中的每个结点具有独立处理能力，可以执行局部应用，同时也能通过网络执行全局应用。

分布式数据库能够适应部门分布的组织结构，降低通信代价，提高响应速度；能提高系统的可靠性和可用性，一个场地的故障不会引起整个系统崩溃；有利于充分利用数据库资源，提高现有集中式数据库的利用率；便于扩展处理能力和系统规模。

② 面向对象数据库

数据库技术与面向对象程序设计的结合产生了面向对象数据库(Object Oriented Database)。传统数据库支持的数据类型简单，都是结构化数据。在工程设计过程中，有大量的图形、文字、代码等非结构化数据，这些数据利用传统数据库系统是难以管理的。面向对象的数据库系统支持面向对象的数据模型，可以管理非结构化的工程数据。由于面向对象的数据模型描述能力强，易于扩展，不仅能描述复杂对象的结构特征，而且能刻画对象的行为特性，特别是面向对象的类、类层次以及继承等概念可用于表示复杂的工程数据的数据结构，适用于工程应用环境。

2.3.4 产品数据管理 PDM

1. PDM 的定义

产品数据管理(Production Data Management,PDM)技术最早产生于 20 世纪 80 年代初,是为了解决工程应用中对大量工程图纸、技术文档管理而出现的一项产品数据管理技术。

PDM 是一种管理所有与产品相关的信息和过程的技术。与产品相关的信息包括物料清单(Bill of Material,BOM)、产品结构配置、产品规范、产品订单、供应商清单、存取权限、审批信息等;与产品相关的过程包括加工工序、工作流程、信息的审批和发放过程、产品的变更过程等。

PDM 是一个面向对象的电子资料室,它集成产品生命周期内的全部信息。PDM 是一种管理软件,它能提供产品数据、文件和文档的更改管理、版本管理、产品结构管理和工作流程管理。PDM 又是介于数据库和应用软件间的一个软件开发平台,在这个平台上可以集成或封装多种开发环境和工具。PDM 为企业建立了一个并行化的产品设计与制造的协调环境,能够使所有参与产品设计的人员自由地共享和传递与产品相关的所有数据。

2. PDM 的体系结构

PDM 系统是建立在关系型数据库管理系统平台上的面向对象的应用系统,其体系结构如图 2-24 所示,共由四层结构组成。

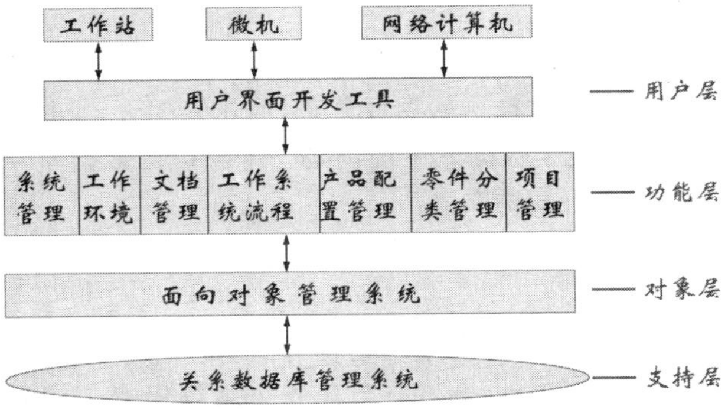

图 2-24 PDM 系统的体系结构

第一层是支持层,是以通用商品化关系型数据库为支持平台,提供了数据管理的基本功能,如存储、取、删除、改、查找等操作。

第二层是对象层。由于商用关系型数据库侧重于事务性数据的管理,不能满足动态变化的产品数据的管理要求。因而,PDM 采用面向对象的技术,提供了系统各种功能的核心结构,使用户在应用各种功能时,实现对数据透明化操作。

第三层是功能层。模型层提供了描述产品数据动态变化的数据模型,在此模型的基础上,根据 PDM 系统的管理目标,建立相应的产品数据管理功能模块。PDM 系统中的功能模块可以分成两大类:一类是系统管理模块,环境、人员、权限等管理,以保证系统正常、安全、可靠地工作;另一类是基本功能模块,包括文档管理、产品配置管理、工作流程管理、零件分类和检索管理、项目管理等。

第四层是用户层，提供交互式图形用户界面，包括图示化的浏览器、菜单、对话框等，用于支持命令操作、信息的输入和输出。在PDM系统中，除了提供标准的、不同硬件平台上的人机界面外，还要提供用户化人机界面的开发工具，以满足各类用户的特殊要求。

由此可见，PDM系统是建立在计算机操作系统和网络系统平台上，集成如CAD、CAPP、CAM、CAE、CAT等软硬件工具，构成一个大型的信息管理系统，可有效地实现各类信息及信息流过程进行安全、正确的集成管理。

3. PDM的功能

PDM系统为企业提供了一种集成管理以及产品相关信息和过程的机制，覆盖产品全生命周期的全部信息，是一种企业产品数据管理的软件平台，具有如下的基本功能：

(1) 电子仓库与文档管理。电子仓库是PDM的核心，通常它建立在关系型数据库基础上，主要保证数据的安全性和完整性，并支持各种查询与检索功能。用户可以利用电子仓库，建立复杂的产品数据模型，修改与访问各类文档，建立不同类型的工程数据之间的联系，实现文档的层次与联系控制。电子仓库管理可方便地实现以产品数据为核心的信息共享。

电子仓库可通过权限控制来保证产品数据的安全性，应用面向对象的数据组织方式能够快速有效地进行信息访问。通过封装应用软件，用户无须了解应用软件的运行路径、安装版本以及文档的物理位置等信息，可迅速无缝地访问企业的产品信息。

(2) 产品结构与配置管理。相互关联的一组零件按照特定的装配关系组成部件，一系列零件和部件装配在一起构成产品。将产品按照部件、零件进行分解，直到不可再分为止，由此形成的分层树状结构，称为产品结构树。产品配置管理是以电子仓库为底层支持，以物料清单(Bill of Material，BOM)为组织核心，把定义最终产品的所有工程数据和文档联系起来，对产品对象及其相互之间的联系进行维护和管理。

BOM作为企业进行设计、生产、管理的核心，不同部门对BOM有不同的要求。例如，生产部门只需要自制件的制造BOM表，采购部门需要原材料及标准件的采购BOM表。另外，针对产品设计中同一产品的不同批次，或同一批次不同阶段，也都需要有不同的编排，得到满足该条件的特定的产品结构，这就是配置，其中的条件称为配置条件。用各种不同的配置条件形成产品结构的不同配置，称为产品结构的配置管理。

产品配置管理能够建立完善的BOM表，并实现产品版本控制，高效、灵活地检索与查询最新的产品数据，实现对产品数据安全性和完整性的控制。

产品配置管理可以使企业中的各个部门在产品的整个生命周期内共享统一的产品配置，并对应不同阶段的产品定义，生成相应的产品结构视图，如设计视图、装配视图、工艺视图、采购视图和生产视图等。

(3) 工作过程管理。过程管理主要实现产品设计与修改过程的跟踪与控制，包括对工程数据提交、修改控制、监视审批、文档分布、自动通知等过程的控制，为产品开发过程的自动管理提供了保证，并支持企业产品开发过程的重组，以获得最大的经济效益。

PDM软件系统可支持定制各类可视化流程界面，按照任务流程结点，逐级地分配任务，可将每一项任务落实到具体的设计人员；还可通过任务流程对设计人员的工作提交评审，根据评审结果进行及时更改，以保证设计工作的顺利进行。

(4) 项目管理功能。项目管理是在项目实施过程中实现其计划、人员以及相关数据的管理与配置,进行项目运行状态的监控,完成计划的反馈。项目管理是建立在工作流程管理基础之上的一种管理形式,能够为管理者提供实时项目和活动的状态信息,其功能包括:可增加或修改项目及其属性;对人员在项目中承担的任务及角色进行指派;利用授权机制,可授权他人代签;提供图形化的各种统计信息,反映项目进展、人力资源利用等情况。

PDM系统在文档管理、配置管理、过程管理、项目管理等方面已得到广泛的应用。利用PDM这一信息传递的桥梁,可方便地进行CAD系统、CAE系统、CAPP系统、CAM系统以及ERP系统之间信息交换和传递,实现设计、制造和经营管理部门的集成化管理。

4. PDM集成平台

PDM系统是建立在关系型数据库管理系统基础上的面向对象的产品数据管理应用系统。PDM是管理与产品相关的信息和过程的技术,将项目规划、产品设计、工艺规划、生产制造和质量管理等方面的信息集成在一起,对产品整个生命周期内的数据进行统一管理的技术。产品开发平台是以PDM作为信息交换支撑,在平台上集成或封装多种开发环境和工具,所有信息的传递都可通过PDM来完成,从而实现产品的集成开发,如图2-25所示。

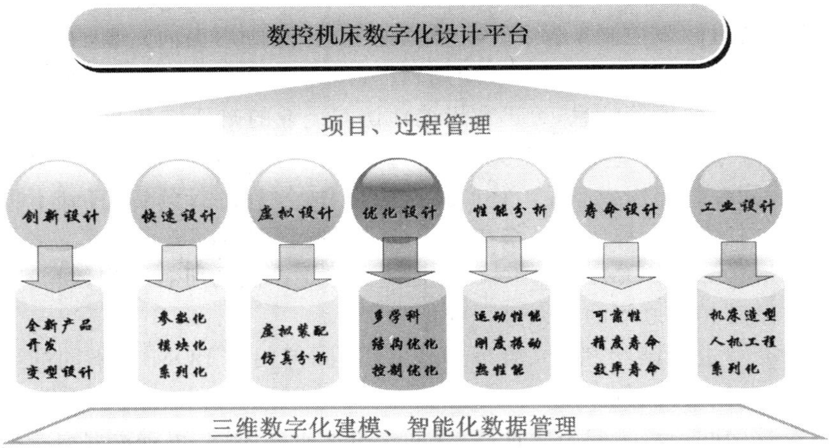

图2-25 PDM集成平台

PDM的核心功能之一是支持产品开发的自动化,对各个子系统实现集中数据管理和访问控制,并通过过程管理提供工作流控制。基于PDM系统集成的各功能单元可实现多用户的交互操作,并支持分布、异构环境下数据集成,为企业建立一个并行化产品开发协同环境。

2.4 计算机网络技术

2.4.1 计算机网络的概念

计算机网络是通过通信线路和设备并遵循给定的通信协议将分散在不同地点具有独立功能的计算机相互连接的计算机群,是实现资源共享和数据通信的系统。

计算机网络具有单个计算机所不具备的功能和特点：①共享网内计算机资源，包括如大容量磁盘存储设备、绘图机等硬件资源，支撑软件、数据库等软件资源；②网内各计算机站点可互为后备，提高计算机系统的可靠性；③能够在计算机之间快速地实现数据的传递，多台计算机进行协同的网络作业。

按照网络覆盖的区域范围，可将计算机网络分为广域网和局城网。广域网用于地区之间的通信，距离可达几千千米，需采用调制解调器将数字信号调制成模拟信号进行远距离传送。Internet 是目前遍布全球、规模最大且价格便宜的一种广域网。而局域网一般局限于数千米距离范围内，是直接用于传递数字信号的计算机网络。CAD/CAM 系统所采用的网络均属于局域网类型。

2.4.2　网络的拓扑结构

计算机网络拓扑是指网络中各工作结点通过网络媒体进行相互连接的一种结构形式。不同的拓扑结构其通信信道访问技术、性能等不同，合理的网络拓扑结构对网络性能、系统可靠性和通信费用都有很大的影响。常见的拓扑结构有总线形、星形、树形、环形和网状形等，如图 2-26 所示。

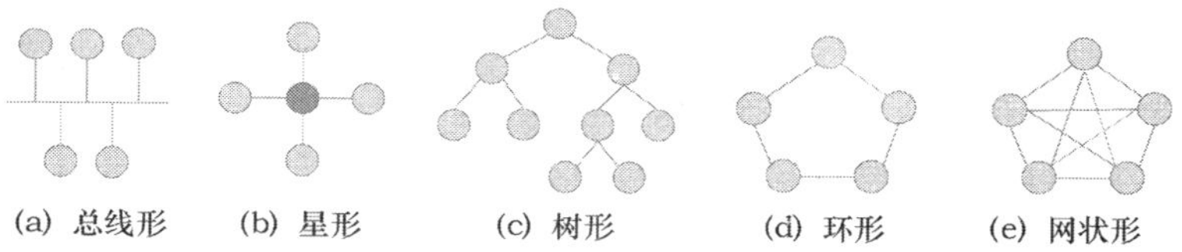

图 2-26　网络拓扑结构

不同的拓扑结构可以分为两类：点到点式网络和广播式网络。

点到点式网络是指网络中每两台计算机之间都存在一条物理通信信道。机器沿某信道发送的数据确定地只有由信道另一端的唯一一台机器收到。在这种点到点的拓扑结构中，没有信道竞争，几乎不存在信道访问控制问题。网状结构是典型的点到点拓扑，星形结构的每台计算机与主机之间的信道是点到点结构。除此之外，某些广域环网的信道也是点到点的。

在广播式网络中，所有计算机共享一条信道，某计算机发出的数据，所有其他计算机都能收到。在广播信道中，由于信道共享而引起信道访问冲突，因此信道访问控制是关键问题。广播式网络的典型代表是总线形网络，局域环形网也是广播型的。

在五种拓扑结构中，树形结构具有层次结构的独特特点。Internet 采用树形结构，以实现网络的管理层次。位于树形结构不同层次的结点地位不同，不同层次的网络在管理、信息交换等问题上都是不平等的。上下层结点之间的信道是点到点的，树形网络是点到点式网络。

2.4.3　局域网系统组成

局域网(Local Area Network，LAN)，是处于同一建筑、同一大学或方圆几千米地域内的专用网络。局域网常被用于连接公司办公室或工厂里个人计算机，以共享资源和交换信息。LAN 的覆盖范围比较小，在最坏的情况下其传输时间是有限的，并且可以预知传输时间，简化网络管理。

常用的广播式 LAN 有总线形和环形。在总线形或环形网络中，任一时刻只有一台计算机发送信息，而其他计算机不能发送。当两台或更多台计算机都要发送信息时，需要一种仲裁机制来解决冲突。

LAN 种类很多，构成形式也多种多样，但一般具有如图 2-27 所示的结构组成，包含传输媒体、服务器、工作站、网间连接器、网络软件等。

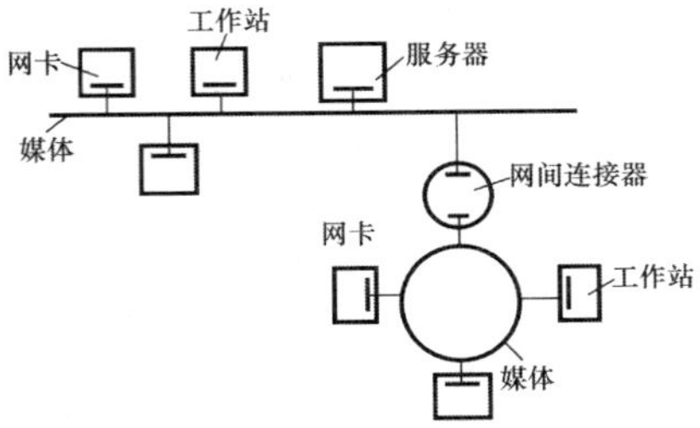

图 2-27 局域网系统组成

网络服务器主要提供网络服务，集中管理网络中共享的软硬件资源，对网络中各工作站进行监视和控制；网络工作站是具有独立处理能力的个人计算机或工程工作站，它构成网络中工作结点；网络媒体包括电缆、光缆等，是将网络服务器、工作站进行连接的信息传输通道；网间连接器有中继器、网桥、路由器、网关、交换机等不同形式，是将不同类型计算机网络连接在一起的互连设备；网络软件包括网络操作系统、网络管理软件、通信控制软件以及网络应用软件等，其中网络操作系统是最重要的网络系统软件，用于控制和协调各工作站点的工作，使用户方便高效地享用和管理网络各类资源。

2.4.4 网络协议

在设计一个网络时，除以上介绍的硬件外，软件也是要重点考虑的要素。网络软件是高度结构化的。在网络通信中，双方共同遵守的规则和约定的集合称为网络协议。为了减少协议设计的复杂性，大多数网络都按层的方式来组织，每一层都建立在它的下层之上。不同的网络，其层的数量、功能都不尽相同。然而，在所有的网络中，每一层的目的都是向它的上一层提供一定的服务，而把如何实现这一服务的细节对上一层加以屏蔽。

为了规范计算机网络的设计，国际标准化组织（ISO）在 1980 年制定了开放系统互联模型（OSI），现已作为广泛应用的一种计算机网络标准。如图 2-28 所示，OSI 模型采用七层功能结构来描述两用户之间的通信，每层完成特定的功能，并接受下层的服务，同时自身又要为上层提供服务。

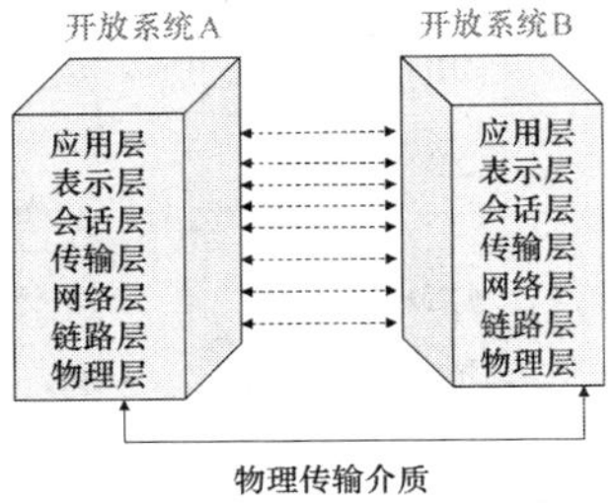

图 2-28 OSI 互联模型

（1）物理层。这是整个网络通信的基础，主要处理与物理传输介质有关的电气和机械的接口。

（2）数据链路层。该层采用无差错控制技术将所通信数据与校验码合并成帧后一起发送，把不可靠的传输信道转变为无差错的信道。因而，该层提供无差错控制、流量控制和链路控制等功能。

（3）网络层。负责将数据从物理连接的一端传到另一端，即点到点通信。提供路由选择、拥塞控制、信息包顺序控制等功能。

（4）传输层。主要目的是弥补网络层服务与用户需求之间的差距。传输层通过向上提供一个标准、通用的界面，使上层和下层的通信细节相隔离。为上层提供进程间通信机制，保证数据透明、可靠地传输。

（5）会话层。为两用户之间会话提供建立、管理和拆除的手段，在会话不可靠时进行断开、检查、再接通的服务。

（6）表示层。主要功能是信息转换，提供标准的应用接口和通用的通信服务，如文本压缩、安全加密、文件格式变换等。

（7）应用层。提供常用的应用程序，诸如网络管理、文件传输、事务处理、任务分配等服务。

在 OSI 七层互联模型中，两个相互通信的系统都有相同的层次结构，每个层次均有自身的通信协议，包括语法、语义、时序三方面的约定。在图 2-28 所示的模型中，若用户 X 向用户 Y 发送信息，它首先调用应用层，使之与用户 Y 的应用层建立同等关系，使用第七层应用层的通信协议，并要求第六层表示层提供服务；第六层又采用该层协议建立用 X 与用户 Y 同等层关系，如此逐层下传，直到最低物理层才在通信媒体上进行实实在在的信息流传输。

2.4.5　基于网络的 CAD 系统模式结构

网络化 CAD 技术依托广泛分布的 Internet 网络，将分散在不同地理位置、具有不同制造资源的企业动态地连接起来，开发人员在网络平台上完成产品的设计与加工，是新一代计算机辅助设计与制造技术，是未来制造业的一个重要发展趋势。网络化 CAD 技术有其特有的系统结构，基于客户机/服务器模式（Client/Server ，C/S）的 CAD 系统和基于浏览器/服务器模式（Browser/Server，B/S）的 CAD 系统，是两种比较典型的网络化模式的 CAD 系统。

1. 客户机/服务器模式

C/S 结构，为两层的计算机网络结构，采用客户端和服务器前后台作业的方式，如图 2-29 所示。通过将任务合理分配到 Client 端和 Server 端，降低了系统的通信开销，需要安装客户端才可进行管理操作。

基于客户机/服务器模式的 CAD/CAM 系统，客户机端和服务器端的程序不同，用户的程序主要在客户机端，客户机端在前台负责与用户进行交互作业，显示设计结果；服务器在后台主要提供数据管理、数据共享、数据及系统维护和并发控制等工作。在系统服务器上装载有操作系统、各类应用程序和设计数据；而前台客户机端仅保留了与客户进行交互的应用程序和一些专用程序，当前台作业需要时可从服务器上下载所需的应用程序在客户机端上运行。

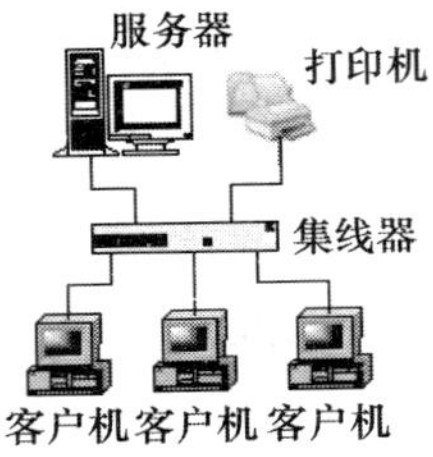

图 2-29 客户机/服务器模式

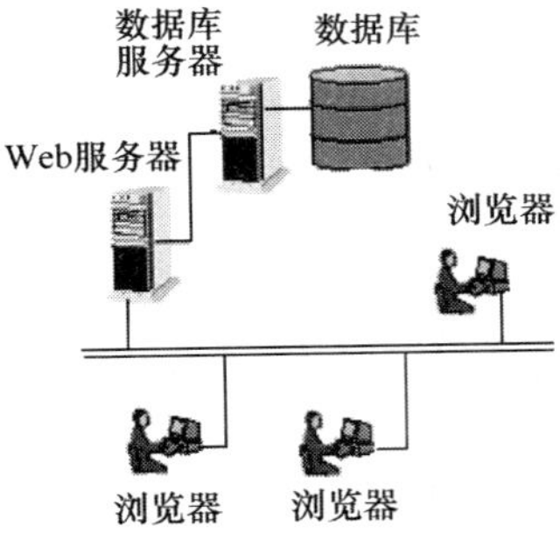

图 2-30 浏览器/服务器模式

C/S 结构模式的 CAD 系统，可以均衡 CAD 系统作业的事务处理，充分发挥客户机和服务器的资源。采用点对点的通信模式，安全性得到较好的保证，有较快的通信速度。开发比较容易，操作简便，但应用程序的升级和客户机端程序的维护较为困难。

2. 浏览器/服务器模式

B/S 结构，是随着 Internet 技术的兴起，对 C/S 结构的一种变化或者改进的结构。在这种结构下，用户界面完全通过 WWW 浏览器实现。如图 2-30 所示，B/S 结构模式是一种三层的计算机网络结构：第一层为用户服务层，对应于客户机端的浏览器，系统通过通用的浏览器负责完成与用户的交互作业，并向应用服务器提交服务请求；第二层为应用服务层，对应于 Web 服务器，处理所有来自客户机端的服务请求，包括数值计算、图形处理等与用户界面和数据存储无关的所有作业；第三层为数据服务层，对应于数据服务器，负责系统各类工程数据的检索、查询、存取和维护等作业。

客户端基本上没有专门的应用程序，应用程序基本上都在服务器端。由于客户机端没有程序，应用程序的升级和维护都可以在服务器端完成，升级维护方便。由于客户机端使用浏览器，使得用户界面“丰富多彩”，但数据的打印输出等功能受到了限制。为了克服这个缺点，一般把利用浏览器方式实现困难的功能，单独开发成可以发布的控件，在客户机端利用程序调用来完成。

B/S 结构模式的 CAD 系统，客户机端仅需安装一个通用的浏览器，无须安装不同的应用程序，所有系统功能都体现在 Web 服务器上，从而使客户机端的设计和维护简化。但 B/S 与C/S 相比，处理速度较慢，交互灵活性较差。

第3章 工程数据的处理技术

在机械设计过程中，往往需要从有关的工程手册或设计规范中查找各种系数或数据。在CAD中，在程序编制过程中将相关数据融于其中，将其程序化，随着程序的运行自动选择，加工处理；或者将相关资料先期以数据库或文件的形式加以管理，以便在设计时由计算机按要求自动检索和调用。

各种工程数据多以数表和线图的形式给出，有少部分是以公式的形式给出。因此，对工程数据的处理主要包括数表和线图的处理。

(1) 对数表的处理方法有数表的数组化、数表的公式化、数表的文件化及数据库存储等各种方法。

(2) 对线图的处理则主要是查找线图的原有公式或将线图离散成数表，然后再按数表进行处理。

3.1 数表的计算机处理

在设计手册或规范中，有各种形式的数表。其中有些数表本来有精确的计算公式，因为方便手工设计才制成表格供查用，对这类数表要力求找到原来的计算公式编入应用程序。而对大多数数表，只能进行程序化处理。数表的数组化是指将数据以数组的形式直接存放于程序中，再根据已知条件自动检索和调用所需数据。

1. 数表的分类

在机械设计中，常用数表形式给出机械零部件的设计参数。设计计算时，需根据给定条件从表格中选取需要的值。在编制机械CAD计算程序的时候，应将数表作程序化处理，以便调用。通常，按数表中的数据有无函数关系，可分为简单数表和列表函数表。

- 数表
  - 简单数表
  - 列表函数表
    - 有计算公式的列表函数表
    - 无计算公式的列表函数表

按数表的维数，又可分为：

- 数表
  - 一维数表
  - 二维数表
  - 多维数表

2. 数表的存取

在 CAD 作业中，进行工程数表存取的一般原则如下：

(1) 数据存入计算机的形式应考虑到检索的方便，通常将数据按一定规则进行排列，然后存入数组。

(2) 一维数表采用一维数组进行存储。

(3) 二维数表采用二维数组进行存储。

(4) 查取数据时用逻辑判断语句进行比较，检索出所需要的数据。

3.1.1 一维数表的处理

只由一个已知变量查取所需数据的表格，称为一维数表。一维数表是最简单的一种数表，其数据在数组化时可用一维数组来存取。

例 3-1 将表 3-1 中齿轮的齿形系数进行数组化处理。

表 3-1 齿轮齿形系数

z	17	18	19	20	21	22	23	24	25	26
Y_{F_α}	2.97	2.91	2.85	2.80	2.76	2.72	2.69	2.65	2.62	2.60

可以用 2 个一维数组进行数组化：

int GearNum[10]={17,18,19,20,21,22,23,24,25,26}；

float Yf[10]={ 2.97,2.91,2.85,2.80,2.76,2.72,2.69,2.65,2.62,2.60}。

例 3-2 将表 3-2 中的数表进行数组化处理，并要求编程实现根据所输入轴径大小输出相应的键宽和键高。

用 2 个一维数组 Width[8]、Height[8]分别存储平键的键宽、键高。设浮点数 m_diameter 为输入的轴颈尺寸，m_width、m_height 分别为相应的键宽、键高。检索时，首先把轴颈 6～44 分为 8 个区间，判断输入的轴颈尺寸值 m_diameter 的大小，当 m_diameter 值小于 6 或大于 44 时，进行出错处理，当 m_diameter 值在 6～44 时，进一步判断 m_diameter 值处于 6～44 的区间位置，根据区间位置检索出相应的键宽和键高。

以下为检索平键参数的 VC++6.0 语言程序。

表 3-2 普通平键键槽尺寸 单位：mm

轴颈	>6～8	>8～10	>10～12	>12～17	>17～22	>22～30	>30～38	>38～44
键宽	2	3	4	5	6	8	10	12
键高	2	3	4	5	6	7	8	8

```
Void CMy2Dlg::OnOK()
{
    int    i;
    int  Width[8] = {2,3,4,5,6,8,10,12};
    int  Height[8] = {2,3,4,5,6,7, 8, 8};
    UpdateData(TRUE);
    if  (m_diameter > 44 && m_diameter < = 6)
```

```
    {
        m_width = 0;
        m_height = 0;
    }
    if (m_diameter > 6 && m_diameter <= 8)
    {       i = 0;    }
    if (m_diameter > 8 && m_diameter <= 10)
    {       i = 1;    }
    if (m_diameter > 10 && m_diameter <= 12)
    {       i = 2;    }
    if (m_diameter > 12 && m_diameter <= 17)
    {       i = 3;    }
      if (m_diameter > 17 && m_diameter <= 22)
    {       i = 4;    }
    if (m_diameter > 22 && m_diameter <= 30)
    {       i = 5;    }
    if (m_diameter > 30 && m_diameter <= 38)
    {       i = 6;    }
    if (m_diameter > 38 && m_diameter <= 44)
    {       i = 7;    }
    m_width = Width[i];
    m_height = Height[i];
    UpdateData(FALSE);
}
```

运行效果如图 3-1 所示。

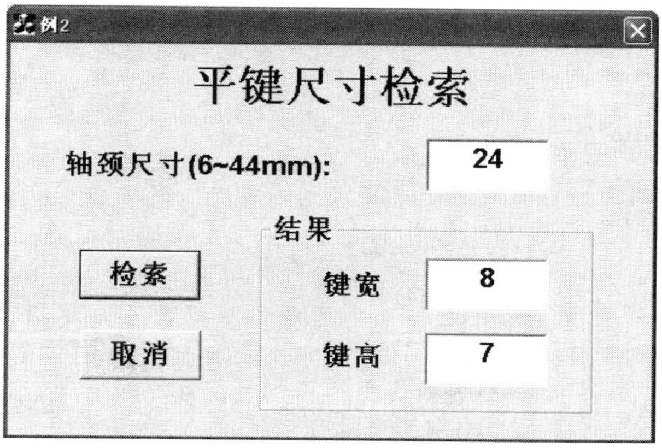

图 3-1　运行结果对话框

3.1.2　二维数表的处理

在工程设计手册中，数表大多数为二维数表和多维数表，程序化时就需利用二维数组和多维数组来表示。需由两个已知条件才能确定一个未知数据的表格，称为二维数表。

例 3-3 检索带传动工况系数。输入原动机每天工作时间和工作机的情况，提取相应的 K_A 值。

表 3-3 齿轮齿形系数

工作机 condition	原动机(1 天工作时间)n		
	≤10	10～16	>16
载荷平稳(condition=0)	1.0	1.1	1.2
载荷变动小(condition=1)	1.1	1.2	1.3
载荷变动大(condition=2)	1.2	1.3	1.4
载荷变动很大(condition=3)	1.3	1.4	1.5

如表 3-3 所示，决定带传动工况系数 K_A 值有两个自变量，即工作机的载荷特性和原动机每天工作时间。现用 $i=0\sim3$ 及 $j=0\sim2$ 分别代表工作机不同的载荷特性和原动机不同的工作时间。用一个二维数组 $K_A[4][3]$ 记载表中的系数。只要用户给定 i、j 值，程序就能检索到相应的 $K_A[i][j]$，检索带传动工况系数的 VC++6.0 语言程序如下。

```
void CMy3Dlg::OnRadio1()
{   i=0;   }
void CMy3Dlg::OnRadio2()
{   i=1;   }
void CMy3Dlg::OnRadio3()
{   i=2;   }
void CMy3Dlg::OnRadio4()
{   i=3;   }
void CMy3Dlg::OnRadio5()
{   j=0;   }
void CMy3Dlg::OnRadio6()
{   j=1;   }
void CMy3Dlg::OnRadio7()
{   j=2;   }
void CMy3Dlg::OnOK()
{
    float Ka[4][3]={   {1.0, 1.1, 1.2},
                        {1.1, 1.2, 1.3},
                        {1.2, 1.3, 1.4},
                        {1.3, 1.4, 1.5}
                    };
    m_Ka=Ka[i][j];
    UpdateData(FALSE);
}
```

运行效果如图 3-2 所示。

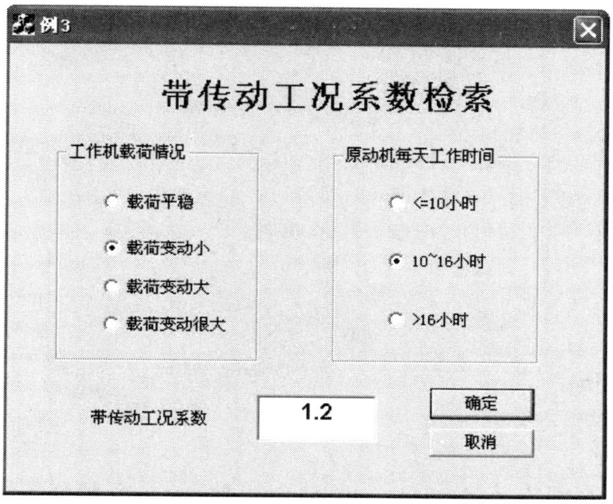

图 3-2　运行结果对话框

3.1.3　多维数表的处理

变量个数大于 2 的数表就是多维数表，工程手册中以三维数表为多。如表 3-4 所示，渐开线圆柱齿轮的齿形公差表的查取取决于齿轮直径、法向模数和精度等级三个变量，是一个三维查表问题。

表 3-4　齿形公差 f_f

分度圆直径 d	法向模数 m_n	精度等级					
		5	6	7	8	9	10
≤125	1～3.5	6	8	11	14	22	36
	>3.5～6.3	7	10	14	20	32	50
	>6.3～10	8	12	17	22	36	56
>125～400	1～3.5	7	9	13	18	28	45
	>3.5～6.3	8	11	16	22	36	56
	>6.3～10	9	13	19	28	45	71
	>10 ～16	11	16	22	32	50	80
	>16 ～25	14	20	30	45	71	112

上述表格数据可用三维数组表示 f[l][m][n]，第一维变量 l 表示分度圆直径，第二维变量 m 表示法向模数，第三维变量 n 表示齿轮精度等级。f[l][m][n]表示如下：

```
void CMy4Dlg::OnOK()
{
        int f[2][5][6] = {
                        {  { 6, 8,11,14,22,36},
                           { 7,10,14,20,32,50},
                           { 8,12,17,22,36,56},
```

```
                        { 0, 0, 0, 0, 0, 0},
                        { 0, 0, 0, 0, 0, 0}
                    },
                    {   { 7, 9,13,18,28,45},
                        { 8,11,16,22,36,56},
                        { 9,13,19,28,45,71},
                        {11,16,22,32,50,80},
                        {14,20,30,45,71,112}
                    }
                };
        m_Ff = f[l][m][n];
        UpdateData(FALSE);
    }
```

例如对于直径分度圆直径 $d=100$ mm，法向模数 $m_n=5$，精度等级为 8 级，则其齿形公差为 $f(0,1,3)$ 。

3.2　线图的计算机处理

线图是函数关系的一种常用表示方法。线图的特点是鲜明直观，并能清楚地表示出函数的变化趋势及规律。因此，在工程设计资料中，很多参数间的函数关系是用线图来表达的。在传统的手工设计中，设计计算时根据线图用手工查找来获得相应的数据。但在计算机辅助设计中，线图不能直接进行存储，因此必须对它进行相应的处理，才能达到对线图的存储和自动检索的目的。

1. 线图的类型

根据线图中数据的来源，线图可分为两类：

- 线图
  - 有计算公式的线图
  - 无计算公式的线图
    - 直线图
    - 曲线图
    - 区域图

2. 线图的处理

为了 CAD 作业需要，进行线图程序化处理的方法有以下几种：

(1) 对于附有公式的线图，将公式直接编写到程序中，即建立线图的解析式；

(2) 对于没有公式的线图，先将线图离散为数表，进行程序化处理，对于不在数表中的数据，采用插值法获得；

(3) 对于没有公式的线图，也可以对线图中每一线条用拟合的方法求出线图的近似公式，再将公式编写到程序中。

3.2.1　有计算公式的线图处理

有些线图所表示的各参数之间关系原本就有计算公式，但为了设计人员工作时查取方便，将计算公式绘制成为线图。对于这样的线图，在 CAD 作业时，应在 CAD 计算程序中直接使用公式进行计算。如图 3-3 所示，螺旋角参数 Z_β 与螺旋角 β 的关系线图，其函数关系为 $Z_\beta = \sqrt{\cos\beta}$ 。

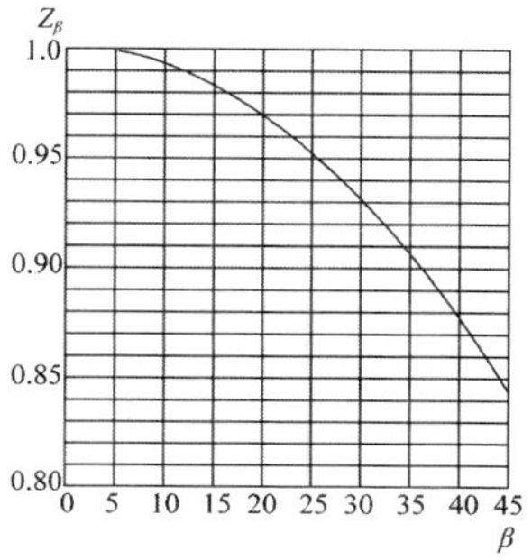

图 3-3　螺旋角参数 Z_β

3.2.2　曲线图的数表化处理

如图 3-4 所示，为渐开线齿轮的一种齿形系数曲线图。图中的横坐标表示齿轮的当量齿数 z_v，纵坐标表示齿形系数 y，根据不同的齿数 z_v，即可以从图上找到相应的齿形系数 y。

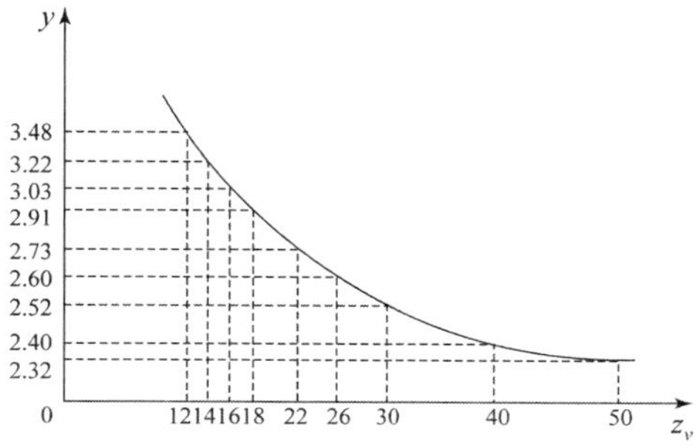

图 3-4　变位系数为 0 时渐开线齿轮当量齿数和齿形系数关系曲线

为了把该曲线图离散为数表，可以在曲线上取一些节点，并把节点的坐标值列成一张一维表。

表 3-5　渐开线齿轮当量齿数和齿形系数关系

当量齿数 z_v	12	14	16	18	22	26	30	40	50
齿形系数 y	3.48	3.22	3.03	2.91	2.73	2.60	2.52	2.40	2.32

如表 3-5 所示，结点的选取随曲线的形状而异，尽可能使相邻结点间的函数差基本均匀，以提高列表函数的精度和减少插值误差。当所取的 z_v 值不在数表所列的结点上时，则采用函数插值的方法来处理。

例 3-4 图 3-5 所示为齿轮齿向载荷分布系数 K_β 值线图，试对其进行离散化处理。

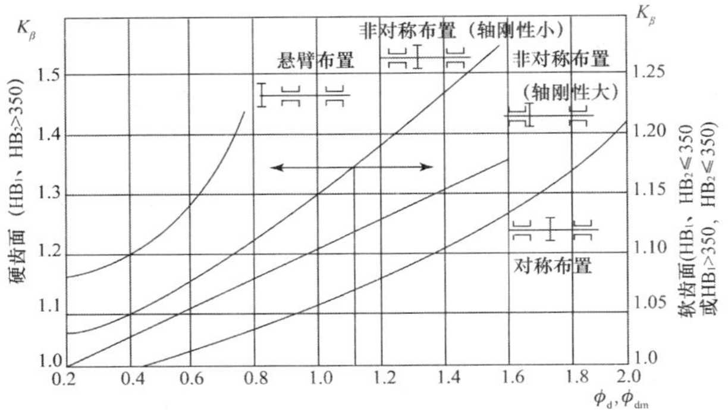

图 3-5　齿轮齿向载荷分布系数 K_β

解：在图 3-5 表示的齿轮齿向载荷分布系数 K_β 值线图上，共有 4 条曲线，每条曲线又分软齿面和硬齿面两种不同的 K_β 值，这样可以转换为 8 个一维表，组合成一个二维表，如表 3-6 所示。

表 3-6　齿轮齿向载荷分布系数 K_β

小齿轮相对支承位置		齿面硬度	齿宽系数 ϕ_d，ϕ_{dm}							
			0.2	0.4	0.6	0.8	1.0	1.2	1.4	1.6
对称布置		软齿面	—	1	1.015	1.03	1.05	1.07	1.09	1.13
		硬齿面	—	1	1.03	1.06	1.1	1.14	1.19	1.25
非对称布置	轴刚性大	软齿面	1	1.02	1.04	1.06	1.08	1.12	1.14	1.18
		硬齿面	1	1.04	1.08	1.13	1.17	1.23	1.28	1.35
	轴刚性小	软齿面	1.025	1.05	1.08	1.115	1.15	1.18	1.225	1.28
		硬齿面	1.05	1.1	1.16	1.22	1.28	1.36	1.45	1.55
悬臂布置		软齿面	1.075	1.115	1.16	1.225	—	—	—	—
		硬齿面	1.15	1.21	1.16	1.45	—	—	—	—

由于转换后的数表只能表示曲线上有限点处参数关系，若要检索曲线上任意点处的齿向载荷分布系数，则需采用函数插值的方法来处理。

3.2.3　复杂直线图的公式化处理

对直线图可将其图形转化为线性方程，再编入程序。直线图通常又分三种情况：直角坐标直线图、对数坐标直线图、区域图。

1. 直角坐标系直线图的公式化处理

直角坐标系中的直线图可通过取直线上任意两点的坐标值来求其斜率，从而写出直线方程式。若已知直线上任意两个点 (x_1,y_1)、(x_2,y_2) 坐标，则该直线方程为：

$$y(x)=y_1+\frac{y_2-y_1}{x_2-x_1}(x-x_1)$$

对于如图 3-6 所示的 K_v 线图，则可表示成：

$$K_\nu = K_{\nu1} + \frac{K_{\nu2} - K_{\nu1}}{\frac{VZ_{12}}{100} - \frac{VZ_{11}}{100}}\left(\frac{VZ_1}{100} - \frac{VZ_{11}}{100}\right)$$

式中：$K_{\nu1}$ 、$K_{\nu2}$ 为直线上任意两点的纵坐标值；$\frac{VZ_{12}}{100}$ 、$\frac{VZ_{11}}{100}$ 为该两点的横坐标值。

因此，对图上每一条直线选取其上任意两点的坐标值，带入上式，便可列出直线方程，利用该方程便可计算出任意 $VZ_1/100$ 的动载系数 K_ν 值。

利用上述方法，图中的 16 条直线，可变换为 16 个直线方程。

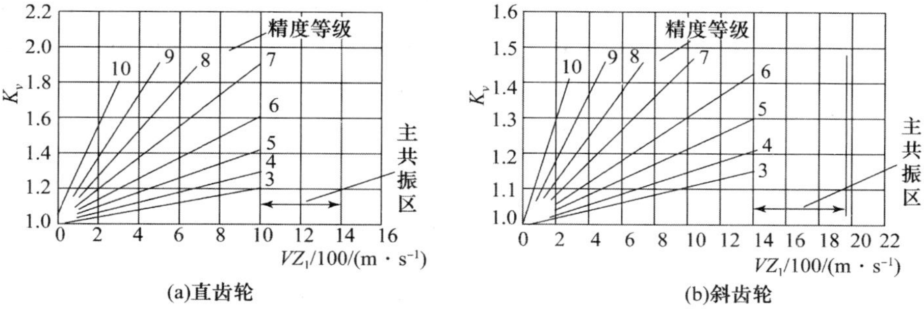

图 3-6　动载荷系数 K_ν

2. 对数坐标系直线图的公式化处理

在机械设计资料中，常会遇到对数坐标直线图。若已知对数坐标系下直线上的任意两点的坐标 $(\lg x_1, \lg y_1)$ 、$(\lg x_2, \lg y_2)$，其对数坐标的直线方程可以表示为：

$$\lg y = \lg y_1 + \frac{\lg y_2 - \lg y_1}{\lg x_2 - \lg x_1}(\lg x - \lg x_1)$$

令　$c = \lg y = \lg y_1 + \frac{\lg y_2 - \lg y_1}{\lg x_2 - \lg x_1}(\lg x - \lg x_1)$

则　$y = 10^c$

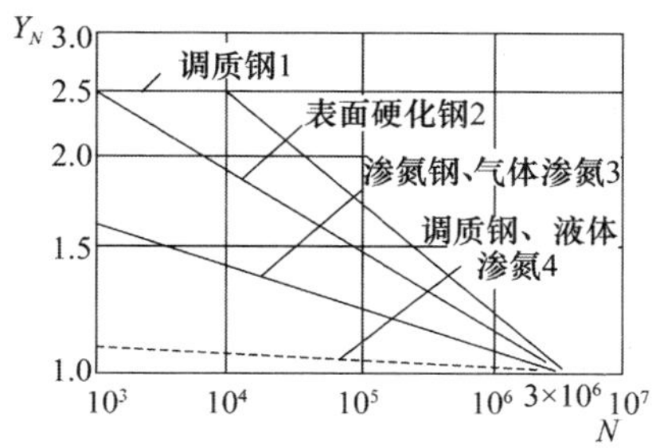

图 3-7　弯曲强度的寿命系数 Y_N

如图 3-7 所示，对于齿轮弯曲强度寿命系数 Y_N 的每一条直线，只要给出其两任意点的坐标，即可列出它的直线方程式：

$$\lg Y_N = \lg Y_{N_1} + \frac{\lg Y_{N_2} - \lg Y_{N_1}}{\lg N_2 - \lg N_1}(\lg N - \lg N_1)$$

将图中某一直线任意两点的坐标值（N_1, Y_{N_1}）、（N_2, Y_{N_2}）及要求取寿命系数 Y_N 的应力值次数 N 带入上式，并令：

$$c = \lg Y_N = \lg Y_{N_1} + \frac{\lg Y_{N_2} - \lg Y_{N_1}}{\lg N_2 - \lg N_1}(\lg N - \lg N_1)$$

则 $Y_N = 10^c$ 。

3. 区域图的处理

工程技术中的许多物理量，往往是一些离散的、随机的变量。例如，如图 3-8 所示的齿轮材料的接触疲劳强度极限应力 σ_{Hlim} ，因其影响因素很多，因而在国际标准中采用区域图的方式表示，供设计者根据材料的质量水平、热处理工艺水平等条件来选用。对于上述区域图，具体的处理方法有两种：按区域图的中线取值；按区域图的位置取值。

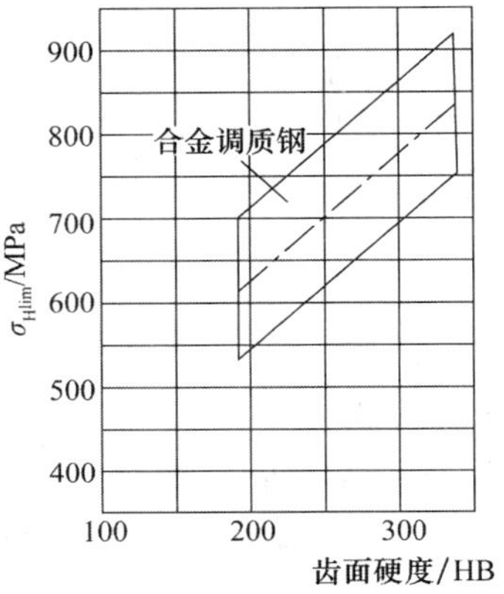

图 3-8 齿轮材料的接触疲劳强度极限应力

(1) 按区域图的中线取值处理

区域图的中线值往往是一般情况下所能获取的数值，这些数值是工程上最常使用的。中线取值处理首先必须找出区域图中线（图中点画线）的表达式，为此在中线上任意选取两点（$\mathrm{HB_1}, \mathrm{SH_1}$）、（$\mathrm{HB_2}, \mathrm{SH_2}$），由此两点可以写出该极限应力中线的表达式 ：

$$\mathrm{SH} = \mathrm{SH_1} + \frac{\mathrm{SH_2} - \mathrm{SH_1}}{\mathrm{HB_2} - \mathrm{HB_1}}(\mathrm{HB} - \mathrm{HB_1})$$

利用上式，就可计算出任意齿面硬度 HB 所对应的 σ_{Hlim} 。

(2) 按区域图的位置取值

按前述的处理方法，设计人员在确定齿轮材料的极限应力时只限于取中值，不尽全面。为了使设计者能根据所用材料性能的不同，按实际情况在区域内能够取不同的值，在直线方程中增加两个参数：一个是极限应力的幅值参数 $\mathrm{SH_3}$；另一个是极限应力在区域图中的位置参数 ST。当 ST=1 时，表示取极限应力的上限值；当 ST=0 时，表示取极限应力的中值；当 ST=−1 时，表示取极限应力的下限值。

此时，极限应力的计算公式变为：

$$\mathrm{SH} = \mathrm{SH_1} + \frac{\mathrm{SH_2} - \mathrm{SH_1}}{\mathrm{HB_2} - \mathrm{HB_1}}(\mathrm{HB} - \mathrm{HB_1}) + \mathrm{ST} \cdot \mathrm{SH_3}$$

这样,ST 在+1～−1 取值时,就可以获得区域图中任意位置上的极限应力值。

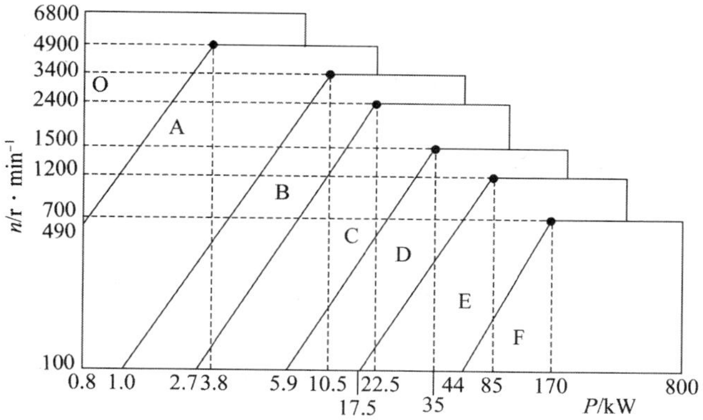

图 3-9　V 带选型折线图

工程设计手册中还经常有一些如图 3-9 所示的 V 带选型图这样较复杂的区域线图,其处理方法是:引出边界的直线方程,然后通过条件语句判断点的位置,最后得到检索结果。

由图 3-9 可知,区别各种型号 V 带的边界均为直线,因而可以运用直线方程来确定各区域边界上坐标。注意,该线图采用的是对数坐标系,则直线方程为:

$$\frac{\lg P_1 - \lg P_2}{\lg N_1 - \lg N_2} = \frac{\lg P_x - \lg P_2}{\lg N_y - \lg N_2}$$

若给出 P_x 值,可求得 $\lg N_y$ 。

设 $\lg N_y = c$ 可得 $N_y = 10^c$ 。

例 3-5　利用 VC++6.0 编程实现根据已知的传递功率和带轮转速自动检索 V 带型号。

检索时,判断输入的传递功率 m_Power 和带轮转速 m_Velocity 的大小,当 m_Power 值小于 0.8 或者 m_Velocity 小于 100 时,进行出错处理,反之当 m_Power 值大于 0.8 且 m_Velocity 大于 100 时,进一步判断当 m_Power 和 m_Velocity 值处于所给图形 3-9 的区间位置,根据区间位置检索出相应的 V 带型号。

解:VC++6.0 编程语言如下。

```
void CMy9Dlg::OnBUTTONVdjs()
{
    float C;
    UpdateData(TRUE);
    if (m_Power<0.8 || m_Velocity <100 )
    {  m_Result ="输入错误!";  }
    else
    {
        C = log10(490.0) + (log10(m_Power) - log10(0.8)) * (log10(4900.0) - log10(490.0))/
          (log10(3.8) - log10(0.8));
        if(m_Velocity>= 4900 || m_Velocity>= pow(10,C))
        {   m_Result ="O 型带";  }
```

```
        else
        {
            C = log10(100.0) + (log10(m_Power) - log10(1.0)) * (log10(3400.0) - log10(100.
              0))/(log10(10.5) - log10(1.0));
            if(m_Velocity> = 3400 || m_Velocity> = pow(10,C))
            {   m_Result = "A 型带";   }
            else
            {
                C = log10(100.0) + (log10(m_Power) - log10(2.7))
                  * (log10(2400.0) - log10(100.0))/(log10(22.5) - log10(2.7));
                if(m_Velocity> = 2400 || m_Velocity> = pow(10,C))
                {   m_Result = "B 型带";   }
                else
                {
                    C = log10(100.0) + (log10(m_Power) - log10(5.9))
                      * (log10(1500.0) - log10(100.0))/(log10(35) - log10(5.9));
                    if(m_Velocity> = 1500 || m_Velocity> = pow(10,C))
                    {   m_Result = "C 型带";   }
                    else
                    {
                        C = log10(100.0) + (log10(m_Power) - log10(17.5))
                          * (log10(1200.0) - log10(100.0))/(log10(85) - log10(17.5));
                        if(m_Velocity> = 1200 || m_Velocity> = pow(10,C))
                        {   m_Result = "D 型带";   }
                        else
                        {
                            C = log10(100.0) + (log10(m_Power) - log10(44))
                              * (log10(700.0) - log10(100.0))/(log10(170) - log10(44));
                            if(m_Velocity> = 700 || m_Velocity> = pow(10,C))
                            {      m_Result = "E 型带";   }
                            else
                            {   m_Result = "F 型带";   }
                        }
                    }
                }
            }
        }
    }
    UpdateData(FALSE);
}
```

运行效果如图 3-10 所示。

图 3-10　运行结果对话框

3.3 数表的插值

由于数表数据的离散性和离散数量的有限性，在相邻两数值点之间的函数值只能选取相近的数据，这会给计算带来误差。当所要求的数据不在数值点上时，若想获得较为准确的数值，应尽量进行公式化处理。数表的公式化处理是指将数表或线图转化为公式编入程序，再根据已知的数据计算出所需的数据。数表的公式化处理有函数插值和曲线拟合两种方法。其中函数插值又分为一元函数插值和二元函数插值。

3.3.1 一元函数插值

如表 3-7 所示，小带轮带速 V 与 P_0 之间没有规律，小带轮带速 V 又不一定恰好为表中所列数值，如 $V = 900$，P_0 值不在表格中，此时，需要根据数表给出的数据范围和趋势找到合适的 P_0 值。可采用插值的方法，通过构造某个函数关系式来近似表达数表数据关系，从而检索对应的函数值。

表 3-7　单根普通 V 带的基本额定功率(小带轮节圆直径为 100 的 A 型带)

小带轮带速 V/r·min^{-1}	400	730	800	980	1 200	1 460	2 800
P_0(kW)	0.47	0.77	0.83	0.97	1.14	1.32	2.05

插值法的基本思想是在插值点附近选取几个合适的结点，过这些选取的结点构造一个简单函数 $g(x)$，在此小段上用 $g(x)$ 代替原来未知函数 $f(x)$，这样插值点的函数值就用 $g(x)$ 的值来代替。因此，插值的实质问题是如何构造一个既简单又具有足够精度的函数 $g(x)$。根据选取结点的个数不同，可将一元函数插值分为线性插值、抛物线插值以及拉格朗日插值。

1. 线性插值

如图 3-11 所示，线性插值时根据插值点 x 值选取两个相邻的自变量 x_i、x_{i+1}，为简便起见，可将这两自变量设定为 x_1、x_2，并满足 $x_1<x<x_2$ 条件，用过 (x_1, y_1)、(x_2, y_2) 两结点连线的直线即线性插值函数 $g(x)$ 代替原来的未知函数 $f(x)$。

$$g(x) = y_1 + \frac{y_2 - y_1}{x_2 - x_1}(x - x_1) \tag{3-1}$$

可将上式改写为

$$g(x) = \frac{x - x_2}{x_1 - x_2}y_1 + \frac{x - x_1}{x_2 - x_1}y_2 \tag{3-2}$$

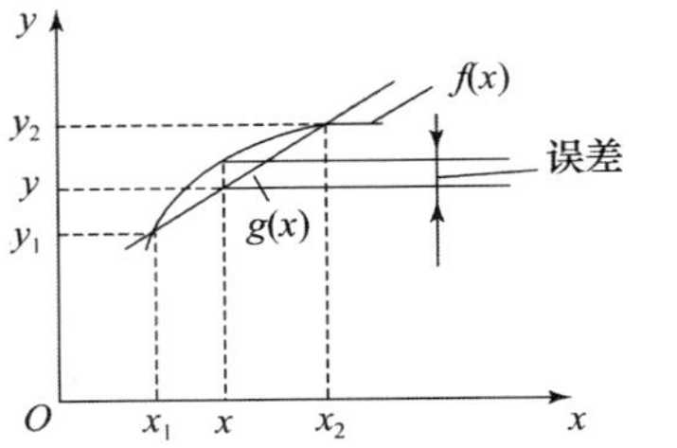

图 3-11 线性插值示意图

可见，$g(x)$ 是关于 x 的两个基本插值多项式的线性组合。从图 3-11 中可以看出线性插值存在一定的误差，当两点间隔较小、精度要求不高时，可以采用此种方法。

例 3-6 根据表 3-7，利用线性插值，计算当小带轮带速 $x = 900$ r/min 时对应的 P_0 值并编程实现自动检索。

解：根据插值点 $x = 900$ r/min 选取两个相邻的自变量 $x_1 = 800$、$x_2 = 980$，过 (800，0.83)、(980，0.97) 两结点求线性插值函数 $g(x)$ 如下：

$$g(x) = y_1 + \frac{y_2 - y_1}{x_2 - x_1}(x - x_1) = 0.83 + \frac{0.97 - 0.83}{980 - 800}(x - 800)$$

将 $x = 900$ r/min 代入上式，得

$$g(x) \approx 0.907\ 78$$

利用线性插值检索单根普通 V 带的基本额定功率的 VC++6.0 语言程序如下：

```
void CMy4Dlg::OnButtonXxcz()
{
    int  x1,x2;
    float y1,y2;
    int   Velocity[7] = { 400,  730,  800,  980, 1200, 1460, 2800};
    float  Power  [7] = {0.47, 0.77, 0.83, 0.97, 1.14, 1.32, 2.05};
    UpdateData(TRUE);
for(int i = 0 ; i< 6 ; i+ +)
{
      if (m_ShuRu <= Velocity[i])
    {
      break;
    }
}
```

```
    if(Velocity[0] = = m_ShuRu)
{
    m_Result = Power[0];
}
    else
{
    x1 = Velocity[i - 1];
    x2 = Velocity[i];
    y1 = Power[i - 1];
    y2 = Power[i];
    m_Result = y1 + (y2 - y1) / (x2 - x1) * (m_ShuRu - x1);
    }
    UpdateData(FALSE);
}
```

运行效果如图 3-12 所示。

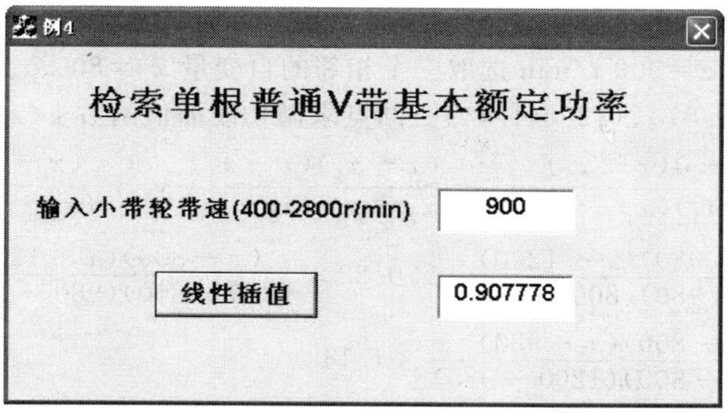

图 3-12　运行结果对话框

2. 抛物线插值

用线性函数 $g(x)$来代替 $f(x)$时，只利用了两个结点上的信息，因此误差较大，为了减少误差可利用三个结点上的信息，采用抛物线插值。抛物线插值又称三点插值。如图 3-13 所示，插值时根据插值点 x 值选取三个相邻的自变量，在抛物线插值中，如何选取合适的三个点是关键所在，按照尽可能减少误差原则，选取方法归纳如下。

(1) 设插值点为 x，找到 x_{i-1}、x_i，且有 $x_{i-1} < x < x_i$。

(2) 若 $|x - x_{i-1}| \leqslant |x - x_i|$，即 x 靠近 x_{i-1} 点，则选取 x_{i-2}、x_{i-1}、x_i 三个点。

(3) 若 $|x - x_{i-1}| > |x - x_i|$，即 x 靠近 x_i 点，则选取 x_{i-1}、x_i、x_{i+1} 三个点。

(4) 若 $x_1 \leqslant x \leqslant x_2$，即 x 靠近表头，则选取 x_1、x_2、x_3 三点。

(5) 若 $x_{n-1} \leqslant x \leqslant x_n$，即 x 靠近表尾，则选取 x_{n-2}、x_{n-1}、x_n 三点。

为简便起见，可将选取的这三自变量设定为 x_1、x_2、x_3，并满足 $x_1 < x_2 < x_3$ 条件，用过 (x_1, y_1)、(x_2, y_2)、(x_3, y_3) 三结点的抛物线插值函数 $g(x)$ 代替原来的未知函数 $f(x)$。

与线性插值类似可写出抛物线插值公式：

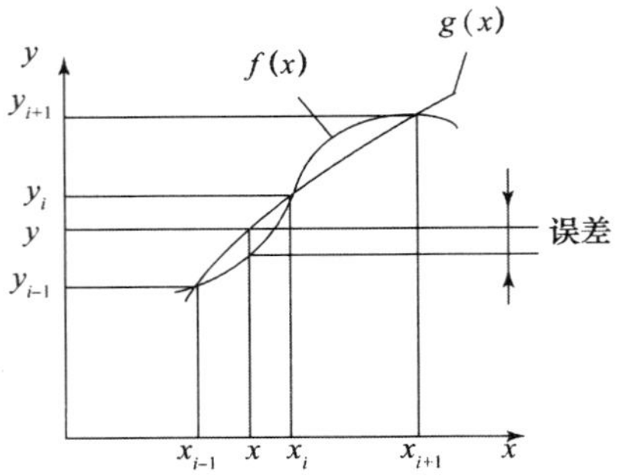

图 3-13 抛物线插值示意

$$g(x)=\frac{(x-x_2)(x-x_3)}{(x_1-x_2)(x_1-x_3)}y_1+\frac{(x-x_1)(x-x_3)}{(x_2-x_1)(x_2-x_3)}y_2+\frac{(x-x_1)(x-x_2)}{(x_3-x_1)(x_3-x_2)}y_3 \tag{3-3}$$

例 3-7 根据表 3-7,利用抛物线插值,计算当小带轮带速 $x = 900$ r/min 时对应的 P_0 值并编程实现自动检索。

解:根据插值点 $x=900$ r/min 选取三个相邻的自变量 $x_1=800$、$x_2=980$、$x_3=1\ 200$,过(800,0.83)、(980,0.97)、(1200,1.14)三结点求抛物线插值函数 $g(x)$如下:

$$\begin{aligned}g(x)&=\frac{(x-x_2)(x-x_3)}{(x_1-x_2)(x_1-x_3)}y_1+\frac{(x-x_1)(x-x_3)}{(x_2-x_1)(x_2-x_3)}y_2+\frac{(x-x_1)(x-x_2)}{(x_3-x_1)(x_3-x_2)}y_3\\&=\frac{(x-980)(x-1200)}{(800-980)(800-1200)}\times 0.83+\frac{(x-800)(x-1200)}{(980-800)(980-1200)}\times 0.97+\\&\quad\frac{(x-800)(x-980)}{(1200-800)(1200-980)}\times 1.14\end{aligned}$$

将 $x = 900$ r/min 代入上式,得

$$g(x)\approx 0.907\ 87$$

利用线性插值检索单根普通 V 带的基本额定功率的 VC++6.0 语言程序如下:

```
void CMy5Dlg::OnButtonPwxcz()
{
    int  x1,x2,x3;
    float  y1,y2,y3;
    int  Velocity[7] = { 400,  730,  800,  980,  1200,  1460,  2800};
    float  Power  [7] = { 0.47,  0.77,  0.83,  0.97,  1.14,  1.32,  2.05};
    UpdateData(TRUE);
    for(int i = 0 ; i<6 ; i ++ )
    {
        if (m_ShuRu<= Velocity[i])
        {    break;   }
    }
    if (i == 1 || Velocity[0] == m_ShuRu)
    {
        x1 = Velocity[0];
```

```
        x2 = Velocity[1];
        x3 = Velocity[2];
        y1 = Power[0];
        y2 = Power[1];
        y3 = Power[2];
    }
    if (i == 6 )
    {
        x1 = Velocity[4];
        x2 = Velocity[5];
        x3 = Velocity[6];
        y1 = Power[4];
        y2 = Power[5];
        y3 = Power[6];
    }
    if (abs(m_ShuRu-Velocity[i - 1])<= abs(Velocity[i] - m_ShuRu))
    {
        x1 = Velocity[i - 2];
        x2 = Velocity[i - 1];
        x3 = Velocity[i];
        y1 = Power[i - 2];
        y2 = Power[i - 1];
        y3 = Power[i];
    }
    if (abs(m_ShuRu - Velocity[i - 1]) > abs(Velocity[i] - m_ShuRu))
    {
        x1 = Velocity[i - 1];
        x2 = Velocity[i];
        x3 = Velocity[i + 1];
        y1 = Power[i - 1];
        y2 = Power[i];
        y3 = Power[i + 1];
    }
    m_Result = y1 * ((m_ShuRu - x2) * (m_ShuRu - x3)) / ((x1 - x2) * (x1 - x3)) +
               y2 * ((m_ShuRu - x1) * (m_ShuRu - x3)) / ((x2 - x1) * (x2 - x3)) +
               y3 * ((m_ShuRu - x1) * (m_ShuRu - x2)) / ((x3 - x1) * (x3 - x2)) ;
    UpdateData(FALSE);
}
```

运行效果如图 3-14 所示。

3. 拉格朗日插值

拉格朗日插值为多点插值，若插值曲线通过 (x_1, y_1)、(x_2, y_2)、…、(x_n, y_n) 共 n 个结点，则插值多项式可写成如下累加和的形式：

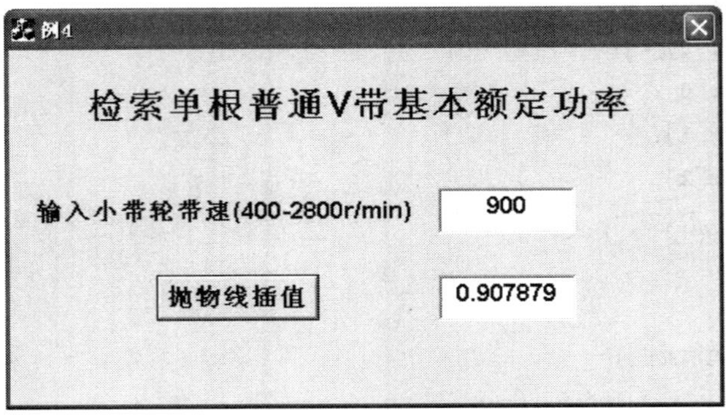

图 3-14 运行结果对话框

$$g(x)=\sum_{k=1}^{n}\frac{(x-x_1)(x-x_2)\cdots(x-x_{k-1})(x-x_{k+1})\cdots(x-x_n)}{(x_k-x_1)(x_k-x_2)\cdots(x_k-x_{k-1})(x_k-x_{k+1})\cdots(x_k-x_n)}y_k$$

$$=\sum_{k=1}^{n}\Big(\prod_{\substack{j=1\\ j=k}}\frac{x-x_j}{x_k-x_j}\Big)y_k$$

3.3.2 二元函数插值

如表 3-8 所示，在已知的二元列表函数数表中，其自变量 (x_i,y_j) 与因变量 z 之间存在某种函数关系(其中 $i=1,2,\cdots,n$, $j=1,2,\cdots,n$)，而在该列表函数中只给出了自变量 (x_i,y_j) 结点上的函数值 $z_{i,j}$ ，若自变量不在节点上时，如插值点 (x_k,y_k) ，就不能查找到对应的函数值。这时可用二元函数插值的方法来检索所需的函数值。

二元列表函数的插值，从几何意义上讲是在三维空间内选定几个点，通过这些点构造一块曲面 $g(x,y)$ ，用它近似表示在这区间内原有的未知曲面 $f(x,y)$ ，从而得插值函数值：

$$z_k=g(x_k,y_k)$$

$g(x,y)$ 有不同的构造方法，在这只介绍最简单的“直线—直线”插值，这种方法在一般工程设计中已能满足要求。此外，精度高于此方法的插值为“直线—抛物线”插值。

表 3-8 二元列表函数

	…	y_{i-1}	y_k	y_i	y_{i+1}	…
⋮						
x_{i-1}		$f(x_{i-1},y_{i-1})$		$f(x_{i-1},y_i)$	$f(x_{i-1},y_{i+1})$	
x_k			$g(x_k,y_k)$			
x_i		$f(x_i,y_{i-1})$		$f(x_i,y_i)$	$f(x_i,y_{i+1})$	
x_{i+1}		$f(x_{i+1},y_{i-1})$		$f(x_{i+1},y_i)$	$f(x_{i+1},y_{i+1})$	
⋮						

如图 3-15 所示，已知 k 点坐标 (x_k,y_k) ，求插值点 z_k 。插值步骤如下：

(1) 首先根据 k 点的坐标 (x_k,y_k) 找到周围四个点 a 、b 、c 、d ，且有如下关系：

$$a\rightarrow(x_{i-1},y_{i-1})\ ,\ b\rightarrow(x_i,y_{i-1})\ ,\ c\rightarrow(x_{i-1},y_i)\ ,\ d\rightarrow(x_i,y_i)$$

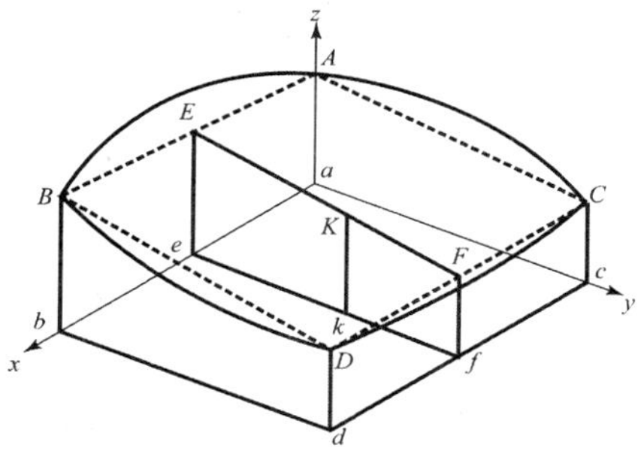

图 3-15　二元函数插值示意图

(2) 过 a、b 用线性插值求得 E；

(3) 过 c、d 用线性插值求得 F；

(4) 过 e、f 用线性插值求 K，即为所求。

例 3-8　如表 3-9 所示，已知 r/d 及 D/d 的值，利用二元函数插值，检索当 $r/d=0.06$，$D/d=4.0$ 时轴肩圆角应力集中系数 α_σ。

表 3-9　轴肩圆角处理论应力集中系数 α_σ

r/d	D/d									
	6.0	3.0	2.0	1.5	1.2	1.1	1.05	1.03	1.02	1.01
0.04	2.59	2.40	2.33	2.21	2.09	2.00	1.88	1.80	1.72	1.01
0.10	1.88	1.80	1.73	1.68	1.62	1.59	1.53	1.49	1.44	1.36
0.15	1.64	1.59	1.55	1.52	1.48	1.46	1.42	1.38	1.34	1.26
0.20	1.49	1.46	1.44	1.42	1.39	1.38	1.34	1.31	1.27	1.20
0.25	1.39	1.37	1.35	1.34	1.33	1.31	1.29	1.27	1.22	1.17
0.30	1.32	1.31	1.30	1.29	1.27	1.26	1.25	1.23	1.20	1.14

解：插值检索步骤如下。

(1) 根据插值点 k 的坐标 (0.06,4.0)，找到周围四个点。

$$a(0.04,6.0)、b(0.10,6.0)、c(0.04,3.0)、d(0.10,3.0)$$

(2) 过 $a(0.04,6.0)$、$b(0.10,6.0)$ 做线性插值求得 z_E。此时 $x_1=0.04$、$x_2=0.10$、$y_1=2.59$、$y_2=1.88$。

$$z_E=y_1+\frac{y_2-y_1}{x_2-x_1}(x-x_1)=2.59+\frac{1.88-2.59}{0.10-0.04}(x-0.04)=2.353$$

(3) 过 $c(0.04,3.0)$、$d(0.10,3.0)$ 做线性插值求得 z_F。此时 $x_1=0.04$、$x_2=0.10$、$y_1=2.40$、$y_2=1.80$。

$$z_F=y_1+\frac{y_2-y_1}{x_2-x_1}(x-x_1)=2.40+\frac{1.80-2.40}{0.10-0.04}(x-0.04)=2.2$$

(4) 过 $e(0.06,6.0)$、$f(0.06,3.0)$ 做线性插值求得 z_K。此时 $x_1=6$、$x_2=3$、$y_1=2.353$、$y_2=2.2$。

$$z_K=y_1+\frac{y_2-y_1}{x_2-x_1}(x-x_1)=2.353+\frac{2.2-2.353}{3-6}(x-6)=2.251$$

可知当 $r/d=0.06$，$D/d=4.0$ 时轴肩圆角应力集中系数 $\alpha_\sigma=2.251$。

3.4 曲线拟合

在实际的工程问题中，有些参数之间的关系无法从理论上推导出计算公式。例如，切削力的计算、轴上应力集中系数等。此时只能用实验方法求出参数间的关系，用一定的数学方法将一系列测试数据或统计数据拟合成近似的经验公式，这一过程称为曲线拟合。

如图 3-16 所示，$y=f(x)$ 是拟合所得得曲线，它不一定通过所有点，但它尽可能接近这些点，因此 $f(x)$ 反映了所给数据的趋势，比较符合实际规律。

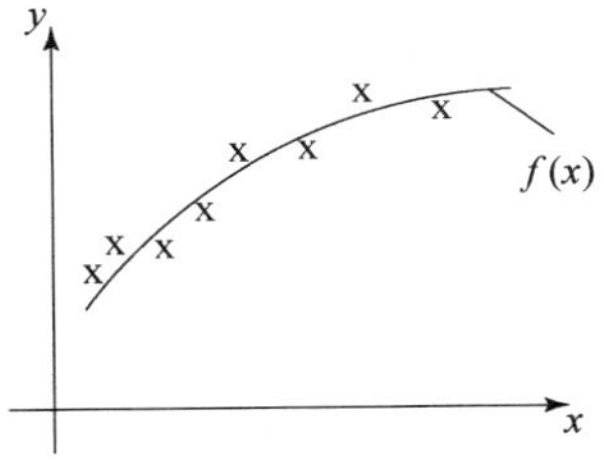

图 3-16 曲线拟合示意图

1. 最小二乘法的拟合思想

已知：曲线图或实验所得 n 个点的数值 $(x_1,y_1),(x_2,y_2),\cdots,(x_n,y_n)$，设拟合公式为 $y=f(x)$，因此每一结点处的偏差为 $e_i=f(x_i)-y_i$，$i=1,2,\cdots,n$，偏差的平方和为

$$\sum_{i=1}^{n}e_i^2=\sum_{i=1}^{n}(f(x_i)-y_i)^2$$

拟合公式 $y=f(x)$ 具有一定的函数类型及系数，例如 $y=a_0+a_1x$ 即为直线方程，如何确定系数 a_0、a_1 呢？最基本的要求就是由该函数决定的直线与各结点的偏差的平方和最小，因而称为最小二乘法拟合。拟合公式的类型通常选初等函数，如对数函数、指数、代数多项式等。一般先将数据画在方格纸上，根据曲线形态判定所用的函数类型。

2. 最小二乘法的多项式拟合

设拟合公式为：

$$y=f(x)=a_0+a_1x+a_2x^2+\cdots+a_mx^m$$

已知 n 个点的值为 $(x_1,y_1),(x_2,y_2),\cdots,(x_n,y_n)$，$n>m$，则：

$$\begin{aligned}\sum_{i=1}^{n}e_i^2&=\sum_{i=1}^{n}(f(x_i)-y_i)^2\\&=\sum_{i=1}^{n}[(a_0+a_1x_i+a_2x_i^2+\cdots+a_mx_i^m)-y_i]^2\\&=F(a_0,a_1,a_2,\cdots,a_m)\end{aligned}$$

偏差的平方和是 $a_0,a_1,a_2,\cdots,a_m$ 的函数，为使此偏差最小，应使 $F(a_0,a_1,a_2,\cdots,a_m)$ 对各自变量的偏导数为 0，即

$$\frac{\partial F}{\partial a_k} = 0$$

$$\frac{\partial \sum_{i=1}^{n}[(a_0 + a_1x_i + a_2x_i^2 + \cdots + a_mx_i^m) - y_i]^2}{\partial a_k} = 0$$

经整理得：

$$\begin{cases}(\sum x_i^0)a_0 + (\sum x_i)a_1 + (\sum x_i^2)a_2 + \cdots + (\sum x_i^m)a_m = \sum(x_i^0y_i) \\ (\sum x_i)a_0 + (\sum x_i^2)a_1 + (\sum x_i^3)a_2 + \cdots + (\sum x_i^{m+1})a_m = \sum(x_iy_i) \\ \vdots \\ (\sum x_i^m)a_0 + (\sum x_i^{m+1})a_1 + (\sum x_i^{m+2})a_2 + \cdots + (\sum x_i^{2m})a_m = \sum(x_i^my_i)\end{cases}$$

上式中：

(1) $\sum$ 为对 $i = 1,2,\cdots,n$ 求和。

(2) 公式中待求系数 $a_0, a_1, \cdots, a_m$ 共 $m+1$ 个，方程也有 $m+1$ 个。因而解此联立方程组，就可求得各系数值。多项式次数越高，拟合曲线精度越高。

例 3-9　如表 3-10 所示，有一组实验数据，有 7 个点，现要求用二次多项式拟合曲线。

表 3-10　实验数据

X	−3	−2	−1	0	1	2	3
Y	4	2	3	0	−1	−2	−5

解：设经验公式为 $y = a_0 + a_1x + a_2x^2$

由以上数据得：$n = 7$，$m = 2$

所以，

$$\begin{cases}na_0 + (\sum x_i)a_1 + (\sum x_i^2)a_2 = \sum(y_i) \\ (\sum x_i)a_0 + (\sum x_i^2)a_1 + (\sum x_i^3)a_2 = \sum(x_iy_i) \\ (\sum x_i^2)a_0 + (\sum x_i^3)a_1 + (\sum x_i^4)a_2 = \sum(x_i^2y_i)\end{cases}$$

经整理得：

$$\begin{cases}7a_0 + 0a_1 + 28a_2 = 1 \\ 0a_0 + 28a_1 + 0a_2 = -39 \\ 28a_0 + 0a_1 + 196a_2 = -7\end{cases} \Rightarrow \begin{cases}a_0 = 2/3 \\ a_1 = -39/28 \\ a_2 = -11/84\end{cases}$$

拟合公式为：$y = \frac{1}{84}(56 - 117x - 11x^2)$

3. 采用最小二乘法拟合多项式时，要注意以下问题

(1) 多项式的幂次不能太高，一般 $m < 7$。

(2) 一组数据或一条线图有时不能用一个多项式表示其全部，此时应分段处理。

(3) 最小二乘法也可以用于其他函数拟合，例如：幂函数 $y = ax^b$；指数函数 $y = ae^{bx}$；对数函数 $y = \log_a x$ 等。

3.5 数表的文件化

对于数据量较大的数表或系统内各应用程序之间共享的数据而言，常采用文件管理的方法。需要数据时，由程序来打开文件并读取数据。文件可以独立于应用程序存在，修改文件中的数据不会影响应用程序。只要各应用程序了解文件的格式，都可使用其中的数据资料。为了便于应用程序调用，通常采用高级语言中的文件管理功能实现文件的建立，数据的存取。

例 3-10 将表 3-11 中的 V 带截面尺寸建立数据文件。利用所建数据文件，根据给定的 V 带型号检索相应的截面尺寸。

表 3-11 V 带截面尺寸

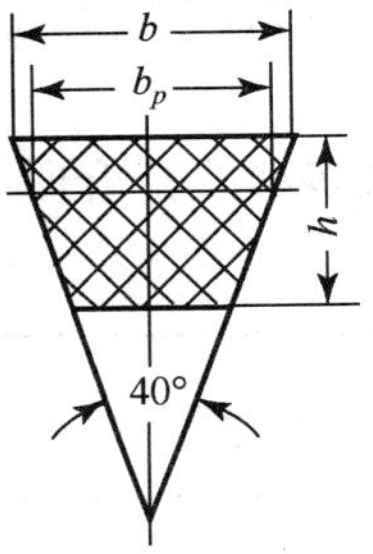

普通 V 带	节宽 b_p/mm	顶宽 b/mm	高度 h/mm	线密度 q /(kg · m^{-1})
Y	5.3	6.0	4.0	0.04
Z	8.5	10.0	6.0	0.06
A	11.0	13.0	8.0	0.1
B	14.0	17.0	11.0	0.17
C	19.0	22.0	14.0	0.30
D	27.0	32.0	19.0	0.60
E	32	38	23	0.87

首先在程序中声明一个类，其数据成员包括 V 带型号 type、节宽 bp、顶宽 b、高度 h、线密度 q。其构造函数为 CVsection()，与类名一致。

```
class CVsection
{
    public:
    char type[2];
    float bp,b,h,q;
    CVsection()
    {
        strcpy(type,"");
        bp = 0;
        b = 0;
        h = 0;
        q = 0;
    };
    CVsection(char * typer, float  bpr, float  br, float  hr,float  qr)
    {
        strcpy(type,typer);
        bp = bpr;
```

```
        b = br;
        h = hr;
        q = qr;
    };
};
```

根据表 3-11 中的数据建立数据文件，V 带截面尺寸的检索根据输入的 V 带型号进行，检索后相关数据显示在对话框中。

```
void CMy8Dlg::OnButtonOk()
{
    int i;
    FILE * fp;

    fp = fopen("d:\Vsection.txt", "wb");
    CVsection Vsection1("Y",5.3,6.0,4.0,0.04);
    CVsection Vsection2("Z",8.5,10.0,6.0,0.06);
    CVsection Vsection3("A",11.0,13.0,8.0,0.1);
    CVsection Vsection4("B",14.0,17.0,11.0,0.17);
    CVsection Vsection5("C",19.0,22.0,14.0,0.3);
    CVsection Vsection6("D",27.0,32.0,19.0,0.6);
    CVsection Vsection7("E",32.0,38.0,23.0,0.87);
    if (fp! = NULL)
    {
        fwrite(&Vsection1, sizeof(CVsection), 1, fp);
        fwrite(&Vsection2, sizeof(CVsection), 1, fp);
        fwrite(&Vsection3, sizeof(CVsection), 1, fp);
        fwrite(&Vsection4, sizeof(CVsection), 1, fp);
        fwrite(&Vsection5, sizeof(CVsection), 1, fp);
        fwrite(&Vsection6, sizeof(CVsection), 1, fp);
        fwrite(&Vsection7, sizeof(CVsection), 1, fp);
    }
    fclose(fp);
    UpdateData(true);
    CVsection Vsection_Result;
    fp = fopen("d:\Vsection.txt", "r");
    if (fp! = NULL)
    {
        for ( i = 0;i<= 7;i ++ )
        {
            fseek(fp,i * sizeof(class CVsection),0);
            fread(&Vsection_Result, sizeof(class CVsection), 1, fp);
            if (Vsection_Result.type == m_type)
            {
                m_bp = Vsection_Result.bp;
```

```
                m_b = Vsection_Result.b;
                m_h = Vsection_Result.h;
                m_q = Vsection_Result.q;
                i = 0;
                break;
            }
            else
            {
                m_bp = 0;
                m_b = 0;
                m_h = 0;
                m_q = 0;
            }
        }
    }
    fclose(fp);
    UpdateData(false);
}
```

运行效果如图 3-17 所示。

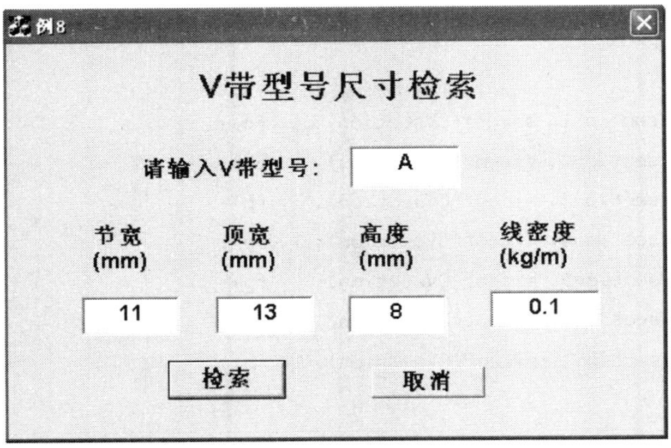

图 3-17 运行结果对话框

第4章
设计图形处理技术

图形是机械设计过程中表达信息的最主要方式，计算机图形处理技术则是利用计算机通过算法和程序在显示设备上构造出图形的一种技术。包括图形的输入、图形的生成显示、图形的变换与裁剪、图形的编辑、识别以及图形的输出绘制等方面。计算机图形处理技术是CAD中几何信息处理的基础和重要组成部分，也是促进CAD技术发展和应用的有效手段和工具，在CAD技术中发挥着重要的作用。

4.1 图形的表达与编辑原理

4.1.1 坐标系统

计算机在处理图形信息时，几何图形的定义和图形的输入/输出都是在一定的坐标系下进行的。图形在输入/输出的不同阶段需要采用不同的坐标系，以方便设计人员的理解和操作，提高图形处理效率。常用的坐标系有世界坐标系、设备坐标系、规格化坐标系三种。

1. 世界坐标系

世界坐标系(World Coordinate System, WC)是最常用的坐标系，用来协助用户定义在二维或三维世界中的物体的坐标系，因此也称为用户坐标系。如图4-1所示，用户坐标系符合右手定则，可以是二维的，也可以是三维的，其定义域为实数域。

2. 设备坐标系

设备坐标系(Device Coordinate System, DC)也称物理坐标系，是指图形输出设备(如显示器、绘图仪)自身上的坐标系。设备坐标系是一个二维平面坐标系，其度量单位为步长(绘图仪)或像素(显示器)，因此它的定义域是整数域且是有界的。通常将显示器上的设备坐标系称为屏幕坐标系。屏幕坐标用对象距离窗口左上角的水平距离和垂直距离来确定对象的位置。屏幕坐标系的 X 轴方向向右，Y 轴方向向下，坐标原点始终位于应用程序窗口的左上角，如图4-2所示。

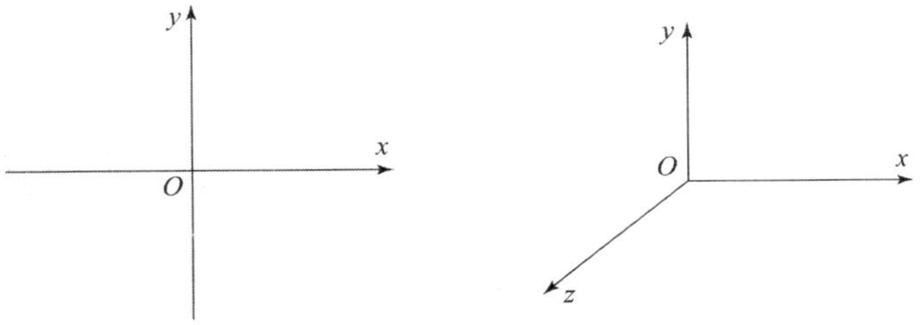

图 4-1 世界坐标系

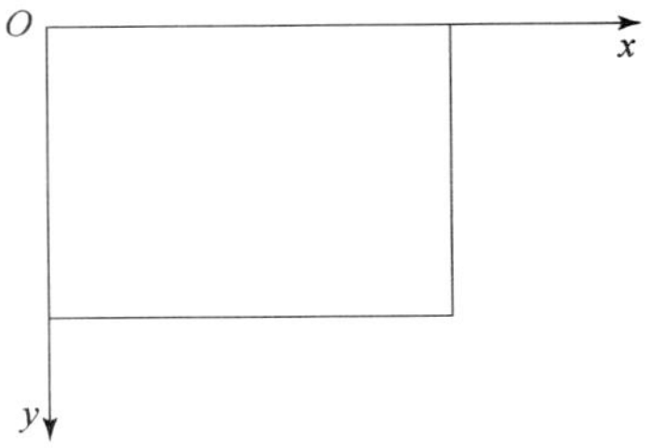

图 4-2 屏幕坐标系

3. 规格化设备坐标系

用户的图形是定义在用户坐标系里，而图形的输出定义在设备坐标系里，不同的图形设备具有不同的设备坐标系，且其坐标范围也不一定相同，这使得应用程序与具体的图形输出设备有关。为了便于图形处理，增强应用程序的可移植性，定义了规格化的设备坐标系(Normalized Device Coordinate System, NDC)，采用一种无量纲的单位代替设备坐标，当输出图形时，再转换为具体的设备坐标。

规格化设备坐标系坐标轴方向及原点与设备坐标系相同，但其最大工作范围的坐标值规范化为 1。以屏幕坐标为例，其原点仍是左上角，坐标为(0.0,0.0)，距原点最远的屏幕右下角，其坐标是(1.0,1.0)。规格化设备坐标系与设备坐标系相差一个固定倍数，即相差该图形输出设备的分辨率。

当开发一个应用于不同分辨率设备的图形软件时，首先将输出图形转换为规格化设备坐标系，以控制图形在设备显示范围内的相对位置。当转换到具体的不同输出设备时，只需将图形的规格化坐标再乘以相应的设备分辨率即可。这样使图形软件与图形设备相隔离，增加了图形软件的可移植性。

4.1.2 窗口和视区

1. 窗口

当通过房间里的窗户观察外面的世界时，我们所能看到的只是整个世界的一小部分，其余部分则被窗户周围的墙壁所遮挡。这时，窗户就是一个窗口。

计算机图形学中，窗口是在用户坐标系中定义的确定显示内容的一个矩形区域，在窗内的图形才能在设备坐标系下输出，窗口外的部分则被裁掉，相当于透过窗口观察这部分图形。如图 4-3 所示，窗口的位置和大小在用户坐标系中一般用矩形的左下角 (x_{W1},y_{W1}) 和右上角 (x_{W2},y_{W2}) 表示。窗口技术应用的典型示例是在各种 CAD 系统中经常用到的框选放大操作。

2. 视区

视区是在设备坐标系(通常显示屏幕)中定义的用于输出窗口中的图形的矩形区域。任何小于或等于屏幕域的区域都可以称之为视区，视区是一个有限的整数域，它小于或等于屏幕区域。视区的位置和大小同样是用矩形的左下角 (x_{V1},y_{V1}) 和右上角 (x_{V2},y_{V2}) 表示。视区决定了窗口中的图形要显示于屏幕上的位置和大小。如果在同一屏幕上定义多个视区，则可同时显示不同的图形信息，如在绘图时常将图形屏幕分为四个视区，其中三个视区用于显示零件的三视图,另一个用于显示零件的轴测图。如图 4-4 所示,一个屏幕上定义四个视区,同时输出一个鼠标的三视图和轴测图。

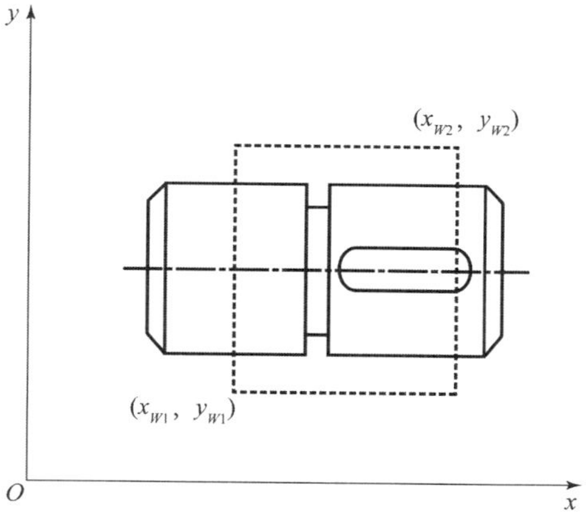

图 4-3　窗口

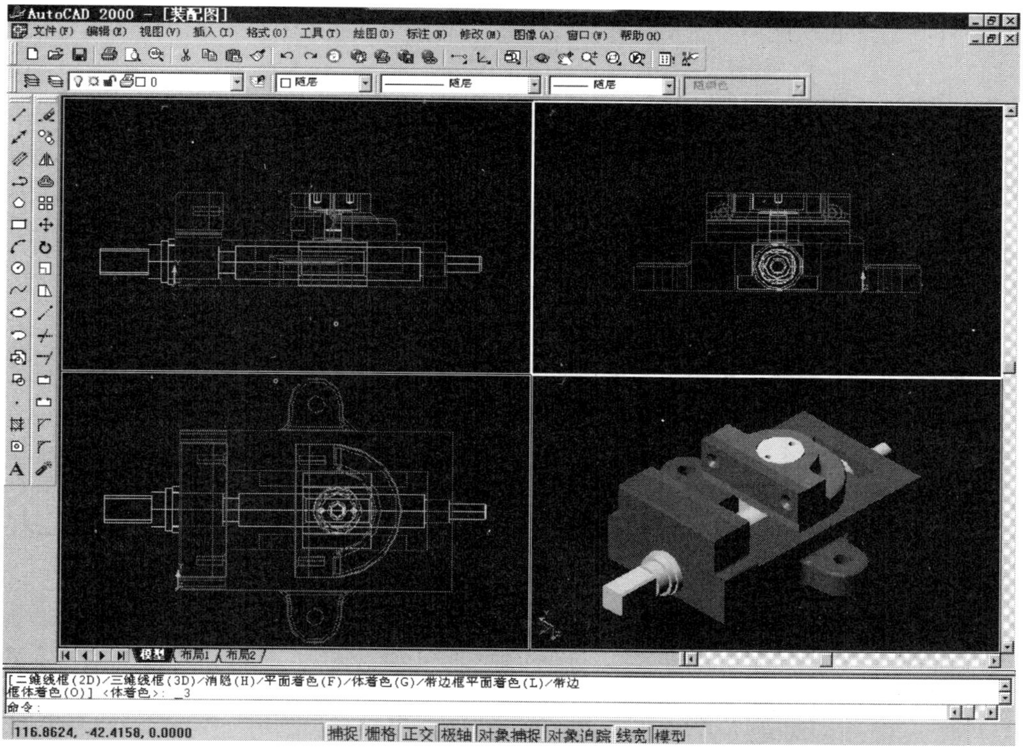

图 4-4　视区

3. 窗口与视区的变换

如图 4-5 所示,窗口和视区是在不同的坐标系中定义的,其大小和单位也不尽相同。窗口中的图形信息送到视区输出前,需进行坐标变换,即把用户坐标系的坐标值转化为设备

（屏幕）坐标系的坐标值，此变换即窗口—视区变换。

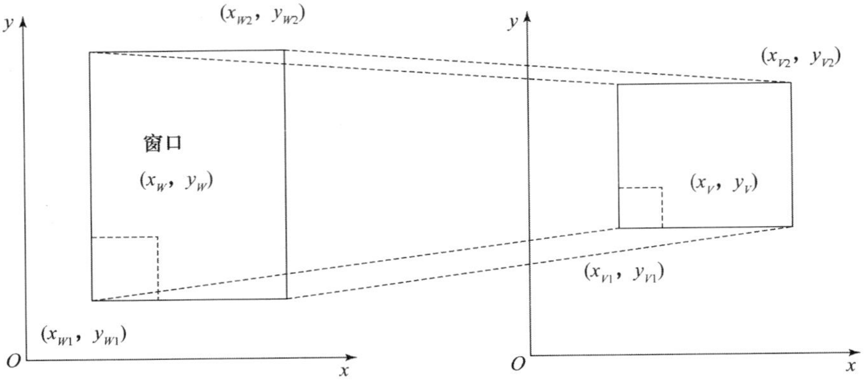

图 4-5　窗口与视区的变换

设窗口内某一点坐标为（x_W，y_W），映射到视区内坐标为（x_V，y_V），则它们之间的变换关系为：

$$\begin{cases} x_V = x_{V1} + \dfrac{x_{V1} - x_{V2}}{x_{W1} - x_{W2}}(x_W - x_{W1}) \\ y_V = y_{V1} + \dfrac{y_{V1} - y_{V2}}{y_{W1} - y_{W2}}(y_W - y_{W1}) \end{cases} \tag{4-1}$$

从公式(4-1)可得出以下结论：

(1) 当视区大小不变时，窗口缩小或放大时，则显示的图形会相应地放大或缩小；

(2) 当窗口大小不变时，视区缩小或放大时，则显示的图形会相应地缩小或放大；

(3) 当窗口与视区大小相同时，则显示的图形大小比例不变；

(4) 若视区纵横比不等于窗口的纵横比时，则显示的图形会有伸缩变化。

如图 4-6 所示，一般由用户定义的图形从窗口区到视区的输出过程：

图 4-6　图形输出过程

4.2　图形的几何变换

在计算机绘图中，经常根据需要将已定义的图形从屏幕的某一位置移动到另一位置，或改变图形的大小或形状，或利用已有的图形生成复杂图形，这种变换过程称为几何变换。利用图形变换还可以实现二维图形和三维图形之间转换，甚至还可以把静态图形变为动态图形。

4.2.1　几何变换基础

1. 图形变换形式

如图 4-7 所示，图形变换有两种不同的变换形式：

一种是图形不动，而坐标系变动，即变换前与变换后的图形是针对不同坐标系而言的，称之为坐标模式变换；另一种是坐标系不动，而图形改变，即变换前与变换后的坐标值是针对同一坐标系而言的，称之为图形模式变换。

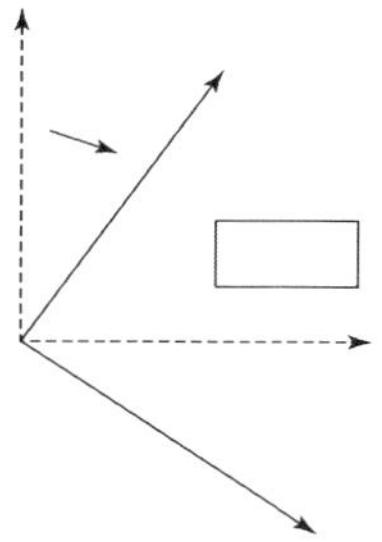

(a) 坐标模式变换

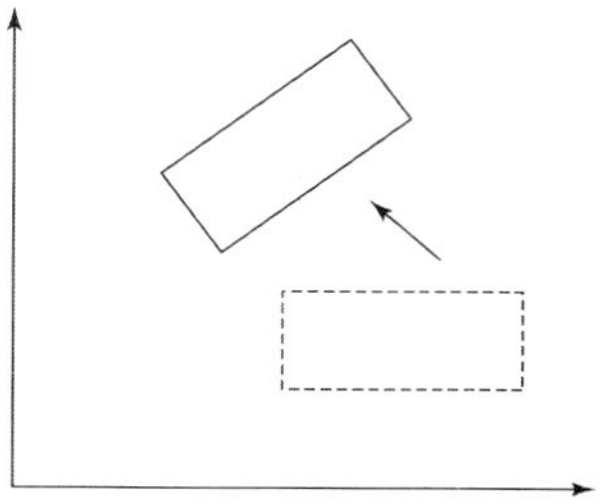

(b) 图形模式变换

图 4-7　图形变换形式

图形变换常用的形式是坐标系不动，而图形改变，即变换前后的坐标系是针对同一坐标系而言的，称之为图形模式变换，也称几何变换。基本的几何变换有 5 种，即平移变换、比例变换、旋转变换、对称变换和错切变换。

2. 奇次坐标的引入

任何一个图形都可以认为是点的集合。对一个图形作几何变换，实际上就是对组成图形的各顶点进行坐标变换。在解析几何中，点可以用向量表示。在二维空间中可用 (x_i, y_i) 表示平面上的任意一个点 p_i，在三维空间则用 (x_i, y_i, z_i) 表示空间的任意一个点 p_i。一个平面图形或三维图形的坐标矩阵形式为

$$\begin{pmatrix} p_1 \\ p_2 \\ \vdots \\ p_n \end{pmatrix} = \begin{pmatrix} x_1 & y_1 \\ x_2 & y_2 \\ \vdots & \vdots \\ x_n & y_n \end{pmatrix}_{n\times 2} \qquad \begin{pmatrix} p_1 \\ p_2 \\ \vdots \\ p_n \end{pmatrix} = \begin{pmatrix} x_1 & y_1 & z_1 \\ x_2 & y_2 & z_2 \\ \vdots & \vdots & \vdots \\ x_n & y_n & z_n \end{pmatrix}_{n\times 3}$$

齐次坐标表示法就是由 $n+1$ 维向量表示一个 n 维向量。n 维空间中点的位置向量用非齐次坐标表示时，具有 n 个坐标分量 $(p_1, p_2, \cdots, p_n)$，并且是唯一的。若用齐次坐标表示时，此点的位置向量有 $n+1$ 个坐标分量 $(hp_1, hp_2, \cdots, hp_n, h)$，并且不唯一。从 n 维空间到 $n+1$ 维空间存在"一对多"的变换关系，但不影响图形的形状。其中 h 是不为零的比例因子。一般取 $h=1$，称为规格化齐次坐标。

二维图形上任一点 (x_i, y_i) 可用三维向量 $(x_i, y_i, 1)$ 来表示。$(x_i, y_i, 1)$ 可看作是 $z=1$ 平面上的点，亦即图形落于 $z=1$ 平面上，但对图形形状没有影响。与此类似，三维图形上任一点 (x_i, y_i, z_i) 可用四维向量 $(x_i, y_i, z_i, 1)$ 来表示。一个平面图形或三维图形的奇次坐

标矩阵形式为

$$\begin{pmatrix} p_1 \\ p_2 \\ \vdots \\ p_n \end{pmatrix} = \begin{pmatrix} x_1 & y_1 & 1 \\ x_2 & y_2 & 1 \\ \vdots & \vdots & \vdots \\ x_n & y_n & 1 \end{pmatrix}_{n\times 3} \qquad \begin{pmatrix} p_1 \\ p_2 \\ \vdots \\ p_n \end{pmatrix} = \begin{pmatrix} x_1 & y_1 & z_1 & 1 \\ x_2 & y_2 & z_2 & 1 \\ \vdots & \vdots & \vdots & \vdots \\ x_n & y_n & z_n & 1 \end{pmatrix}_{n\times 3}$$

由于平移、比例和旋转等变换的处理形式不统一，进行组合变换时很难把它们级联在一起，引入齐次坐标后，各种变换将具有统一的表示形式，有利于变换合成和软件实现。

3. 变换矩阵

如图 4-8 所示，平面三角形的奇次坐标矩阵可表示为

$$\boldsymbol{A} = \begin{pmatrix} x_1 & y_1 & 1 \\ x_2 & y_2 & 1 \\ x_3 & y_3 & 1 \end{pmatrix}_{3\times 3}$$

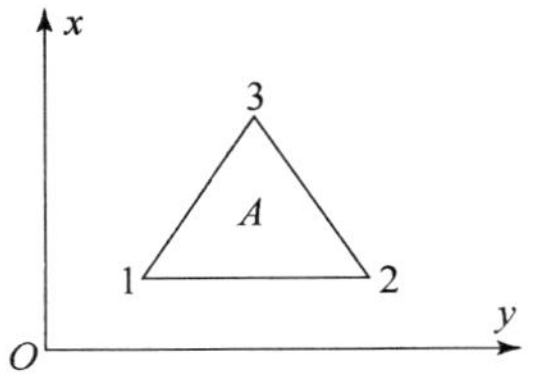

图 4-8 图形模式变换

若图形 A 经过某种变换后得到图形 B，则有：

$$\boldsymbol{B} = \boldsymbol{A} \times \boldsymbol{T}$$

$\boldsymbol{T}$ 称为变换矩阵，对于二维图形，$\boldsymbol{T}$ 为 3×3 矩阵，对于三维图形，$\boldsymbol{T}$ 为 4×4 矩阵。

4.2.2 二维图形的基本几何变换

1. 平移变换

图形的每一个点在给定的方向上移动相同距离所得的变换称为平移变换。如图 4-9 所示，图形在 x 轴方向、y 轴方向的平移量分别为 l、m，则坐标点的平移变换：

$$\begin{cases} x' = x + l \\ y' = y + m \end{cases}$$

写成矩阵的形式为：

$$(x' \quad y' \quad 1) = (x \quad y \quad 1)\boldsymbol{T} = (x \quad y \quad 1)\begin{pmatrix} 1 & 0 & 0 \\ 0 & 1 & 0 \\ l & m & 1 \end{pmatrix} = (x+l \quad y+m \quad 1)$$

平移变换不改变图形的大小和形状，只改变图形的位置。

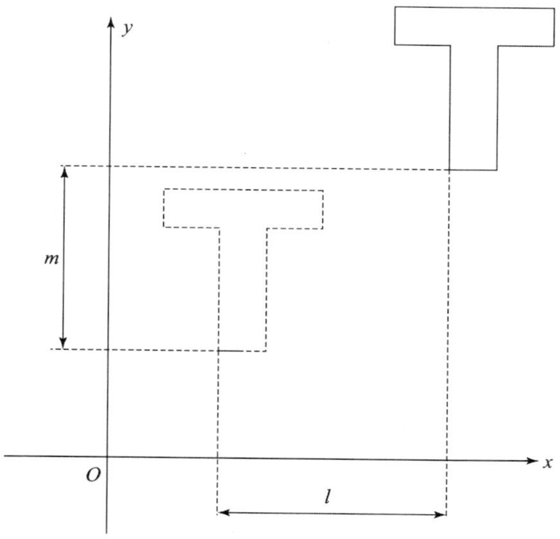

图 4-9　平移变换

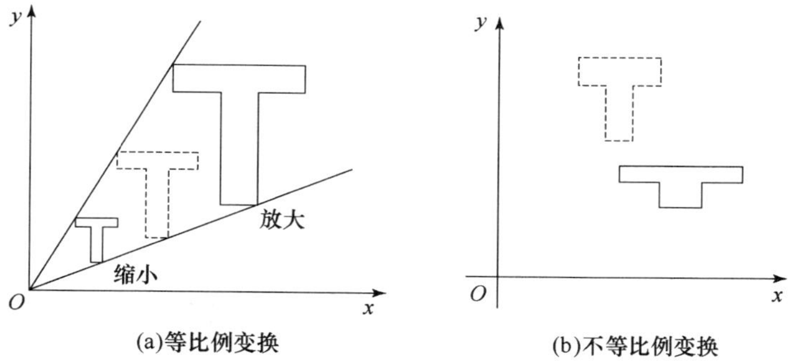

图 4-10　比例变换

2. 比例变换

图形中的每一个点以坐标原点为中心，在给定的方向上按相同的比例进行放大或缩小所得到的变换称为比例变换。如图 4-10 所示，若图形在 x 轴方向、y 轴方向放大或缩小的比例分别为 a 和 d，则坐标点的比例变换：$\begin{cases} x' = ax \\ y' = dy \end{cases}$。

写成矩阵的形式为：

$$(x' \quad y' \quad 1) = (x \quad y \quad 1)\boldsymbol{T} = (x \quad y \quad 1)\begin{pmatrix} a & 0 & 0 \\ 0 & d & 0 \\ 0 & 0 & 1 \end{pmatrix} = (ax \quad dy \quad 1)$$

比例变换是图形上每一点相对于坐标原点的变换，因此，它不但改变图形的大小和形状，而且改变图形的位置。

(1) $a = d = 1$ 时，为恒等比例变换，即图形不变；

(2) $a = d > 1$ 时，图形沿两个坐标轴方向等比例放大，如图 4-10(a)所示；

(3) $a = d < 1$ 时，图形沿两个坐标轴方向等比例缩小，如图 4-10(a)所示；

(4) $a \neq d$ 时，图形沿两个坐标轴方向进行不同的比例变换，如图 4-10(b)所示。

3. 旋转变换

旋转变换是将图形绕坐标原点逆时针或顺时针方向进行旋转，且逆时针为正，顺时针为负。

如图 4-12 所示，若图形绕坐标原点逆时针方向旋转角度为 θ，则坐标点的旋转变换：

$$\begin{cases} x' = r\cos(\theta + \varphi) = r\cos\varphi\cos\theta - r\sin\varphi\sin\theta = x\cos\theta - y\sin\theta \\ y' = r\sin(\theta + \varphi) = r\cos\varphi\sin\theta + r\sin\varphi\cos\theta = x\sin\theta + y\cos\theta \end{cases}$$

写成矩阵的形式为：

$$\begin{aligned} (x' \quad y' \quad 1) = (x \quad y \quad 1)\boldsymbol{T} &= (x \quad y \quad 1)\begin{pmatrix} \cos\theta & \sin\theta & 0 \\ -\sin\theta & \cos\theta & 0 \\ 0 & 0 & 1 \end{pmatrix} \\ &= (x\cos\theta - y\sin\theta \quad x\sin\theta + y\cos\theta \quad 1) \end{aligned}$$

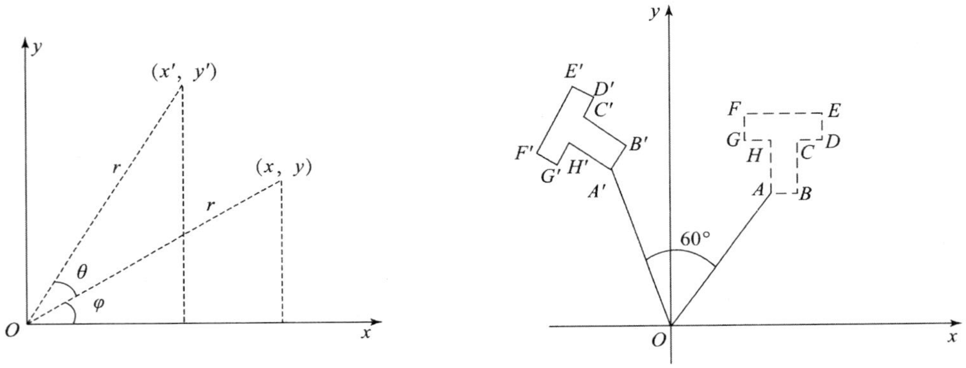

图 4-11 旋转变换

例 4-1 已知图 4-11 右图中图形 T 的各点坐标，对其绕坐标原点逆时针 60°旋转，求旋转后各点的坐标。

$$\begin{matrix} A \\ B \\ C \\ D \\ E \\ F \\ G \\ H \end{matrix}\begin{pmatrix} 16 & 20 \\ 20 & 20 \\ 20 & 28 \\ 24 & 28 \\ 24 & 32 \\ 12 & 32 \\ 12 & 28 \\ 16 & 28 \end{pmatrix}\begin{pmatrix} 0.5 & 0.866 \\ -0.866 & 0.5 \end{pmatrix} = \begin{pmatrix} -9.32 & 23.856 \\ -7.32 & 27.32 \\ -14.248 & 31.32 \\ -12.248 & 34.784 \\ -15.712 & 36.784 \\ -21.712 & 26.392 \\ -18.248 & 24.392 \\ -16.248 & 27.856 \end{pmatrix}\begin{matrix} A' \\ B' \\ C' \\ D' \\ E' \\ F' \\ G' \\ H' \end{matrix}$$

旋转变换不改变图形的大小和形状，只改变图形的位置。

4. 对称变换

对称变换指变换前后的点对称于 x 轴、y 轴、某一直线或某一点。

(1) 以 x 轴为对称线的对称变换：如图 4-12(a)所示，变换后 $\begin{cases} x' = x \\ y' = -y \end{cases}$。

写成矩阵的形式为：

$$(x' \quad y' \quad 1) = (x \quad y \quad 1)\boldsymbol{T} = (x \quad y \quad 1)\begin{pmatrix} 1 & 0 & 0 \\ 0 & -1 & 0 \\ 0 & 0 & 1 \end{pmatrix} = (x \quad -y \quad 1)$$

(2) 以 y 轴为对称线的对称变换：如图 4-12(b)所示，变换后 $\begin{cases} x' = -x \\ y' = y \end{cases}$。

写成矩阵的形式为：

$$(x' \quad y' \quad 1) = (x \quad y \quad 1)\boldsymbol{T} = (x \quad y \quad 1)\begin{pmatrix} -1 & 0 & 0 \\ 0 & 1 & 0 \\ 0 & 0 & 1 \end{pmatrix} = (-x \quad y \quad 1)$$

(3) 以原点为对称的对称变换：如图 4-12(c)所示，变换后 $\begin{cases} x' = -x \\ y' = -y \end{cases}$。

写成矩阵的形式为：

$$(x' \quad y' \quad 1) = (x \quad y \quad 1)\boldsymbol{T} = (x \quad y \quad 1)\begin{pmatrix} -1 & 0 & 0 \\ 0 & -1 & 0 \\ 0 & 0 & 1 \end{pmatrix} = (-x \quad -y \quad 1)$$

(4) 以直线 $y = x$ 为对称线的对称变换：如图 4-12(d)所示，变换后 $\begin{cases} x' = y \\ y' = x \end{cases}$。

写成矩阵的形式为：

$$(x' \quad y' \quad 1) = (x \quad y \quad 1)\boldsymbol{T} = (x \quad y \quad 1)\begin{pmatrix} 0 & 1 & 0 \\ 1 & 0 & 0 \\ 0 & 0 & 1 \end{pmatrix} = (y \quad x \quad 1)$$

(5) 以直线 $y = -x$ 为对称线的对称变换：如图 4-12(e)所示，变换后 $\begin{cases} x' = -y \\ y' = -x \end{cases}$。

写成矩阵的形式为：

$$(x' \quad y' \quad 1) = (x \quad y \quad 1)\boldsymbol{T} = (x \quad y \quad 1)\begin{pmatrix} 0 & -1 & 0 \\ -1 & 0 & 0 \\ 0 & 0 & 1 \end{pmatrix} = (-y \quad -x \quad 1)$$

5. 错切变换

错切变换是图形的每一个点在某一方向上坐标保持不变，而另一坐标方向上的坐标进行线性变换，或都进行线性变换。

(1) 沿 x 轴方向关于 y 错切：变换前和变换后 y 坐标不变，而 x 坐标根据 y 坐标值呈线性变化。如图 4-13(a)所示，变换前后点的坐标之间的关系为：$\begin{cases} x' = x + cy \\ y' = y \end{cases}$。

写成矩阵的形式为：

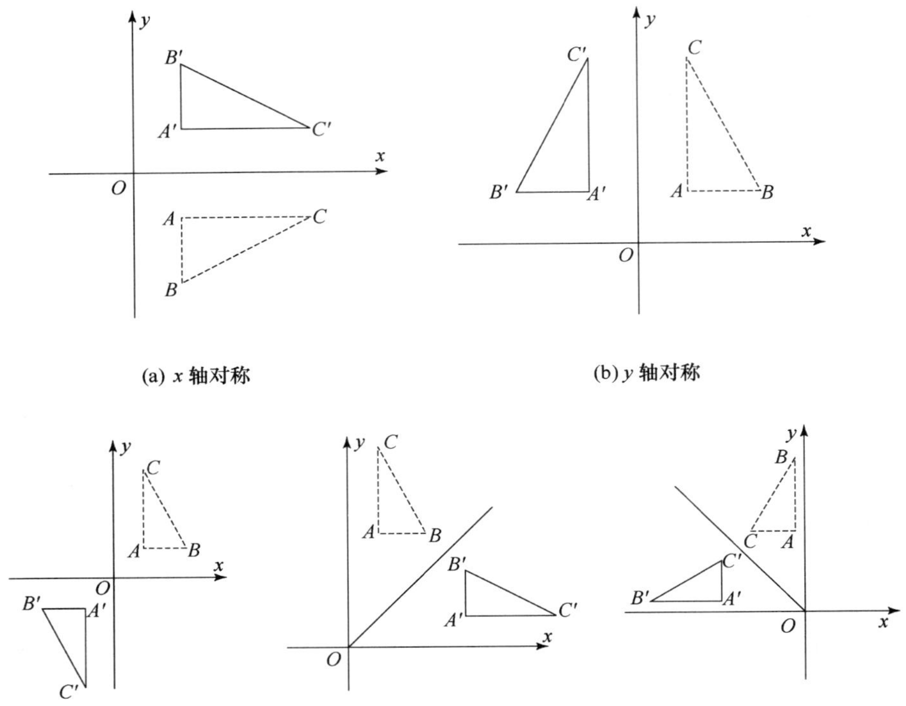

(a) x 轴对称　　(b) y 轴对称

(c) 原点对称　　(d) y = x 对称　　(e) y = −x 对称

图 4-12　对称变换

$$(x' \quad y' \quad 1) = (x \quad y \quad 1)\boldsymbol{T} = (x \quad y \quad 1)\begin{pmatrix} 1 & 0 & 0 \\ c & 1 & 0 \\ 0 & 0 & 1 \end{pmatrix} = (x+cy \quad y \quad 1)$$

（2）沿 y 轴方向关于 x 错切：变换前和变换后 x 坐标不变，而 y 坐标根据 x 坐标值呈线性变化。如图 4-13(b)所示，变换前后点的坐标之间的关系为：$\begin{cases} x' = x \\ y' = bx + y \end{cases}$。

写成矩阵的形式为：

$$(x' \quad y' \quad 1) = (x \quad y \quad 1)\boldsymbol{T} = (x \quad y \quad 1)\begin{pmatrix} 1 & b & 0 \\ 0 & 1 & 0 \\ 0 & 0 & 1 \end{pmatrix} = (x \quad bx+y \quad 1)$$

6. 小结

由上述二维图形的 5 种基本几何变换可知，各种图形变换取决于变换矩阵 $\boldsymbol{T}$ 中各元素的取值。按照变换矩阵中各元素的功能，可将二维变换矩阵 $\boldsymbol{T}$ 的一般表达式按如下虚线分为 4 个子矩阵：

$$\boldsymbol{T} = \left(\begin{array}{cc|c} a & b & p \\ c & d & q \\ \hline l & m & s \end{array}\right)$$

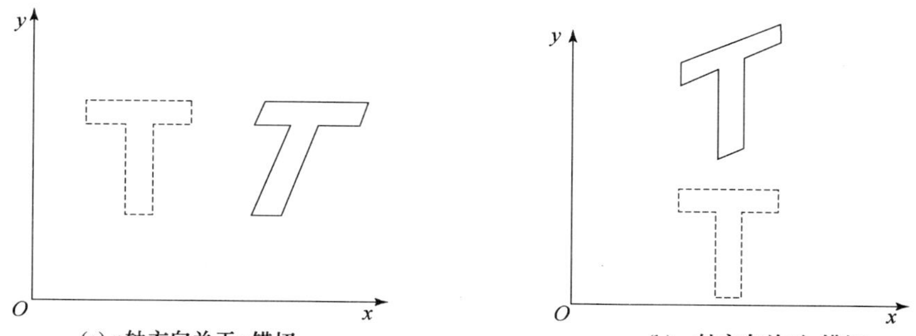

图 4-13　错切变换

其中：

$\boldsymbol{T}_1=\begin{pmatrix} a & b \\ c & d \end{pmatrix}$ 实现图形的比例、旋转、对称、错切等基本几何变换。

$\boldsymbol{T}_2=(l \quad m)$实现图形平移变换。

$\boldsymbol{T}_3=\begin{pmatrix} p \\ q \end{pmatrix}$实现图形透视变换；二维图形没有透视变换，其值为 $\begin{pmatrix} 0 \\ 0 \end{pmatrix}$。

$\boldsymbol{T}_4=(s)$实现图形全比例变换，$s>1$ 时图形等比例缩小；$0<s<1$ 时图形等比例放大。

4.2.3　二维图形的组合变换

基本变换是在特定的约束条件下进行的，如比例变换是关于坐标原点的放大或缩小，旋转变换是指绕坐标原点的旋转等。有些变换仅用一种基本变换是不能实现的，必须由两种或多种基本变换组合才能实现。这种由多种基本变换组合而成的变换称为组合变换。

1. 对任意点做比例变换

平面图形对任意点 $P(x,y)$ 做比例变换，需经过以下步骤。

(1) 将 $P(x,y)$ 点移到坐标原点；

$$\boldsymbol{T}_1=\begin{pmatrix} 1 & 0 & 0 \\ 0 & 1 & 0 \\ -x & -y & 1 \end{pmatrix}$$

(2) 做关于原点的比例变换；

$$\boldsymbol{T}_2=\begin{pmatrix} a & 0 & 0 \\ 0 & d & 0 \\ 0 & 0 & 1 \end{pmatrix}$$

(3) 对原点做反平移变换。

$$\boldsymbol{T}_3=\begin{pmatrix} 1 & 0 & 0 \\ 0 & 1 & 0 \\ x & y & 1 \end{pmatrix}$$

因此对任意点做比例变换的变换矩阵为：

$$\boldsymbol{T}=\boldsymbol{T}_1\boldsymbol{T}_2\boldsymbol{T}_3$$

2. 绕任意点的旋转变换

平面图形绕任意点 $P(x,y)$ 旋转 α 角,需通过以下几个步骤实现。

(1) 将旋转中心平移到原点,变换矩阵为:

$$\boldsymbol{T}_1=\begin{pmatrix}1 & 0 & 0\\ 0 & 1 & 0\\ -x & -y & 1\end{pmatrix}$$

(2) 将图形绕坐标原点旋转 α 角,变换矩阵为:

$$\boldsymbol{T}_2=\begin{pmatrix}\cos\alpha & \sin\alpha & 0\\ -\sin\alpha & \cos\alpha & 0\\ 0 & 0 & 1\end{pmatrix}$$

(3) 将旋转中心平移到原来位置,变换矩阵为:

$$\boldsymbol{T}_3=\begin{bmatrix}1 & 0 & 0\\ 0 & 1 & 0\\ x & y & 1\end{bmatrix}$$

因此绕任意点旋转 α 角变换矩阵为:

$$\boldsymbol{T}=\boldsymbol{T}_1\boldsymbol{T}_2\boldsymbol{T}_3$$

3. 对任意直线做对称变换

设任意直线的方程为:$Ax+By+C=0$,如图 4-14 所示,直线在 x 轴的截距为 $-\dfrac{C}{A}$,在 y 轴上的截距为 $-\dfrac{C}{B}$,直线与 x 轴夹角为 α,对任意直线的变换由以下几个步骤实现。

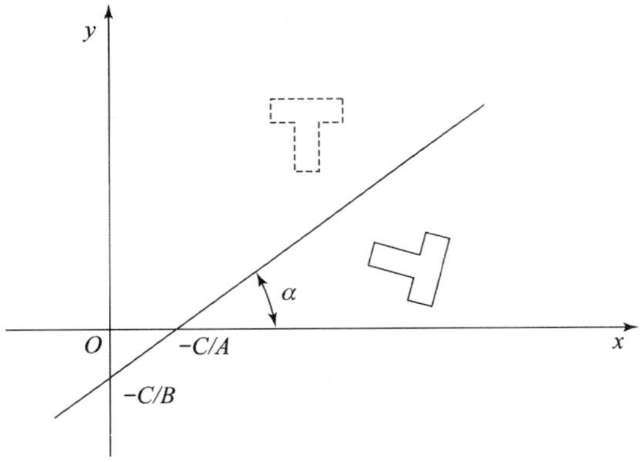

图 4-14 任意直线对称变换

(1) 平移直线,使其通过原点(可以沿 x 向或 y 向平移,这里沿 x 向平移)

$$\boldsymbol{T}_1=\begin{pmatrix}1 & 0 & 0\\ 0 & 1 & 0\\ C/A & 0 & 1\end{pmatrix}$$

(2) 绕原点旋转,使直线与某坐标轴重合(这里与 x 轴重合)

$$T_2=\begin{pmatrix}\cos(-\alpha) & \sin(-\alpha) & 0\\ -\sin(-\alpha) & \cos(-\alpha) & 0\\ 0 & 0 & 1\end{pmatrix}=\begin{pmatrix}\cos\alpha & -\sin\alpha & 0\\ \sin\alpha & \cos\alpha & 0\\ 0 & 0 & 1\end{pmatrix}$$

(3) 对坐标轴对称变换(x 轴)

$$T_3=\begin{bmatrix}1 & 0 & 0\\ 0 & -1 & 0\\ 0 & 0 & 1\end{bmatrix}$$

(4) 绕原点旋转,使直线回到原来与 x 轴成 α 角的位置

$$T_4=\begin{pmatrix}\cos\alpha & \sin\alpha & 0\\ -\sin\alpha & \cos\alpha & 0\\ 0 & 0 & 1\end{pmatrix}$$

(5) 平移直线,使其回到原来位置

$$T_5=\begin{pmatrix}1 & 0 & 0\\ 0 & 1 & 0\\ -C/A & 0 & 1\end{pmatrix}$$

综合变换:$T=T_1T_2T_3T_4T_5$

4. 组合变换顺序对图形的影响

复杂变换是通过基本变换的组合而成的,由于矩阵乘法不符合交换律,即 $AB\neq BA$ 。

因此,组合的顺序一般是不能颠倒的,顺序不同,则变换的结果亦不同。先沿 X 轴正向平移后再绕原点旋转 90°,如图 4-15(a)所示所得结果与先绕原点旋转 90°X 轴正向平移后再沿 X 轴正向平移,如图 4-15(b)所示。所得结果并不一致。

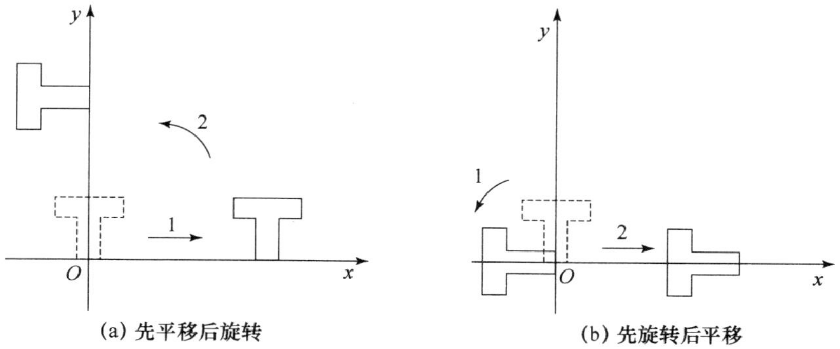

图 4-15　不同组合变换顺序

4.2.4　三维图形的几何变换

三维图形的变换是二维图形变换的扩展,变换的原理是把齐次坐标点 $(x,y,z,1)$ 通过变换矩阵 T 变成新的齐次坐标点 $(x',y',z',1)$ 。与二维图形一样,用适当的变换矩阵也可以对三维图形进行各种几何变换。

在三维空间里,用四维齐次坐标 $(x\quad y\quad z\quad 1)$ 表示三维点,三维变换矩阵 T 则用 4×4 阶矩阵表示,即:

$$(x' \quad y' \quad z' \quad 1) = (x \quad y \quad z \quad 1)\boldsymbol{T}$$

$\boldsymbol{T}$ 为三维基本变换矩阵：

$$\boldsymbol{T} = \begin{pmatrix} a & b & c & p \\ d & e & f & q \\ h & i & j & r \\ l & m & n & s \end{pmatrix}$$

其中：

$\boldsymbol{T}_1 = \begin{pmatrix} a & b & c \\ d & e & f \\ h & i & j \end{pmatrix}$ 实现比例、旋转、对称、错切基本变换；

$\boldsymbol{T}_2 = (l \quad m \quad n)$ 实现平移变换；

$\boldsymbol{T}_3 = \begin{pmatrix} p \\ q \\ r \end{pmatrix}$ 实现透视变换；

$\boldsymbol{T}_4 = (s)$ 实现全比例变换，$s > 1$ 时图形等比例缩小；$0 < s < 1$ 时图形等比例放大。

1．平移变换

若三维图形在 x 轴、y 轴、z 轴方向的平移量分别为 l 、m 、n ，则坐标点的平移变换：

$$\begin{cases} x' = x + l \\ y' = y + m \\ z' = z + n \end{cases}$$

写成矩阵的形式为：

$$(x' \quad y' \quad z' \quad 1) = (x \quad y \quad z \quad 1)\boldsymbol{T} = (x + l \quad y + m \quad z + n \quad 1)$$

其中变换矩阵 $\boldsymbol{T} = \begin{pmatrix} 1 & 0 & 0 & 0 \\ 0 & 1 & 0 & 0 \\ 0 & 0 & 1 & 0 \\ l & m & n & 1 \end{pmatrix}$

2．比例变换

若图形在 x 轴方向、y 轴、z 轴方向放大或缩小的比例分别为 a 、e 、j ，则坐标点的比例变换：$\begin{cases} x' = ax \\ y' = ey \\ z' = jz \end{cases}$

写成矩阵的形式为：

$$(x' \quad y' \quad z' \quad 1) = (x \quad y \quad z \quad 1)\boldsymbol{T} = (ax \quad ey \quad jz \quad 1)$$

其中变换矩阵 $\boldsymbol{T} = \begin{pmatrix} a & 0 & 0 & 0 \\ 0 & e & 0 & 0 \\ 0 & 0 & j & 0 \\ 0 & 0 & 0 & 1 \end{pmatrix}$

(1) $a = e = j = 1$ 时，为恒等比例变换，即图形不变；

(2) $a=e=j>1$ 时，图形沿三个坐标轴方向等比例放大；

(3) $a=e=j<1$ 时，图形沿三个坐标轴方向等比例缩小；

(4) $a\neq e\neq j$ 时，图形沿三个坐标轴方向进行不同的比例变换。

3. 旋转变换

二维图形绕原点的旋转变换实际上是 xy 平面内图形绕 z 轴旋转的变换。三维图形的旋转变换应按绕不同的轴线旋转分别处理。旋转角的正负按右手定则，即右手拇指指向旋转轴正向，其余四指的旋向为转角的正向。

(1) 绕 z 轴旋转 α 角

三维立体绕 z 轴旋转 α 角时，立体上各顶点 z 坐标不变，x、y 坐标的变化相当于二维平面的点绕原点旋转。变换矩阵为

$$\boldsymbol{T}_z=\begin{pmatrix}\cos\alpha & \sin\alpha & 0 & 0\\ -\sin\alpha & \cos\alpha & 0 & 0\\ 0 & 0 & 1 & 0\\ 0 & 0 & 0 & 1\end{pmatrix}$$

(2) 同理，当绕 x 轴旋转 β 角、绕 y 轴旋转 γ 角时，变换矩阵分别为：

$$\boldsymbol{T}_x=\begin{pmatrix}1 & 0 & 0 & 0\\ 0 & \cos\beta & \sin\beta & 0\\ 0 & -\sin\beta & \cos\beta & 0\\ 0 & 0 & 0 & 1\end{pmatrix}\qquad \boldsymbol{T}_y=\begin{pmatrix}\cos\gamma & 0 & -\sin\gamma & 0\\ 0 & 1 & 0 & 0\\ \sin\gamma & 0 & \cos\gamma & 0\\ 0 & 0 & 0 & 1\end{pmatrix}$$

4. 对称变换

二维图形的对称变换是对坐标轴或任意直线的对称，而三维图形的对称变换是对三个坐标平面、三个坐标轴及原点的对称。

(1) 对 xOy 平面的对称变换

$$(x'\quad y'\quad z'\quad 1)=(x\quad y\quad z\quad 1)\boldsymbol{T}=(x\quad y\quad -z\quad 1)$$

其中变换矩阵 $\boldsymbol{T}_{xOy}=\begin{pmatrix}1 & 0 & 0 & 0\\ 0 & 1 & 0 & 0\\ 0 & 0 & -1 & 0\\ 0 & 0 & 0 & 1\end{pmatrix}$

(2) 对 xOz 平面的对称变换

$$(x'\quad y'\quad z'\quad 1)=(x\quad y\quad z\quad 1)\boldsymbol{T}=(x\quad -y\quad z\quad 1)$$

其中变换矩阵 $\boldsymbol{T}_{xz}=\begin{pmatrix}1 & 0 & 0 & 0\\ 0 & -1 & 0 & 0\\ 0 & 0 & 1 & 0\\ 0 & 0 & 0 & 1\end{pmatrix}$

(3) 对 yOz 平面的对称变换

$$(x'\quad y'\quad z'\quad 1)=(x\quad y\quad z\quad 1)\boldsymbol{T}=(-x\quad y\quad z\quad 1)$$

其中变换矩阵 $T_{yOz}=\begin{pmatrix}-1&0&0&0\\0&1&0&0\\0&0&1&0\\0&0&0&1\end{pmatrix}$

(4) 对 x 轴的对称变换

$$(x' \quad y' \quad z' \quad 1)=[x \quad y \quad z \quad 1]\boldsymbol{T}=(x \quad -y \quad -z \quad 1)$$

其中变换矩阵 $T_X=\begin{pmatrix}1&0&0&0\\0&-1&0&0\\0&0&-1&0\\0&0&0&1\end{pmatrix}$

(5) 对 y 平面的对称变换

$$(x' \quad y' \quad z' \quad 1)=[x \quad y \quad z \quad 1]\boldsymbol{T}=(-x \quad y \quad -z \quad 1)$$

其中变换矩阵 $T_Y=\begin{pmatrix}-1&0&0&0\\0&1&0&0\\0&0&-1&0\\0&0&0&1\end{pmatrix}$

(6) 对 z 平面的对称变换

$$(x' \quad y' \quad z' \quad 1)=(x \quad y \quad z \quad 1)\boldsymbol{T}=(-x \quad -y \quad z \quad 1)$$

其中变换矩阵 $T_Z=\begin{pmatrix}-1&0&0&0\\0&-1&0&0\\0&0&1&0\\0&0&0&1\end{pmatrix}$

(7) 对原点的对称变换

$$(x' \quad y' \quad z' \quad 1)=(x \quad y \quad z \quad 1)\boldsymbol{T}=(-x \quad -y \quad -z \quad 1)$$

其中变换矩阵 $T_O=\begin{pmatrix}-1&0&0&0\\0&-1&0&0\\0&0&-1&0\\0&0&0&1\end{pmatrix}$

5. 错切变换

错切变换是指三维立体沿 x、y、z 三个方向产生错切,错切变换是画斜轴测图的基础。

$$(x' \quad y' \quad z' \quad 1)=(x \quad y \quad z \quad 1)\boldsymbol{T}=(x+dy+hz \quad bx+y+iz \quad cx+fy+z \quad 1)$$

其变换矩阵为:

$$\boldsymbol{T}=\begin{pmatrix}1&b&c&0\\d&1&f&0\\h&i&1&0\\0&0&0&1\end{pmatrix}$$

由变换结果看出,一个坐标的变化受另外两个坐标变化的影响。其中,d、h 为沿 x 轴方向的错切变换系数,b、i 为沿 y 轴方向的错切变换系数,c、f 为沿 z 轴方向的错切变换系数。

4.2.5　三维图形的投影变换

三维图形的投影变换是组合变换的应用。投影变换可以用于绘制工程图，分为正投影变换和轴测投影变换。通过正投影变换画出三视图，通过轴侧投影变换画出轴侧图。

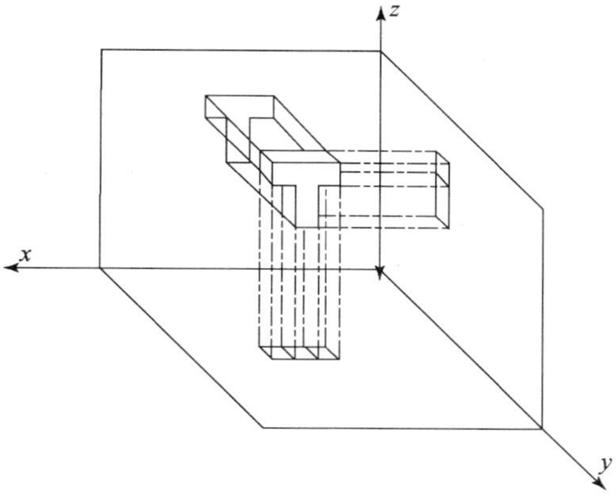

图 4-16　三维图形的投影变换

1. 正投影变换

正投影变换是取物体的坐标轴方向作为投影方向，并令该方向的坐标为 0，如图 4-16 所示。

(1) 正面投影：生成物体的主视图。

$$(x' \quad y' \quad z' \quad 1) = (x \quad y \quad z \quad 1)\boldsymbol{T} = (x \quad 0 \quad z \quad 1)$$

其中变换矩阵 $\boldsymbol{T}_V = \begin{pmatrix} 1 & 0 & 0 & 0 \\ 0 & 0 & 0 & 0 \\ 0 & 0 & 1 & 0 \\ 0 & 0 & 0 & 1 \end{pmatrix}$

(2) 水平面投影：生成物体的俯视图。

令 $z=0$，投影后绕 x 轴逆转 90°，再向下平移 n 得俯视图。其变换矩阵为：

$$\boldsymbol{T}_H = \begin{pmatrix} 1 & 0 & 0 & 0 \\ 0 & 1 & 0 & 0 \\ 0 & 0 & 0 & 0 \\ 0 & 0 & 0 & 1 \end{pmatrix} \begin{pmatrix} 1 & 0 & 0 & 0 \\ 0 & \cos(-\frac{\pi}{2}) & \sin(-\frac{\pi}{2}) & 0 \\ 0 & -\sin(-\frac{\pi}{2}) & \cos(-\frac{\pi}{2}) & 0 \\ 0 & 0 & 0 & 1 \end{pmatrix} \begin{pmatrix} 1 & 0 & 0 & 0 \\ 0 & 1 & 0 & 0 \\ 0 & 0 & 1 & 0 \\ 0 & 0 & -n & 1 \end{pmatrix}$$

$$= \begin{pmatrix} 1 & 0 & 0 & 0 \\ 0 & 0 & -1 & 0 \\ 0 & 0 & 0 & 0 \\ 0 & 0 & -n & 1 \end{pmatrix}$$

则点的投影坐标为：

$$(x \quad y \quad z \quad 1)\boldsymbol{T}_H = (x \quad 0 \quad -y-n \quad 1)$$

(3) 侧面投影:生成物体的左视图。

令 $x=0$,然后绕 z 轴逆转 $90°$,再沿 x 轴负向平移 l 得侧视图。其变换矩阵为:

$$\boldsymbol{T}_W=\begin{pmatrix}0&0&0&0\\0&1&0&0\\0&0&1&0\\0&0&0&1\end{pmatrix}\begin{pmatrix}\cos\frac{\pi}{2}&\sin\frac{\pi}{2}&0&0\\-\sin\frac{\pi}{2}&\cos\frac{\pi}{2}&0&0\\0&0&1&0\\0&0&0&1\end{pmatrix}\begin{pmatrix}1&0&0&0\\0&1&0&0\\0&0&1&0\\-l&0&0&1\end{pmatrix}$$

$$=\begin{pmatrix}0&0&0&0\\-1&0&0&0\\0&0&1&0\\-l&0&0&1\end{pmatrix}$$

则点的投影坐标为:

$$(x\quad y\quad z\quad 1)\boldsymbol{T}_W=(-y-l\quad 0\quad z\quad 1)$$

2. 轴测投影变换

正投影图的缺点是图形的立体感不强,如果转动物体的方位,使得物体的长、宽、高方向与投影方向不相重合,此时按平行投影绘制的图称为轴测投影图。轴测投影图可以同时显示不同方向的表面形状,立体感较强。

(1) 正轴测投影

如果物体绕 z 轴逆转 γ 角,再绕 x 轴顺转 α 角,最后向 $y=0$ 的 xOz 平面作平行投影,即得正轴测投影图。如图 4-17 所示。

其变换矩阵为:

$$\boldsymbol{T}=\begin{pmatrix}\cos\gamma&\sin\gamma&0&0\\-\sin\gamma&\cos\gamma&0&0\\0&0&1&0\\0&0&0&1\end{pmatrix}\begin{pmatrix}1&0&0&0\\0&\cos\alpha&-\sin\alpha&0\\0&\sin\alpha&\cos\alpha&0\\0&0&0&1\end{pmatrix}\begin{pmatrix}1&0&0&0\\0&0&0&0\\0&0&1&0\\0&0&0&1\end{pmatrix}$$

$$=\begin{pmatrix}\cos\gamma&0&-\sin\gamma\sin\alpha&0\\-\sin\gamma&0&-\cos\gamma\sin\alpha&0\\0&0&\cos\alpha&0\\0&0&0&1\end{pmatrix}$$

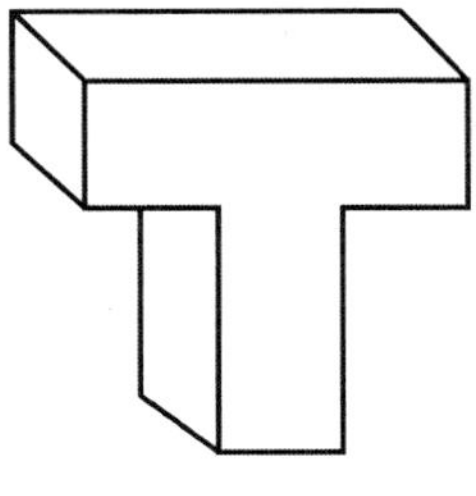

图 4-17 正轴测投影

当 $\gamma=45°$、$\alpha=35.2644°$时,投影方向与物体三个主方向的夹角相等。这时绘出的轴测投影图称为正等轴测投影，图中在物体三个主方向的长度缩短比例相等。其变换矩阵为：

$$T=\begin{pmatrix} 0.7071 & 0 & -0.4082 & 0 \\ -0.7071 & 0 & -0.4082 & 0 \\ 0 & 0 & 0.8165 & 0 \\ 0 & 0 & 0 & 1 \end{pmatrix}$$

（2）斜轴侧投影

物体沿 x 轴错切，再沿 z 轴错切，最后向 xOz 面作正投影得到斜轴侧图。变换矩阵为：

$$T=\begin{pmatrix} 1 & 0 & 0 & 0 \\ d & 1 & 0 & 0 \\ 0 & 0 & 1 & 0 \\ 0 & 0 & 0 & 1 \end{pmatrix}\begin{pmatrix} 1 & 0 & 0 & 0 \\ 0 & 1 & f & 0 \\ 0 & 0 & 1 & 0 \\ 0 & 0 & 0 & 1 \end{pmatrix}\begin{pmatrix} 1 & 0 & 0 & 0 \\ 0 & 0 & 0 & 0 \\ 0 & 0 & 1 & 0 \\ 0 & 0 & 0 & 1 \end{pmatrix}$$

$$=\begin{pmatrix} 1 & 0 & 0 & 0 \\ d & 0 & f & 0 \\ 0 & 0 & 1 & 0 \\ 0 & 0 & 0 & 1 \end{pmatrix}$$

4.3　曲线与曲面

在 CAD 中经常要处理复杂的自由形状曲线和曲面，特别是在汽车、航空航天、船舶、轻工等领域的 CAD 中，自由曲线和曲面设计是一个重要问题。这些自由曲线曲面不能用简单的数学函数来描述，而是通过一系列的离散点进行拟合构造，生成所需要的曲线和曲面。

CAD 技术采取的基本做法是：

（1）给出一系列离散点的空间坐标；

（2）将上述离散点分段，并选择某个函数模式计算每一小段内任意点的坐标；

（3）各小段间要求光顺连接。

上述计算过程又称为拟合或逼近，所选择的函数模式则称为拟合函数或逼近函数。拟合时应使各分段衔接处过渡光滑。构造曲线和曲面的方式很多，本节在介绍曲线曲面参数表示的基础上着重介绍 Bezier 曲线、B 样条曲线的构造方法。

4.3.1　曲线曲面的参数表示

1. 曲线曲面的数学表示形式

在数学上，曲线曲面常常采用显示、隐式和参数表示方法。

（1）显示表示。对于一条平面曲线，可显示表示为

$$y=f(x)$$

在这种显示表达式中，不能表示封闭或多值曲线，如圆等。

（2）隐式表示。用隐式方程表示曲线和曲面的形式为

$$F(x,y,z)=0$$

这种隐式方程可表示多值曲线，如抛物线、椭圆等各种圆锥曲线，且在曲面求交计算中

有其优势，但仍存在与坐标轴选取相关，会出现斜率无穷大，不便于计算和编程等问题。

(3) 参数表示。所谓参数表示，就是将曲线或曲面上点的坐标表示为某参数的函数。

例如，半径为 1 的圆的曲线可表示为参数 u 的函数

$$x = \cos u, y = \sin u$$

与曲线曲面显式和隐式表示法相比较，参数表示法具有如下的优越性。

① 可方便地表示三维曲线，并有更多的自由度来控制曲线曲面形状。

② 参数表示的曲线曲面与坐标系的选择无关。因此，在几何变换过程中，不必对曲线曲面上的每个点进行变换，可直接对曲线曲面参数方程实施变换，从而节省计算工作量。

③ 在参数表达式中使用切矢量来代替非参数方程中的斜率，便于处理斜率无穷大的问题，因而不会由此造成计算的中断。

④ 参数表达式中一般都有明确的定义域，使其对应的几何量都是有界的，不必再进行边界的定义。

⑤ 易于用矢量和矩阵表示几何量，便于计算机的计算和编程。

2. 参数曲线定义及其切矢量、法矢量和曲率

一条用参数表示的三维曲线是一个有界、连续的点集，可表示为

$$x = x(u), y = y(u), z = z(u) \quad 0 \leqslant u \leqslant 1$$

如图 4-18 所示，曲线的两个端点分别在 $u = 0$ 、$u = 1$ 处，曲线上任一点的位置矢量(即其坐标)可用矢量 $P(u)$ 表示为

$$P(u) = [x(u) \quad y(u) \quad z(u)] \quad 0 \leqslant u \leqslant 1$$

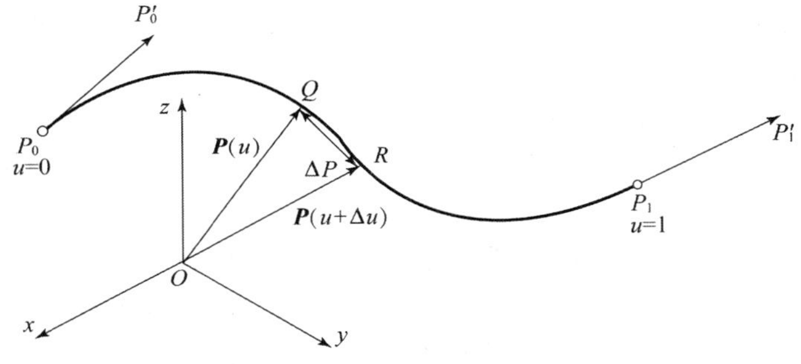

图 4-18 参数曲线上的相关矢量

设曲线上 Q 、R 两点，其参数值分别为 u 、$u + \Delta u$ ，位置矢量分别为 $\boldsymbol{P}(u)$、$\boldsymbol{P}(u + \Delta u)$。矢量 $\Delta \boldsymbol{P} = \boldsymbol{P}(u + \Delta u) - \boldsymbol{P}(u)$ 的大小表示连接 QR 的弦长，若使 R 点逐渐靠近 Q 点，即当 $\Delta u \to 0$ 时，位置矢量 $\boldsymbol{P}(u)$ 关于参数 u 的一阶导数矢量 $\dot{\boldsymbol{P}}(u) = \mathrm{d}P/\mathrm{d}u$ 称为曲线在该点处的切矢量，切矢量方向即为曲线在该点处的切线方向。如果曲线以弧长 s 为参数，则

$$\dot{\boldsymbol{P}}(s) = \frac{\mathrm{d}\boldsymbol{P}}{\mathrm{d}s} = \frac{\mathrm{d}\boldsymbol{P}}{\mathrm{d}u} / \frac{\mathrm{d}s}{\mathrm{d}u} = \dot{\boldsymbol{P}}(u) / |\dot{\boldsymbol{P}}(u)| = \boldsymbol{T}(s)$$

其中，以弧长 s 为参数的切矢量 $\boldsymbol{T}(s)$ 为单位切矢量，即 $|\boldsymbol{T}(s)| = 1$。

曲线的主法矢 $N(s)$ 定义为：

$$N(s)=\frac{\ddot{P}(s)}{|\ddot{P}(s)|}=\frac{\dot{T}(s)}{|\dot{T}(s)|}$$

主法矢总是指向曲线凹入的方向。

曲线的曲率 $k(s)$：

$$k(s)=|\ddot{p}(s)|=|\dot{T}(s)|=\left|\lim_{\Delta s\to 0}\frac{\Delta T}{\Delta s}\right|$$

$$k(s)=|\dot{T}(s)|=\left|\frac{\mathrm{d}T}{\mathrm{d}s}\right|=\left|\frac{\mathrm{d}^2P}{\mathrm{d}s^2}\right|=\left[(\frac{\mathrm{d}^2x}{\mathrm{d}s^2})+(\frac{\mathrm{d}^2y}{\mathrm{d}s^2})+(\frac{\mathrm{d}^2z}{\mathrm{d}s^2})\right]$$

曲率表示切向量沿曲线的变化率，它描述了曲线在某点的弯曲程度。曲率越大，曲线在此点弯曲得越厉害。曲率的倒数称为曲率半径。

3. 曲线段间的连续性定义

在实际应用中，曲线常常以分段形式定义，或由多段曲线拼合而成，曲线之间应光顺连接。关于曲线段在连接点处的连续性有两种判断标准：一种为参数连续，另一种为几何连续。

所谓参数连续是判断连接点处曲线方程相对于参数 u 的各阶导数连续性，如果参数曲线在连接点处具有 n 阶连续导数，则称曲线在该点 n 阶参数连续，简记为 C^n 。几何连续是判断曲线在连接点处相对于弧长参数 s 的各阶导数的连续性，若曲线在连接点处具有关于弧长参数的 n 阶连续导数，则称曲线在该点 n 阶几何连续，简记为 G^n 。

曲线的参数连续性与参数的选择有关；而几何连续性不依赖于参数的选取，而是反映出曲线的具体几何特性。

在曲线曲面造型中，一般仅讨论 C^0、C^1、C^2 或 G^0、G^1、G^2 连续。当曲线具有 C^0 连续时，表示曲线在连接点处位置矢量相同；C^1 连续时，表示前后两个曲线在连接点处切矢量方向相同，大小相等；C^2 连续时，表示曲线在连接点处二阶导数相同。从几何意义上讲，G^0 的含义同 C^0；G^1 表示曲线在连接点处切矢量方向相同，但大小可能不等；G^2 表示曲线在连接点处具有相同的曲率。

4.3.2 Bezier 曲线

Bezier 曲线是法国雷诺汽车公司 Bezier 先生于 1962 年提出的一种曲线构造方法。Bezier 曲线不通过给定的中间离散点，但是设计人员可以容易地通过改变这些离散点的位置来控制和改变拟合的 Bezier 曲线的形状。因此，给出的离散点又称为控制点。Bezier 曲线适宜用于像汽车车身等自由形状的构形设计。

1. 曲线方程

对于给定的 0～N 的 $N+1$ 个点 $P_i(x_i,y_i)$，采用整段 Bezier 曲线拟合时，拟合计算式为：

$$P(u)=\sum_{i=0}^{N}P_iB_{iN}(u)$$

式中：

u ——参变量，取值范围为 0～1，0 对应于小段起点，1 对应于小段终点；

$P(u)$ ——任意拟合点的坐标，$P(u) = [x(u), y(u)]$；

P_i ——给定的第 i 个点的坐标 $P_i = (x_i, y_i)$；

$B_{iN}(u)$ ——基函数，反映第 i 个点对拟合点的影响，它定义为

$$B_{iN}(u) = \frac{N!}{i!(N-1)!}u^i(1-u)^{N-i} = C_n^i u^i (1-u)^{n-i}$$

2. Bezier 曲线拟合实例

如图 4-19 所示，Bezier 曲线是通过特征多边形定义的，曲线的起点和终点与该多边形的起点和终点重合，曲线的形状由特征多边形其余顶点控制，改变特征多边形顶点位置，可直观看到曲线形状的变化。

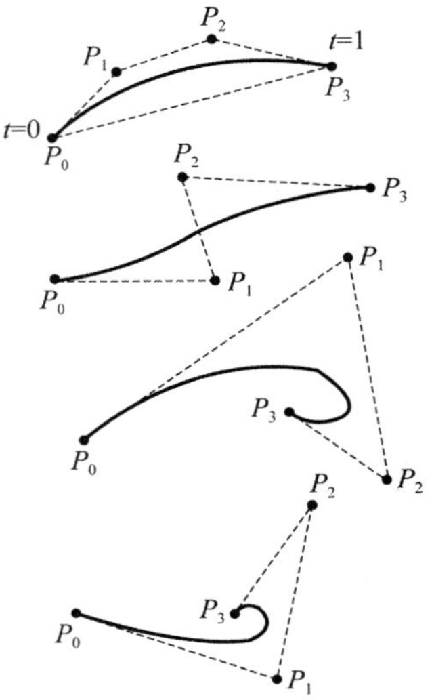

图 4-19 Bezier 曲线

3. 常见的几种 Bezier 曲线

(1)一次 Bezier 曲线。当 $n=1$ 时

$$P(u) = \sum_{i=0}^{1} P_i B_{i,1}(u) = (1-u)P_0 + uP_1$$

其中基函数为

$$B_{0,1} = C_1^0 u^0 (1-u)^{1-0} = 1-u$$

$$B_{1,1} = C_1^0 u^1 (1-u)^{1-1} = u$$

其矩阵表示式为

$$\boldsymbol{P}(u) = (u \quad 1)\begin{pmatrix} -1 & 1 \\ 1 & 0 \end{pmatrix}\begin{pmatrix} P_0 \\ P_1 \end{pmatrix} \qquad 0 \leqslant u \leqslant 1$$

显然，一次 Bezier 曲线是一条连接起点 P_0 和终点 P_1 的直线段，如图 4-20(a)所示。

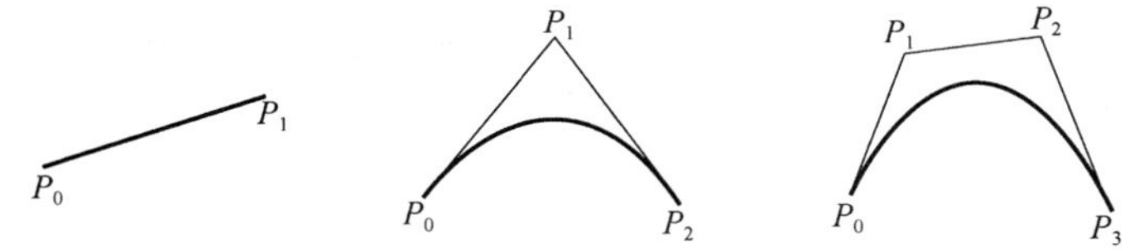

(a) 一次 Bezier 曲线 (b) 二次 Bezier 曲线 (c) 三次Bezier 曲线

图 4-20 三种 Bezier 曲线

(2) 二次 Bezier 曲线。当 $n=2$ 时，

$$P(u) = \sum_{i=0}^{2} P_i B_{i,2}(u) = (u-1)^2 P_0 - 2u(u-1)P_1 + u^2 P_2$$

其中基函数为

$$B_{0,2}(u) = C_2^0 u^0 (1-u)^2 = u^2 - 2u + 1$$

$$B_{1,2}(u) = C_2^1 u^1 (1-u)^1 = 2u(1-u)$$

$$B_{2,2}(u) = C_2^2 u^2 (1-u)^0 = u^2$$

其矩阵表示式为

$$\boldsymbol{P}(u)=(u^2 \quad u \quad 1)\begin{pmatrix}1 & -2 & 1\\ -2 & 2 & 0\\ 1 & 0 & 0\end{pmatrix}\begin{pmatrix}P_0\\ P_1\\ P_2\end{pmatrix} \quad (0\leqslant u\leqslant 1)$$

二次 Bezier 曲线是一条以 P_0 和 P_2 为端点的抛物线，如图 4-20(b)所示。

(3) 三次 Bezier 曲线。当 $n=3$ 时，

$$P(u)=\sum_{i=0}^{3}P_iB_{i,3}(u)=(u-1)^3P_0+3u(u-1)^2P_1+3u^2(u-1)P_2+u^3P_3$$

其中基函数为

$$B_{0,3}(u)=C_3^0u^0(1-u)^3=-u^3+3u^2-3u+1$$

$$B_{1,3}(u)=C_3^1u^1(1-u)^2=3u(1-u)^2$$

$$B_{2,3}(u)=C_3^2u^2(1-u)^1=3u^2(1-u)$$

$$B_{3,3}(u)=C_3^3u^3(1-u)^0=u^3$$

三次 Bezier 曲线矩阵表示为

$$\boldsymbol{P}(u)=(u^3 \quad u^2 \quad u \quad 1)\begin{pmatrix}-1 & 3 & -3 & 1\\ 3 & 6 & 3 & 0\\ -3 & 3 & 0 & 0\\ 1 & 0 & 0 & 0\end{pmatrix}\begin{pmatrix}P_0\\ P_1\\ P_2\\ P_3\end{pmatrix} \quad (0\leqslant u\leqslant 1)$$

三次 Bezier 曲线是通过 P_0、P_3 首末两点，并受 P_0、P_1、P_2、P_3 四点位置控制的三次曲线，如图 4-20(c)所示。

4. Bezier 曲线性质

以三次 Bezier 曲线为例进行讨论。

(1) 端点性质

$$P(0)=P_0 \qquad P(1)=P_3$$

$$P'(0)=3(P_1-P_0) \qquad P'(1)=3(P_3-P_2)$$

曲线通过给定点的始点和终点；曲线起点和终点处的切线方向分别与特征多边形的首、末两边重合，其大小为首、末两边长的 3 倍。

(2) 凸包性

从几何图形上可以，Bezier 曲线的凸包性表现为曲线落在由特征多边形控制顶点所构成的最小凸多边形内，如图 4-21 所示。

(3) 几何不变性

Bezier 曲线的位置与形状仅与特征多边形顶点的位置有关，而与坐标系的选择无关。在几何变换中，只要针对特征多边形的顶点变换即可，而无须对曲线上的每一点进行变换。

(4) 全局控制性

将给出的控制点循序连接可组成一折线，Bezier 曲线光滑地随着该折线的变化而变化，在两端处曲线切于控制点连线折线的起始边和终止边。根据这一性质，设计者可以容易地通过改动控制点的配置，控制 Bezier 曲线的变化趋势。对 Bezier 曲线，改变一个控制点的

位置，将影响整条曲线的形状，所以总控制点数目不宜过多。

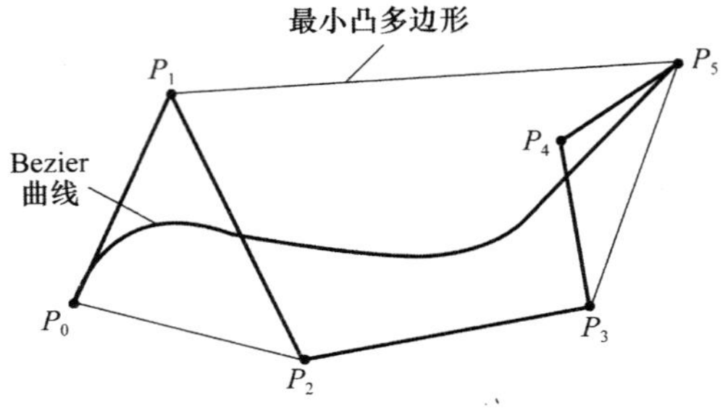

图 4-21 Bezier 曲线的凸包性

5. Bezier 曲线的拼接

Bezier 曲线函数也是多项式，其次数为段内控制点数目减 1。当控制点数目较多时，用一个整段拟合，则多项式的次数太高，此时宜分段拟合。

如图 4-22 所示，若给定两条三次 Bezier 曲线段 $P(u)$和 $Q(u)$，使曲线 $P(u)$的终点 P_3 与曲线 $Q(u)$的起点 Q_0 重合，讨论连续性条件。

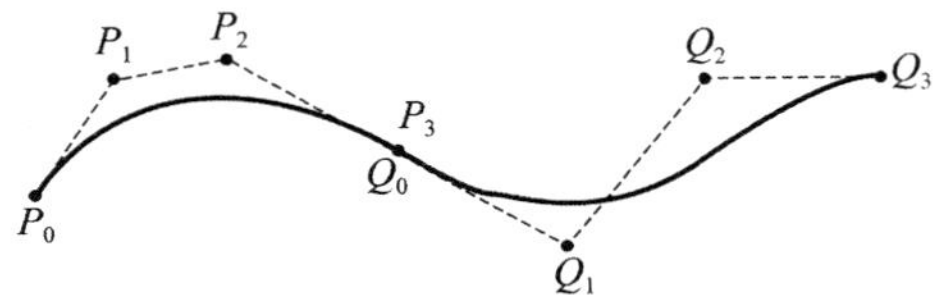

图 4-22 Bezier 曲线的拼接

(1) G^0 连续。曲线 $P(u)$ 的终点与曲线 $Q(u)$ 的起点相连，满足 G^0 连续条件。

$$P(1) = Q(0)$$

(2) G^1 连续。要求曲线在连接点处具有相同的单位切矢量，即 $P'(1) = \lambda Q'(0)$ 。代入 Bezier 曲线的方程有

$$P'(1) = 3(P_3 - P_2) \text{，} Q'(0) = 3(Q_1 - Q_0)$$

$$3(P_3 - P_2) = 3\lambda(Q_1 - Q_0)$$

则要保证三次 Bezier 曲线在连接点处达到 G^1 连续，应满足 P_2、$P_3(Q_0)$、Q_1 三点共线，如图 4-22 所示。

(3) G^2 连续。应满足 $P''(1) = Q''(0)$ ，代入 Bezier 曲线的方程有

$$P''(1) = 6(P_3 - 2P_2 + P_1) \quad Q''(0) = 6(Q_2 - 2Q_1 + Q_0)$$

所以

$$P_3 - 2P_2 + P_1 = Q_2 - 2Q_1 + Q_0$$

$$(P_3 - P_2) + (P_1 - P_2) = (Q_2 - Q_1) + (Q_0 - Q_1)$$

因此，由连接点两边各两个顶点所构成的平行四边形对角线须平行且相等，位于同一平面。如图 4-23 所示。

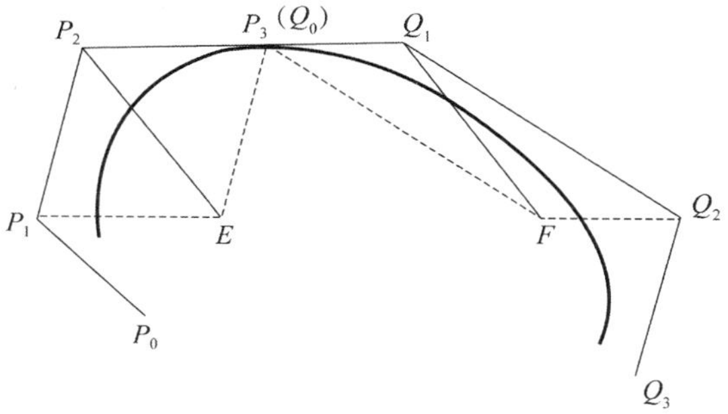

图 4-23　Bezier 曲线 G^2 连续条件

4.3.3　B 样条曲线

B 样条曲线具有与 Bezier 曲线相类似的功能，它的特点在于多项式的次数可不受控制点数目的限制，能独立选择次数并具有局部构形性。最常使用的 B 样条曲线是三次 B 样条曲线。对三次 B 样条曲线来说，任意插值点的坐标值只与相邻四个控制点坐标有关；如果改动任意某个控制点的坐标，其对曲线形状影响波及的范围只是前后各三个小段跨度。

1. 三次 B 样条曲线方程

插值点坐标的计算式是：

$$P(u) = (u^3 \quad u^2 \quad u \quad 1)\frac{1}{6}\begin{pmatrix} -1 & 3 & -3 & 1 \\ 3 & -6 & 3 & 0 \\ -3 & 0 & 3 & 0 \\ 1 & 4 & 1 & 0 \end{pmatrix}\begin{pmatrix} x_{i-2} & y_{i-2} \\ x_{i-1} & y_{i-1} \\ x_i & y_i \\ x_{i+1} & y_{i+1} \end{pmatrix}$$

式中：u 为参变量，变化范围为 0～1；(x_{i-2},y_{i-2})，(x_{i-1},y_{i-1})，(x_i,y_i)，(x_{i+1},y_{i+1}) 为相邻四个控制点的坐标值。

如图 4-24 所示，讨论三次 B 样条曲线几何特征。

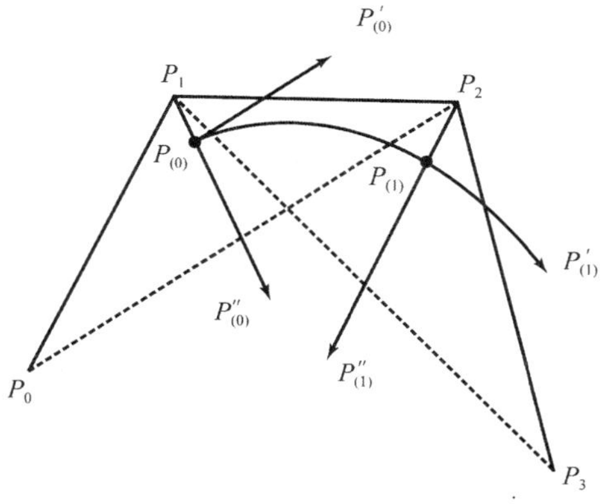

图 4-24　三次 B 样条曲线的几何特征

（1）端点位置矢量

$$P(0)=\frac{1}{6}(P_0+4P_1+P_2)\qquad P(1)=\frac{1}{6}(P_1+4P_2+P_3)$$

由此知，三次 B 样条曲线的起点和终点分别位于 $\Delta P_0P_1P_2$、$\Delta P_3P_1P_2$ 中线的 1/3 处。

（2）端点切矢量

$$P'(0)=\frac{1}{2}(P_2-P_0)\qquad P'(1)=\frac{1}{2}(P_3-P_1)$$

曲线段起点与终点切矢量分别平行于 P_0P_2、P_1P_3 边，其模长为该边的一半。

（3）端点的二阶导数矢量

$$P''(0)=P_0-2P_1+P_2\qquad P''(1)=P_1-2P_2+P_3$$

曲线起点和终点的二阶导数矢量等于特征多边形相邻两直线边所构成的平行四边形的对角线。

2．B 样条曲线的性质

（1）局部性。k 次 B 样条曲线上的一点只被相邻的 $k+1$ 个控制顶点所控制，而与其他控制顶点无关。当改变一个控制顶点的坐标位置，只对 $k+1$ 曲线段产生影响，对整条曲线的其他部分没有影响。因而，B 样条曲线具有局部控制性。

（2）连续性。三次 B 样条曲线在整个拟合范围内具有二阶导数连续。

（3）几何不变性。B 样条曲线的形状和位置与坐标系的选择无关。

（4）凸包性。曲线比 Bezier 曲线更逼近于控制点组成的特征多边形。

（5）当连线相邻的 4 个控制点处于一条直线上时，三次 B 样条曲线变为一条直线，且与该直线的一部分重合。

（6）当连续 3 个控制点重合时，拟合的三次 B 样条曲线将通过此重合点。

（7）当连续 3 个控制点处于一条直线连线上时，拟合的三次 B 样条曲线将与此直线相切。

4.3.4　曲面

基于 Bezier 曲线和 B 样条曲线的讨论，可以很方便地将曲线定义方法扩展到曲面的定义，Bezier 曲面和三次 B 样条曲面分别如图 4-25 和图 4-26 所示。

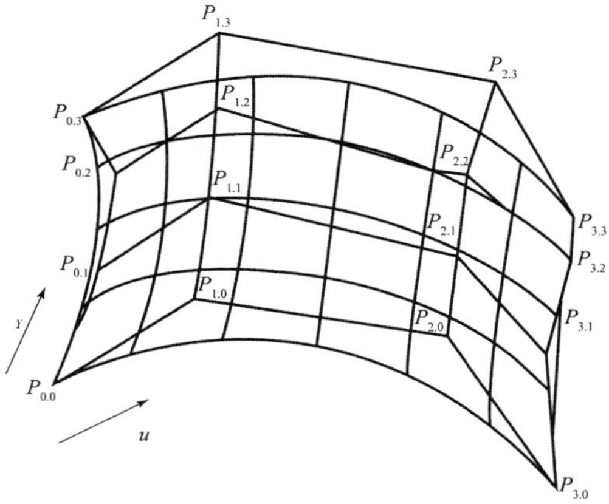

图 4-25　Bezier 曲面

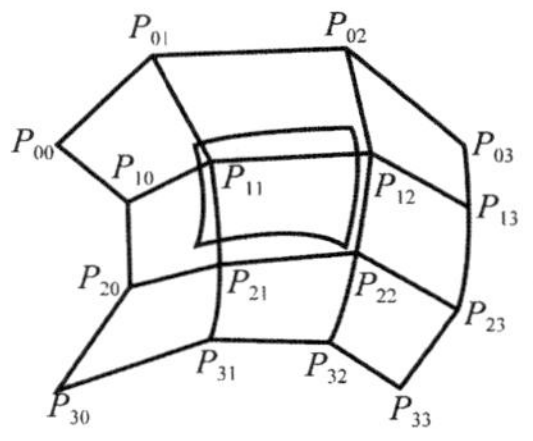

图 4-26　Bezier 曲面

第5章 建模技术

在机电产品设计制造过程中，需要从不同的角度来描述和表达产品或零部件的有关信息，如几何信息、物理信息、功能信息、工艺信息等。在传统的设计与制造中，技术人员按照一定的标准或规范，通过工程图、说明书等来表达和传递设计思想及工程信息。在CAD系统中，计算机只能进行数字信息的处理、存储和管理，如何将现实世界中的产品及其相关信息转换为计算机内部能处理、存储和管理的数字化表示方法，就是建模技术所要完成的任务。

建模是以计算机能够认识的方式对三维几何实体的形状及其属性进行确切的定义，以一定的数据结构形式对所定义的几何实体加以描述，从而在计算机内部构造一个几何实体的模型。建模技术应用领域广泛，例如，CAD系统中的零部件设计、有限元分析、建筑设计、运动特性分析等；机械工程中装配、数控的产生、检验、机器人技术等；医疗工程中假肢设计、手术分析；电影制片技术中的动画片设计、特写镜头设计；另外还有室内布置、布景设计。

5.1 概　　述

建模技术是将现实世界中的物体及其属性转化为计算机内部数字化表达的原理和方法。在CAD系统中，建模技术是研究产品数据模型在计算机内部的建立方法及采用的数据结构和算法。它为产品设计分析、工程图生成、数控编程、数控加工与装配的干涉检查、加工仿真、生产过程管理等提供有关产品信息描述与表达方法，是实现计算机辅助工程的前提条件。

5.1.1 建模技术的发展

对产品的描述方法、存储结构不同而有不同的建模方法和不同的数据模型。目前主要的产品建模方法有几何建模、特征建模，以及面向全生命周期的产品建模。

几何建模技术产生于20世纪60年代。在几何建模技术发展的初始阶段，人们采用三维形体的顶点和棱边来构造三维物体，称为线框模型。到了70年代，在线框模型基础上增加了面的信息，以后又逐渐增加了体的信息，形成实体建模技术。实体建模通过简单体素并、交、差集合运算来构造各种复杂形体，它能够表达形体完整的几何信息和拓扑信息，是建模技术的基础。

几何建模技术推动了CAD技术的发展，而随着信息技术的发展及计算机应用领域的扩大，对 CAD 系统也提出更高要求。尤其是计算机集成制造系统（CIMS）、并行工程（CE）、敏捷制造（GM）等各种先进生产模式的出现，要求产品信息不仅包含几何信息，而且需要产品的功能信息、工艺信息。特征的概念最早出现在 1978 年美国 MIT 的一篇学士论文“CAD 中基于特征的零件表示”中。特征是一种集成对象，包含丰富的工程语义，它是在更高层次上表达产品的功能和形状信息。在 20 世纪 80 年代末出现了特征建模技术。

特征建模技术的发展虽然能有效地描述产品的局部工程信息，但对产品全生命周期缺乏统一的描述方法，并缺少对概念设计和产品模型的动态演变过程的支持。因此，建立基于知识的智能产品模型的研究正在探讨中。

5.1.2 建模技术的基础知识

形体的表达和描述是建立在几何信息和拓扑信息处理的基础上的。几何信息包括点、线、面、体的信息，以几何分量方式表示。但是只用几何信息难以准确地表示物体，常会出现物体表示的二义性，可能产生多种不同的理解。为了保证描述物体的完整性和数学的严密性，必须同时给出几何信息和拓扑信息。拓扑信息则用来表达形体各分量间的连接关系。

建模的基础知识主要包括几何信息、拓扑信息、非几何信息、形体的表示等。

1. 几何信息

（1）点。点是零维几何元素，是几何建模中最基本元素。在计算机中对曲线、曲面、形体的描述、存储、输入、输出，实质上都是针对点集及其连接关系进行处理。根据点在实际形体中存在的位置，可以将其分为端点、交点、切点等。对形体进行集合运算还可能形成孤立的点，在对形体进行定义时，孤立点一般是不允许存在的。

（2）边。边是一维几何元素。它是形体相邻面的交界。

（3）面。面是二维几何元素。它是形体上一个有限、非零的单连通区域。它可是平面，也可是曲面。

（4）体。体是三维几何元素。它是由若干个面包围成的封闭空间，也就是说体的边界是有限个面的集合。几何造型的最终结果就是各种形式的体。

（5）体素。体素是指由有限个参数描述的基本形体，或由定义的轮廓曲线沿指定的轨迹曲线扫描生成的形体。体素可按照定义分为两种形式：基本体素，包括长方体、球体、圆柱体、圆锥体、圆环体、棱锥体等；由定义的轮廓曲线沿指定轨迹曲线扫描生成的体素，称为轮廓体素。

欧拉曾提出一条关于描述形体几何分量的公式

$$V-E+F=2$$

其中，V 为顶点数，E 为边数，F 为面数。欧拉公式可用于检验形体的合法性和一致性。

2. 拓扑信息

拓扑信息反映三维形体中各几何元素的数量及其相互之间的连接关系。任一形体是由点、边、环、面、体等各种不同的几何元素构成的，各元素之间的连接关系可以是相交、相切、相邻、平行、垂直等。各种几何元素相互间的关系构成了形体的拓扑信息。若拓扑信息不同，即使几何信息相同，最终构造的实体也不可能全相同。例如，在一个圆周上的四个等分点，若用直线顺序连接每个点则形成一个正四边形；若用直线隔点连接则形成一个叉形，如

图 5-1 所示。

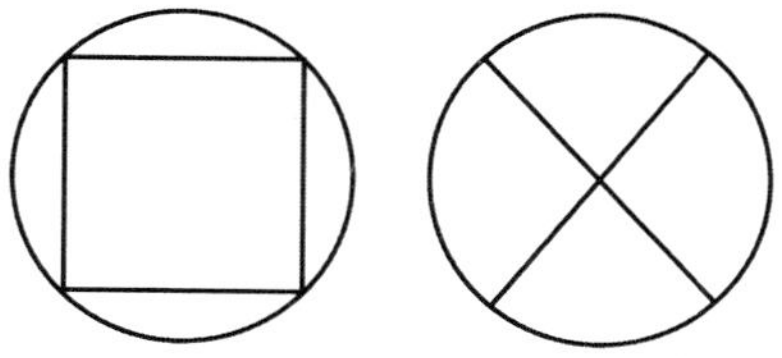

图 5-1　圆内四个等分点连接的两种情况

3. 非几何信息

非几何信息是指产品除实体几何信息、拓扑信息以外的信息，如物理信息（质量、材质、力学特性等）、功能信息、工艺信息（工艺路线、加工参数、定位关系、精度要求、表面粗糙度和技术要求等）、运动学信息等。为满足计算机辅助工程的要求，非几何信息的描述和表示显得越来越重要，是目前特征建模中特征分类的基础。

4. 形体的表示

形体在计算机内通常采用体、壳、面、环、边、顶点六层拓扑结构进行定义，如图 5-2 所示。

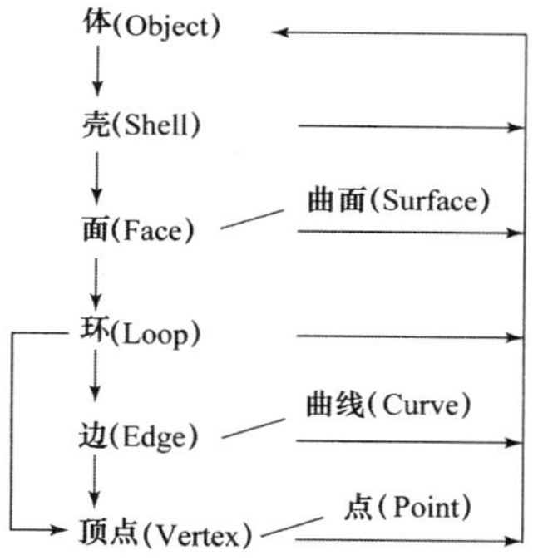

图 5-2　形体的表示

(1) 体。体是由封闭表面围成的有效空间，如图 5-3(a)所示。具有良好边界的形体定义为正则形体，正则形体没有悬边、悬面或一条边有两个以上邻面的情况，反之为非正则形体，如图 5-3(b)所示。

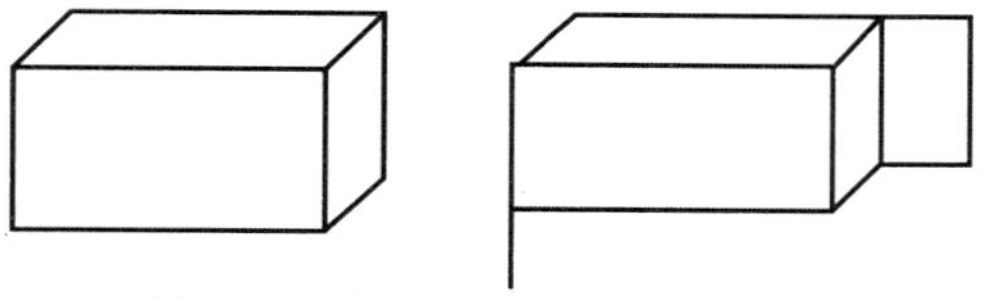

(a)　(b)

图 5-3　正则体与非正则体

(2) 壳。壳是构成一个完整实体的封闭边界，是形成封闭的单一连通空间的一组面的结合。一个连通的物体由一个外壳和若干个内壳构成。

(3) 面。面由一个外环和若干个内环界定的有界、不连通的表面。面有方向性，一般采用外法矢方向作为该面的正方向。如图 5-4 所示，物体上面的外环由四条边沿逆时针方向构成，内环由四条边沿顺时针方向构成。

(4) 环。环是面的封闭边界。环有内外之分，外环的边按逆时针走向，内环的边按顺时针走向，故沿任一环的正向前进时左侧总是在面内，右侧在面外，如图 5-4 所示。

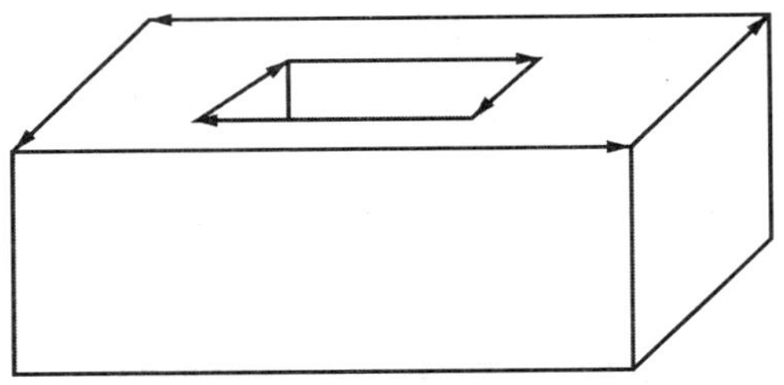

图 5-4 内环与外环

(5) 边。边是实体两个邻面的交界，正则形体的一条边有且仅有两个相邻面，不允许有悬空的边。一条边有两个顶点，分别称为该边的起点和终点。边不能自交。

(6) 顶点。顶点是边的端点，为两条或两条以上边的交点。顶点不能孤立存在于实体内、实体外或面和边的内部。

5.1.3 建模的基本要求

建模技术是 CAD 系统的核心，建模技术应满足以下要求：

(1) 建模系统应具备信息描述的完整性。建模技术不仅应满足产品自身信息表达的需求，还应该能够满足产品设计、制造、管理等各个过程的信息需求。这是因为建模技术是产品开发的基础，是产品信息的源头，系统是以产品的数字化模型来驱动产品设计和制造全过程的。

(2) 建模技术应贯穿产品生命周期的整个过程。建模技术是构造产品信息的平台，几何建模、特征建模、产品建模等，都属于建模技术的范畴。建模的过程，是借助计算机技术、产品设计的专业领域知识实现产品零部件布局设计的合理性、产品制造工艺的可行性、装配可行性分析、产品结构静动态分析的过程，是实现对产品制造过程的设计和模拟仿真的过程。建模技术为企业信息集成创造条件。

5.1.4 常用建模方法与应用

1. 常用建模方法

建模方法是将对实体的描述和表达建立在对几何信息、拓扑信息和特征信息处理的基础上的。几何信息是实体在空间的形状、尺寸及位置的描述；拓扑信息是描述实体各分量的数目及相互之间的关系；特征信息包括实体的精度信息、材料信息等与加工有关的信息。

几何建模把物体的几何形状转换为适合于计算机的数学描述。在几何建模中，表示物体的形态可以有几种不同的方法。最基本的方法为用线框来表示物体，即用彼此相互连接的线来表示物体的具体形状。由于线框建模不能完整地描述产品的全部几何信息，因此后来发展了表面建模和实体建模。随着计算机辅助工程技术的发展，在描述产品时不仅要描述其几何信息，而且还要描述与几何信息有关的非几何信息。基于这种要求，特征建模技术应运而生。特征建模的应用一方面使设计人员可以按工程习惯更加直观描述产品，另一方面使 CAD、CAPP、CAE 更好地紧密结合。

2. 建模技术的应用

建模技术在设计、制造、装配等各个环节中都有应用。

(1) 设计。在设计时能进行的工作有：显示零件形状、进行物体的物性特征计算，如体积、面积、重心位置、惯性矩等；检查零部件在装配时是否发生干涉和碰撞；能在运动机构中进行各机构的运动模拟等工作。

(2) 生成图形。在绘制各种产品的图形时，不仅能生成二维工程图，还能生成各种产品真实图形及动画等。

(3) 生产制造。在进行生产制造时，能利用生成的三维几何模型进行数控自动编程及刀具轨迹的仿真。另外还能进行工艺规程设计等，为零件的生产制造提供方便条件。

(4) 装配。在机器人及柔性制造系统中，利用三维几何模型进行装配规划、机器人视觉识别、机器人运动学及动力学分析等工具。

5.2 几何建模技术

几何建模是指形体的描述和表达是建立在几何信息和拓扑信息基础上的建模。产品的设计与制造涉及产品几何形状的描述、结构分析、工艺设计、加工、仿真等方面的技术，其中几何形状的定义与描述就成为其核心部分，它为结构分析、工艺规程的生成以及加工制造提供基本数据。

几何建模以一定的数据结构形式对所定义的几何实体加以描述，在计算机内部构造一个实体的模型。通过这种方法定义、描述的几何实体必须是完整的、唯一的，而且能够从计算机内部的模型上提取该实体生成过程中的全部信息，或者能够通过系统的计算分析自动生成实体的部分信息。通常，把能够定义、描述、生成几何实体，并能交互编辑的系统称为几何建模系统。显然，它是集理论知识、应用技术和系统环境于一体的。计算机集成系统的水平很大程度上取决于三维几何建模系统的功能，因此，几何建模技术是 CAD 系统中的关键技术。

由于客观事物大多是三维的、连续的，而在计算机内部的数据均为一维的、离散的、有限的，因此，在表达与描述三维实体时，怎样对几何实体进行定义，保证其准确、完整和唯一；怎样选择数据结构描述有关数据，使其存取方便自如等，都是几何建模系统必须解决的问题。几何建模的方法，是将对实体的描述和表达建立在几何信息和拓扑信息处理的基础上。按照对这两方面信息的描述及存储方法的不同，三维几何建模系统可划分为线框建模、表面建模和实体建模三种主要类型。

5.2.1 线框模型

1. 线框建模的基本原理

线框建模是计算机图形学和 CAD 领域中最早用来表示形体的建模方法。它是表面模型和实体模型的基础。

用边界线和轮廓线描述几何体模型的方法就是线框建模，即利用基本线素来定义工程目标的棱边部分而构成立体框架图的过程称为线框建模。用这种方法生成的线框模型是由一系列的直线、圆弧、点及自由曲线组成，描述的是产品的轮廓外形。线框建模的数据结构由一个顶点表和一个棱边表组成。图 5-5 所示即为一物体的线框模型。在计算机内部，存储的是该物体的顶点及棱边信息，将实体的几何信息和拓扑信息层次清楚地记录在顶点表及棱边表中。表 5-1 和表 5-2 所示即为图 5-5 所示物体的顶点表、棱边表。表中完整地记录了各顶点的编号、顶点坐标、棱边上各端点的编号，它们构成了该物体线框模型的全部信息。

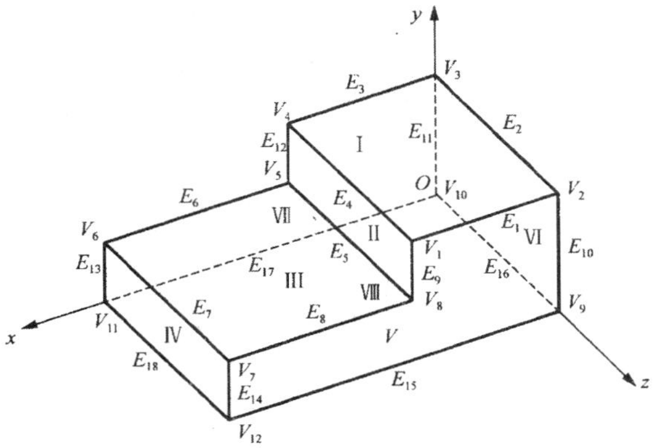

图 5-5 线框模型

表 5-1 顶点表

点号	x	y	z	点号	x	y	z	点号	x	y	z
1	20	10	20	5	20	5	0	9	0	0	20
2	0	10	20	6	45	5	0	10	0	0	0
3	0	10	0	7	45	5	20	11	45	0	0
4	20	10	0	8	20	5	20	12	45	0	20

表 5-2 棱边表

边号	线上端点号		边号	线上端点号		边号	线上端点号	
1	1	2	7	6	7	13	6	11
2	2	3	8	7	8	14	7	12
3	3	4	9	8	1	15	12	9
4	4	1	10	2	9	16	9	10
5	8	5	11	3	10	17	10	11
6	5	6	12	4	5	18	11	12

2. 线框建模的特点

线框建模的特点具体表现在以下几个方面。

(1) 线框建模的优点

① 利用线框模型，通过投影产生任意方向的视图，视图间能保持正确的投影关系，这为生成多视图的工程图提供了方便。除此之外，还能生成任意视点或视向的透视图及轴测图。

② 在构造模型时操作非常简便。它只有离散的空间线段，没有实在的面，处理起来比较容易。

③ 数据结构简单、信息量小，占用的内存空间小，操作速度快。容易找到顶点和边的数据，计算机能精确地显示线框模型的顶点和边的具体位置。

(2) 线框建模的缺点

① 对物体的真实形状进行处理时需对所有棱线进行解释与理解。有时会出现二义性或多义性理解，不能正确表达曲面形体的轮廓线，如图 5-6 所示。

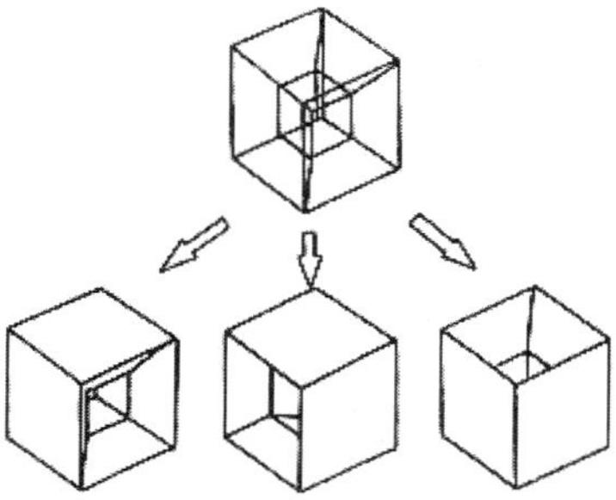

图 5-6　线框模型的多义性

② 这种数据结构无法处理曲面物体的侧轮廓线。曲面物体的轮廓线与视线方向有关，它不包含在物体的数据结构中，但它是构成一幅完整图形不可缺少的一部分，所以曲面轮廓线不能被表达。

③ 在生成复杂物体的图形时，这种线框模型要求输入大量的初始数据，不仅加重了输入负担，更难以保证这些数据的统一性和有效性。

④ 由于在数据结构中缺少边与面、面与体之间关系的信息，故不能构成实体，无法识别面与体，更谈不上区别体内与体外。从原理上讲，这种模型不能消除隐藏线，不能作任意剖切，不能计算物理特性，不能进行两方面的求交，无法生成数控加工刀具轨迹，不能自动划分有限元网格，不能检查物体间的碰撞、干涉等。

3. 线框模型的应用

目前线框建模一般可作为其他建模方法输入数据的辅助手段，如在 CAD 系统中，可以先画一个二维线框图，然后进行拉伸可形成三维实体。另外，线框模型用于工厂或车间布局、管道铺设、运动机构的模拟和干涉检查。

5.2.2　表面模型

在 CAD 系统中，经常需要向计算机输入产品的外形数据和结构参数，这些数据往往通过计算求得，然而，当产品结构形状比较复杂，或当表面既不是平面，也无法用数学方法或解析方程描述时，就可以采用表面建模的方法。

1. 表面建模的基本原理

表面建模是通过对形体各个表面进行描述的一种三维建模方法，将物体逐层分解为组成物体的表面、边线和顶点，用顶点、边线和表面的有限集合来表示和建立物体的计算机内部模型。

表面建模的原理是先将组成物体的复杂外表面离散为若干组成面，基本面素可以是平面或二次曲面，例如，圆柱面、圆锥面、圆环面、回转面等，各种组成的拼接就是所构造的模型。

在计算机内部，表面建模的数据结构仍然是表结构，不仅要提供边线的信息，还要提供组成三维立体各个表面的信息表，即记录边、面拓扑关系的表面表，所以数据结构由顶点表、棱线表、表面表组成。除了给出边线及顶点信息外，还提供了构成三维立体各组成面素的信息，即在计算机内部，除顶点表和边表外，还提供了面表。表 5-3 即为图 5-5 所示物体的几何面信息，表中记录了面号，组成面素的线数及线号。

表 5-3　面表

面号	面上线号	线数
1	1、2、3、4	4
2	4、12、5、9	4
3	5、6、7、8	4
4	7、13、18、14	4
5	1、9、8、14、15、10	6
6	2、10、16、11	4
7	3、11、17、13、6、12	6
8	15、16、17、18	4

2. *表面建模的分类*

根据形体表面的不同可将表面建模分为平面建模和曲面建模。

(1) 平面建模

平面建模是将形体表面划分成一系列多边形网格，每一个网格构成一个小的平面，用这一系列小的平面来逼近形体的实际表面。

平面建模可用最少的数据精确地表示多面体。但对一般的曲面物体来说，曲面物体所需表示的精度越高，网格就应分得越小，数量也就越多，使平面模型具有存储量大、精度低、不便于控制和修改等缺点，因而平面模型也就逐渐被日益成熟的曲面模型所代替。平面建模可通过在线框建模的基础上增加一个表面而形成。

(2) 曲面建模

曲面建模是计算机图形学和 CAD 领域最活跃、应用最为广泛的几何建模技术之一。参数曲面建模应用最多，该方法在拓扑矩形的边界网格上，利用混合函数在纵向和横向两边界曲线间构造光滑过渡曲线，即把需要建模的曲面划分为一系列曲面片，用连接条件对其进行拼接来生成整个曲面。曲面建模技术主要研究曲面的表示、分析和控制以及由多个曲面块组合成一个完整曲面的光滑过渡问题。在 CAD 系统中，对于曲线的描述一般不用多元函数方程直接描述，而用参数方程的形式来表示。

对于一个实体而言，可以用不同的曲面造型方法来构成相同的曲面。用哪一种方法产生的模型更好，一般用两个标准来衡量：一是要看哪种方法更能准确体现设计者的设计思想、设计原则；二是要看哪种方法产生的模型能够准确、快速、方便地产生数控刀具轨迹，即更好地为 CAE/CAM 服务。

3. 表面建模的特点

(1) 表面建模的优点

① 在描述三维实体信息方面比线框建模严密、完整，能够构造出复杂的曲面，如汽车车身、飞机表面、模具外形等；

② 可以对实体表面进行消隐、着色显示，计算表面积、表面积求交计算，生成剖面图；

③ 可以利用建模中的基本数据进行有限元划分，以便进行有限元分析；

④ 可以利用表面造型生成的实体数据产生数控加工刀具轨迹。

(2) 表面建模的缺点

① 曲面建模理论严谨复杂，所以建模系统的使用较复杂，并需一定的曲面建模的数学理论及应用方面的知识；

② 这种建模虽然有了面的信息，但缺乏实体内部信息，所以有时产生对实体二义性的理解。例如，对一个圆柱曲面就无法区别它是实体轴的面还是带有空心孔的面。

4. 表面建模的应用

这种模型多用于描述表面不能用简单的数学模型进行描述的物体，如飞机、汽车、轮船等的一些外表面，家用电器、轻工产品的工业造型设计，服装的款式设计，自然景物模拟，地理资源的描述，以及科学计算中的直观显示。

5.2.3 实体模型

20 世纪 80 年代前后提出并逐步发展、完善了实体建模(Solid Modeling)技术，目前实体建模技术已成为 CAD 系统中的主流建模方法。实体建模是在计算机内部以实体的形式描述现实世界的物体。利用这样的建模系统，可以完整、清晰、准确地对物体进行描述。实体建模过程是用基本体素的组合并通过集合运算和基本变形操作来建立三维立体。

1. 实体建模的基本原理

通过定义基本体素，利用体素的集合运算或基本变形操作建立三维实体的过程称为实体建模，它是实现三维几何实体完整信息表示的理论、技术和系统的总称。实体建模不仅描述了实体的全部几何信息，而且定义了所有点、线、面、体的拓扑信息。形体的几何特征(如体积、表面积、惯性矩等)均可由实体模型自动计算出来。实体建模是以基本体素(如球体、圆柱体、立方体等)为单元体，通过集合运算(并、交、差等)或基本变形操作(扫描、拉伸、旋转等)生成所需的几何形体。在实体模型中，面是有界的连通表面，具有方向性，表面的方向由围绕表面的环的绕向决定，表面法向矢量总是指向形体之外。在面上沿任一条边的正向运动时，左侧总是体内，右侧总是体外。因此，实体模型能方便地确定面的哪一侧存在实体。

2. 实体生成方法

实体建模技术是利用实体生成方法产生实体的初始模型，通过几何的逻辑运算(布尔运算)或者基本变形操作形成复杂实体模型的一种建模技术。按照实体生成方法的不同，其生成方法有两种：体素法和轮廓扫描法。

(1) 体素法

体素法是利用最基本的体素产生实体模型。描述体素时，除了基本尺寸参数外，为准确描述基本体素在空间的位置和方向，基准点的定义也很重要。基准点可根据需要位于体素的任意位置。

体素法是通过基本体素（长方体、圆柱、圆锥、圆环、圆球等）的集合运算构造几何实体的建模方法。每一基本体素具有完整的几何信息，是真实而唯一的三维物体。体素法包含两部分内容：一是基本体素的定义与描述，二是体素之间的集合运算。描述体素时，除了定义体素的基本尺寸参数（如长方体的长、宽、高，圆柱的直径、高等）外，为了准确地描述基本体素在空间的位置和方向，还需定义集合运算的基准点。体素间的集合运算有并、交、差三种，以两个三维基本体素（长方体、圆柱体）为例进行并、交、差运算，其运算结果如图 5-7 所示。

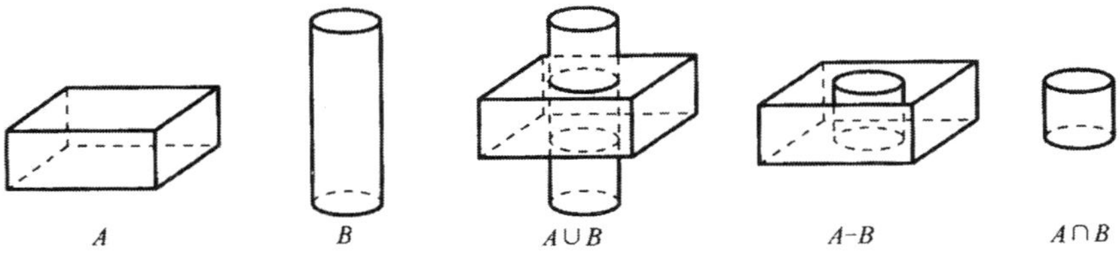

图 5-7 三维物体的集合运算

(2) 轮廓扫描法

轮廓扫描法是将一个二维图形或三维形体在空间沿某一方向平移或绕某一旋转轴旋转进行实体定义的方法。轮廓扫描法又可分为平面轮廓扫描和整体扫描两种。

平面轮廓扫描是用任意平面轮廓在空间平移一个距离或绕一固定的轴旋转都会扫描出一个实体，因此，对于具有相同截面的零件实体来说，可预先定义一个封闭的截面轮廓，再定义该轮廓移动的轨迹或旋转的中心线、旋转角度，就可得到所需的实体，如图 5-8 所示。

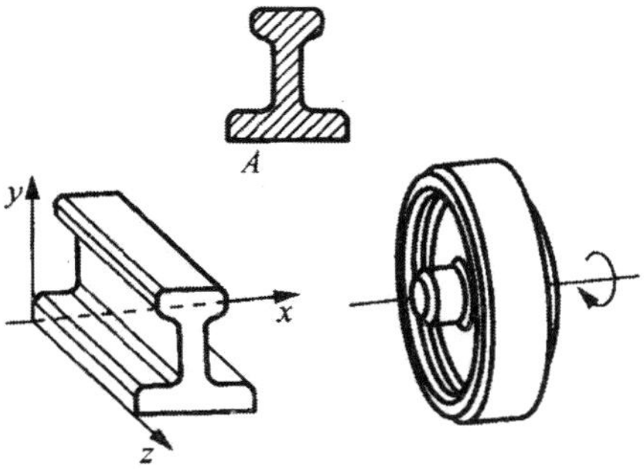

图 5-8 平面轮廓扫描生成的实体

整体扫描是首先定义一个三维实体作为扫描基体，让此基体在空间运动，运动可以是沿某方向的移动，也可以是绕某一轴线转动，或绕一点的摆动，运动方式不同，生成的实体形状也不同，如图 5-9 所示。整体扫描法对于生产过程的干涉检验、运动分析等有很大的实用价值，尤其在数控加工中对于刀具轨迹的生成与检验方面更具有重要意义。

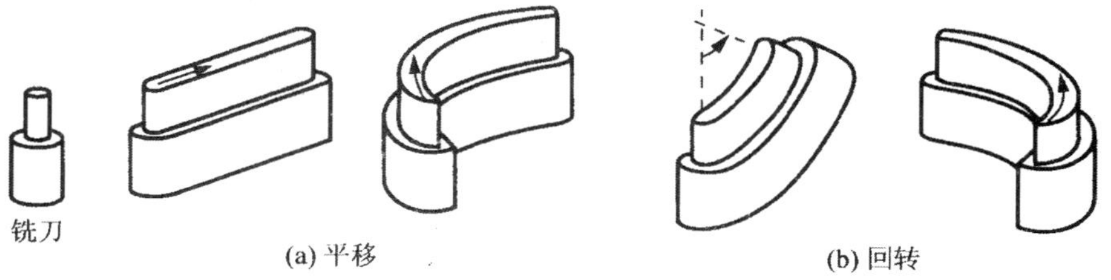

图 5-9　整体扫描生成的实体

扫描变换需要两个分量：一个是被运动的形体，称之为基体；另一个是基体运动的路径，称之为轴。基体可以是点、线、面、实体，路径可以是直线，也可以用解析式来定义曲线。通过扫描法可以生成某些用体素法难于定义和描述的物体模型。用扫描变换既可以生成截面不变的形体，又可以生成截面变化的形体，还易于产生自由曲面或自由曲面体。

由于三维实体建模能唯一、准确、完整地表达物体的形状，因而在设计与制造中广为应用，尤其是在对产品的描述、特性分析、运动分析、干涉检验以及有限元分析、加工过程的模拟仿真等方面，已成为不可缺少的前提条件。实体模型能完整地描述产品的几何形状，数据结构简单，可以表示更高层次的特征信息与拓扑信息，适合构造复杂的零件。实体模型以广泛应用于动力学分析、干涉检查、机器人编程和五坐标数控铣削过程的模拟、空间技术以及有限元方法的连接方面。

3. 三维实体建模的计算机内部表示

实体建模的信息与线框建模、表面建模的信息不同，在计算机内部不再只是点、线、面的信息，还要记录实体的体信息，实体建模系统通常保存着两种描述实体模型的主要数据，即几何数据和拓扑数据。几何数据包含形体的定义参数，拓扑数据则包括几何元素间的相互连接关系。

计算机内部定义实体的方法很多，常用的有边界表示法（Boundary Representation，B-Rep）、结构实体表示法（Constmctive Solid Geometry，CSG）、单元分解法、扫描变换法等。

（1）边界表示法（B-Rep）

边界表示法是以物体边界为基础的定义和描述几何形体的方法。基本思想是：一个形体可以通过它的边界表示，而每一个面又通过边，边通过点，点通过三个坐标来定义。由于它通过描述形体的边界来描述形体，而形体的边界就是其内部点与外部点的分界面，所以称为边界表示法。边界表示法，首先是在欧洲发展起来的，并成为许多系统的基础，如 CATIA、EUCLID、GEOMOD 等。

边界表示法中的形体一般是由有界的“面”来表示，而每个面又可通过它的边界和顶点来表示。因此边界表示法强调的是形体的外表信息，记录构成几何体的几何、拓扑信息。将实体模型看作是由多个边界表面所围成的实体，每个边界表面又由各边来描述，每个边由各点组成，各点由三个坐标值来描述。

B-Rep 法在计算机内部的数据结构呈网状结构，以体现实体模型的实体、面、边（线）、点的描述格式。图 5-10 所示为边界表示法的树形结构示意图，图中把形体拆成一些互不覆盖的三角形，并将它视为含有体、面、边及顶点的树形结构。这种结构和关系是与采用的物体生成的描述方法无关的。

边界模型的数据结构是网状关系，其核心信息是平面，而边构成了平面之间的关联。边的走向可标识平面的法向，因此能区分平面的里外。边界表示强调形体外表的细节，记录了构造形体的所有几何元素的几何信息及相互之间的连接关系，以便直接存取组成形体的各个面、面的边界及各个顶点的定义参数。这样有利于面和边为基础的各种几何运算，有利于形体的几何运算。

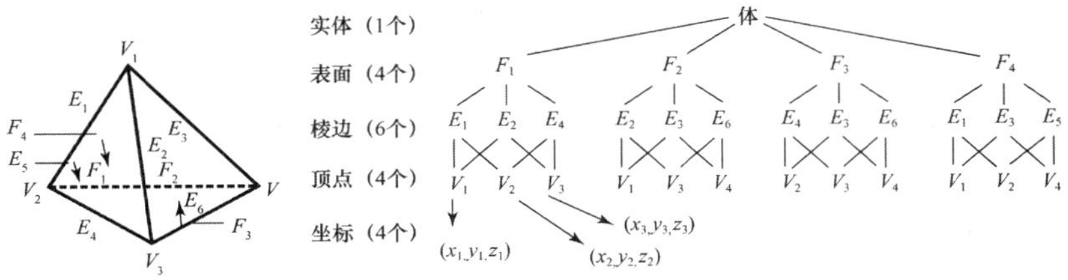

图 5-10　边界表示法的网状数据结构

边界表示法的优点在于含有较多的有关面、边、点及其相互关系的信息。当需要进行有关的几何体结构的运算时，可直接用几何体的面、边、点定义的数据实现并、交、差等集合运算，甚至通过人机交互的方式很方便地对实体模型进行修改。采用边界表示法建立三维实体，其信息量大，有利于生成模型的线框图、投影图与工程图。边界表示法也有其缺点，由于它的核心是面，因而对几何物体的整体描述能力相对较差，无法提供关于实体生成过程的信息，例如，一个三维物体最初是由哪些基本体素，经过哪种集合运算拼合而成的，也无法记录组成几何体的基本体素的原始数据。

(2) 构造实体几何法(CSG)

CSG 方法认为一个复杂的形体可由一些比较简单、规则的基本体素，经过正则集合运算并配以几何变换而得到。CSG 法通过记录基本体素的定义参数及体素之间并、交、差运算的次序来表示较复杂的形体。对于直线部分多、几何形状比较规则的形体一般均采用 CSG 表示法。CSG 也是目前三维建模系统中广泛采用的方法。

一般采用这种方法的 CAD 系统需要构造基本体素库，基本体素库中的结构实体为多面体、圆柱体、圆锥体、球、环、椭球、任意母线回转体及自由型曲面体等，也可由用户自己设计基本体素库。CSG 法在计算机内部的数据结构呈二叉树结构，即实体模型可分解成两个实体体素，而这两个实体体素又可各自分别分解为更小的两个实体体素，依此类推，直至分解为基本体素。CSG 表示法的基本操作是并、交、差操作。如图 5-11 所示，同一个实体，可以通过定义不同的基本体素，经过不同的集合运算加以构造。它将一个复杂的物体视为由若干个简单基本体素的相加、相减、相交构成。计算机内部表示与物体的描述和生成顺序密切相关，即存储的主要是生成过程。例如，一个物体可以看成是几个简单物体叠加，也可以看成是从大的物体中减去小的物体。两者不仅运算不同，而且所用的基本体素也不同。

在 CSG 的二叉树中，记录实体所有的组合基本体素以及正则集合运算和几何变换的过程，如图 5-12 所示。图中的叶结点分为两种：一种是基本体素，如长方体、圆柱等；另一种是体素作运动变换时的参数，如平移参数等。枝结点表示某种运算，有两类运算子：一类是运动算子，如平移、旋转等；另一类是集合算子，这里不是一般的并、交及差运算，而是指经过修改后适用于形状运算的正则化集合算子。根结点则表示由树中相应的基本体素经几何变换和正则集合运算后得到的实体。

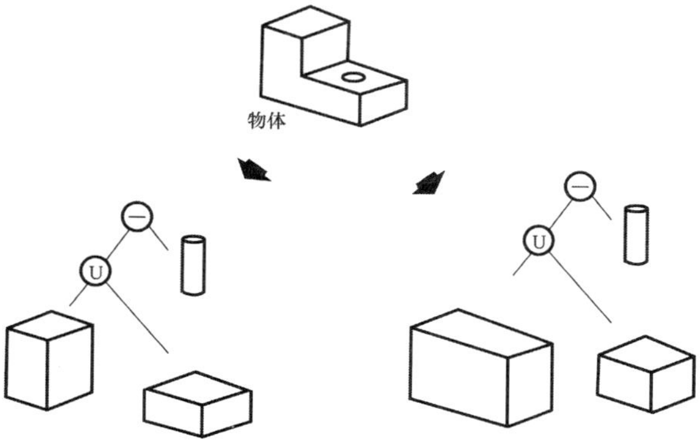

图 5-11　同一物体的两种 CSG 结构

在采用 CSG 法的系统中，通常采用两套数据结构，一是二叉树结构，二是描述这些体素的位置及其体、面、边、点的信息。在进行实体求交运算时，系统将利用上述的数据结构转换为实体的 B-Rep 法数据结构形式。

CSG 表示法无二义性，体素经运动算子和正则化集合算子计算后产生的实体是合法的，但对于同一实体，其 CSG 二叉树的构造不具有唯一性，如图 5-11 所示。

CSG 法的优点：①数据结构比较简单，信息量小，易于管理；②每个 CSG 都与一个实际的有效形体相对应，即无二义性；③用户操作方便，造型概念直观，可修改形体生成的各环节以改变形体的形状；④能够表示的实体范围较大，体素种类越多，则能够构造出的实体越复杂。

CSG 法的缺点：①对形体的修改操作不能深入到形体的局部；②不能直接产生显示形体所需要的数据，必须经过边界计算程序的运算才能完成从 CSG 到边界表示的转换。

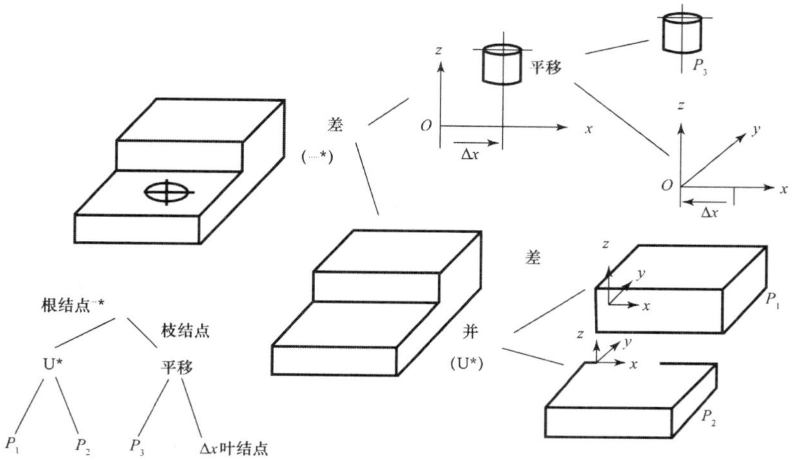

图 5-12　二叉树形式表示 CSG 法

(3) 混合表示法

混合表示法是建立在B-Rep法和CSG法的基础上，在同一CAD系统中将两者结合起来形成的实体定义描述法。因为B-Rep法侧重边界，在图形处理上有优势，具备详细的形体几何尺寸；而CSG法强调过程，在整体形状定义方面精确、严格，但不具备构成形体的各个面、边界、点的数据关系。因此，在CAD系统中发挥两者优势，将两者结合起来应用。具体地讲，即在原CSG二叉树的基础上，在每个结点上加入边界表示法的数据结构。其表现形式为：CSG法为系统外部模型，作为用户窗口，便于用户输入数据，定义实体体素；B-Rep法为内部模型，它将用户输入的模型数据转化为B-Rep的数据模型，以便在计算机内部存储实体模型更为详细的信息。这相当于在CSG树结构的结点上扩充边界法的数据结构，可以达到快速描述和操作模型的目的，如图5-13所示。

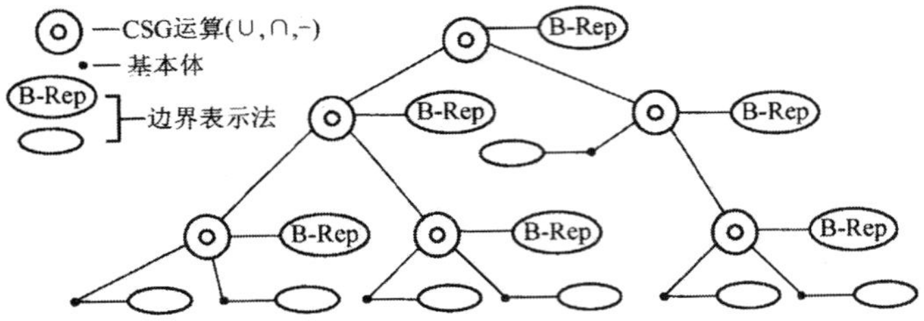

图5-13 混合表示法的数据结构

混合模式是在CSG基础上的逻辑扩展，起主导作用的是CSG结构，结合B-Rep的优点，可以完整地表达物体的几何、拓扑信息，便于构造产品模型，使造型技术大大前进了一步。

对CAD系统的集成工作而言，单纯的几何模型已不能满足要求，而需要将产品的设计和制造信息与几何模型信息相结合，进而发展成产品模型。由于产品零件的形状特征、设计参数、公差等与CSG中的体素密切相关，将这些信息加到CSG模型上比较方便，而零件的一些加工信息(如表面粗糙度、加工余量等)加在B-Rep模型的面上比较合理。

目前大多数CAD/CAM系统都以CSG和B-Rep的混合表示作为形体数据表示的基础，即以CSG模型表示几何造型的过程及其设计参数，用B-Rep模型维护详细的几何信息和进行显示、查询等操作。在基于CSG模型的造型中，可将形状特征、参数化设计引入造型过程中的体素定义、几何变换及最终的几何模型中，而B-Rep信息的细节则为这些设计参数提供几何信息或基准。CSG和B-Rep信息的相互补充确保了几何模型信息的完整和正确。

(4) 空间单元表示法

空间单元表示法又称分割法，其基本思想是将一个三维实体有规律地分割为有限个单元，这些单元均为具有一定大小的立方体，通常用体元重心处的坐标来表示一个个小的空间单元。在计算机内部，通过定义各单元的位置被占用与否来表示实体。这种方法的精确程度完全取决于分割精度，与几何形体的复杂程度无关。单元表示法的数据结构通常是四叉树或八叉树。四叉树用于表示二维图形，对于三维实体则采用八叉树结构表示。如图5-14所示，将立方体分割成八个子立方体，依次判断每个子立方体。若为空则表示无实体；若为满则表示有实体充满；若判断结果为部分有实体填充，则将该子立方体继续分解，直到所有的子立方体为空、为满或达到给定的精度为止。

空间单元表示法是一种数字化的近似表示法，单元的大小决定了单元分解的精度，因此该方法需要大量的存储空间，且不能表达各部分之间的拓扑关系，没有点、线、面等形体单元的概念。但其算法简单，容易实现并、交、差等集合运算，易于检查实体间的碰撞干涉，便于消隐和输出显示，是物理计算和有限元计算的基础。该方法常用于描述比较复杂的，尤其是内部有孔或具有凸凹等不规则表面的实体。

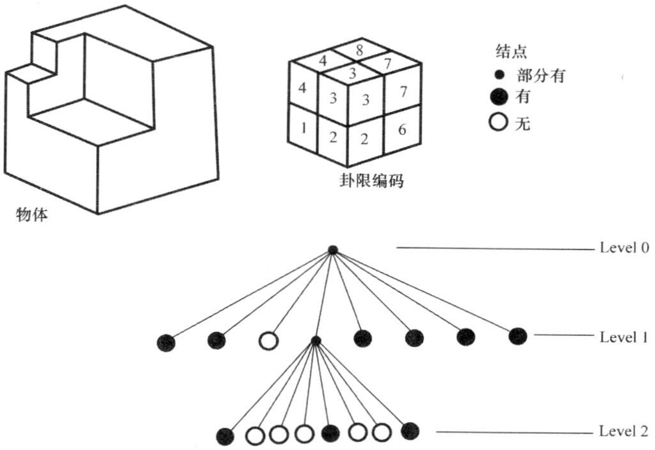

图 5-14　单元表示法的八叉树数据结构

4. 实体建模的特点

实体建模系统对结构体的几何和拓扑信息表达克服了线框建模存在二义性以及曲面建模容易丢失面信息等缺陷，从而可以自动进行真实感图像的生成和物体间的干涉检查。该方法在设计与制造中广为应用，在运动学分析、干涉检验、有限元分析、机器人编程和五坐标数控铣削过程模拟等方面已成为不可缺少的工具。产品设计、分析和制造工序所需要的关于物体几何描述方面的数据可从实体模型中取得。实体建模是实现工程设计和制造集成化和自动化的重要手段，是实现高度自动化 CAD 系统的基础。

5.3　特征建模技术

三维实体模型完整、准确地定义了形体的几何信息和拓扑信息，实现了工程上的应用。然而，实体模型仅存储点、边、面等基本几何信息，没有产品开发所需的工程语义信息，如孔、槽、倒角等功能结构要素。这些功能要素称为特征，不仅包含确定的几何形状信息，还包含了如产品功能、材料、公差等工程信息。基于特征的建模，使产品设计能够在更高层次上进行，操作对象不再是实体模型中的点、线、面、体，而是具有工程语义的功能特征要素，使产品的设计意图能够为后续的分析、评估、加工、检测等环节所理解。因此，特征建模是为了弥补实体建模所存在的不足而产生的一种新建模方法。

特征建模技术近几年发展很快，ISO 颁布的 PDES/STEP 标准已将部分特征信息(形状特征、公差特征等)引入产品信息模型。目前市场上常见的商品化 CAD 系统,如 UG、Pro/E、CATIA 等,均具有基于特征的实体建模功能,方便用户使用,便于系统集成。

现也有一些 CAD/CAM 系统(如 Pro/E 等)开始采用了特征建模技术。

5.3.1　特征建模的原理

1. 特征建模的定义及特征的分类

(1) 特征的定义

特征是从工程对象中概括和抽象后所得到的具有工程语义的功能要素。特征建模是通过特征及其集合来定义、描述实体模型的方法和过程。

(2) 特征的分类

特征的分类与具体的工程应用有关。应用领域不同,特征的含义和表达形式也不尽相同。以机械 CAD 系统的信息集成需求为出发点,可将零件模型的特征分为以下几种类型:

① 形状特征:主要包括几何信息、拓扑信息,如描述零件的几何形状及与尺寸相关的信息的集合,包括功能形状、加工工艺形状等。

② 精度特征:用来表达零件的精度信息,包括尺寸公差、形位公差、表面粗糙度等。

③ 材料特征:用来表达与零件材料有关的信息,包括材料的种类、性能、热处理方式、硬度值等。

④ 装配特征:描述有关零部件装配的信息,如零件的配合关系、装配关系等。

⑤ 管理特征:描述与零件管理有关的信息,如标题栏和各种技术要求等。

在所有的特征中,形状特征是描述零件或产品的最主要的特征,它是其他特征的基础。根据形状特征在构造零件中所发挥的作用不同,可分为主形状特征和辅助形状特征。除以上特征外,针对箱体类零件还要提出方位特征,即零件各表面的方位信息的集合,如方位标志、方位面外法线与各坐标平面的夹角等。另外,有时为了信息处理需要,将精度特征、材料特征、技术特征、装配特征等这些与加工工艺相关的特征统称为工艺特征,工艺特征中还要提出尺寸链特征,即反映尺寸链信息的集合。

(3) 形状特征的分类

图 5-15 所示为零形状特征的分类。

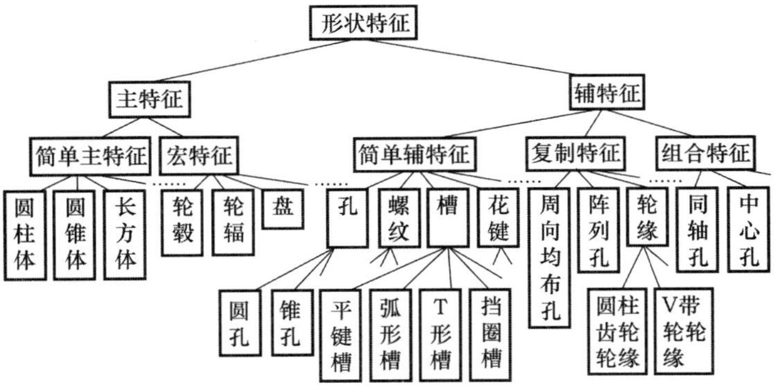

图 5-15　零件形状特征的分类

（1）主特征。主特征用来构造零件的基本几何形体，根据特征形状的复杂程度又可分为简单主特征和宏特征两类：

① 简单主特征主要指圆柱体、圆锥体、长方体、圆球、球缺等简单的基本几何形体。

② 宏特征指具有相对固定的结构形状和加工方法的形状特征，其几何形状比较复杂，而又不便于进一步细分为其他形式特征的组合。如盘类零件、轮类零件的轮辐和轮毂等，基本上都是由宏特征及附加在其上的辅助特征（如孔、槽等）构成。定义宏特征可以简化建模过程，避免各个表面特征的分别描述，并且能反映出零件的整体结构、设计功能和制造工艺等。

（2）辅特征。辅特征是依附于主特征之上的几何形状特征，是对主特征的局部修饰，反映了零件几何形状的细微结构，如螺纹、花键、V 形槽、T 形槽、U 形槽等。辅特征依附于主特征，也可依附于另一辅特征，从而形成不同的几何形体。例如，若将螺纹特征附加在主特征外圆柱体上，则可形成外圆柱螺纹；若将其附加在内圆柱面上，则形成内圆柱螺纹。同理，花键也相应可形成外花键和内花键。这样，无须逐一描述内螺纹、外螺纹、内花键和外花键等形状特征，从而避免了由特征的重复定义而造成特征库数据的冗余现象。

（3）组合特征。指由一些简单辅特征组合而成的特征，如中心孔、同轴孔等。

（4）复制特征。指由一些同类型辅特征按一定的规律在空间的不同位置上复制而成的形状特征，如周向均布孔、矩形阵列孔、油沟密封槽、轮缘（如 V 带轮槽等）。

2. 特征建模的特点

特征建模着眼于表达产品完整的技术和生产管理信息，且这种信息涵盖了与产品有关的设计、制造等各个方面，为建立产品模型统一的数据库提供了技术基础。特征建模可使产品的设计与生产准备同时进行，从而加强了产品的设计、分析、工艺准备、加工与检验等各部门间的联系，更好地将产品的设计意图传达到后续环节，为基于统一产品信息模型的新产品进行 CAD/CAE/CAPP/CAM 的集成创造了条件。

特征建模使产品设计工作得到了改进。设计人员面对的不再是点、线、面、实体，而是产品的功能要素，如定位孔、螺纹孔、键槽等，因而能使设计者利用特征的引用直接去体现设计意图，进行创造性的设计。

5.3.2 特征间的关系及其描述

1. 特征之间的关系

组成零件的所有特征不是孤立的，它们之间存在各种相互依存的关系。从零件设计时的毛坯基特征开始，随着设计过程的开展，各类特征有序添加，添加的特征将被已有特征约束。通常，特征间的关系可分为以下几种类型：

（1）继承关系。继承关系构成特征之间的层次联系，位于层次上级的称为超类特征，位于层次下级的称为亚类特征。亚类特征可继承超类特征的属性和方法。

（2）邻接关系。反映形状特征之间的相互位置关系。构成邻接联系的形状特征之间的邻接状态可共享，例如，一根阶梯轴，每相邻两个轴段之间的关系就是邻接关系，其中每个邻接面的状态可共享。

（3）从属关系。描述形状特征之间的依从或附属关系。从属的形状特征依赖于被从属的形状特征而存在，如倒角附属于圆柱体等。

(4) 引用关系。描述形状特征之间作为关联属性而相互引用的联系。引用关系主要存在于形状特征对精度特征、材料特征的引用中。

2. 特征关系的描述

特征间通过面构成空间邻接关系，同时特征面也是加工及检测刀具和量具的接近表面。特征面的计算机内部表示方式应保证应用系统能快速、准确、简便地进行数据操作，一般采用关系表格记录。如图 5-16 所示的零件由 4 个形状特征组成，即毛坯 A、槽 B、槽 C 和通孔 D。其各特征之间的关系是通过约束面和基准面建立的，其中约束面一般表示为加工中的切入面、切出面和特征附着面，基准面为加工中的定位基准或测量中的尺寸基准面。数据结构采用双向链表：

(1) 毛坯 A 由 $F_1 \sim F_6$ 组成；

(2) 槽 B 由面 F_7、F_8、F_9 组成，约束面是 B_1、B_2、B_3，基准面是 F_4；

(3) 槽 C 由 F_{10}、F_{11}、F_{12}组成，约束面是 C_1、C_2、C_3，基准面是 F_7；

(4) 通孔 D 有 F_{13}组成，约束面是 D_1、D_2，基准面是 F_1、F_{10}。

由图中可见，特征之间通过约束面和基准面指针建立了特征之间的关联。

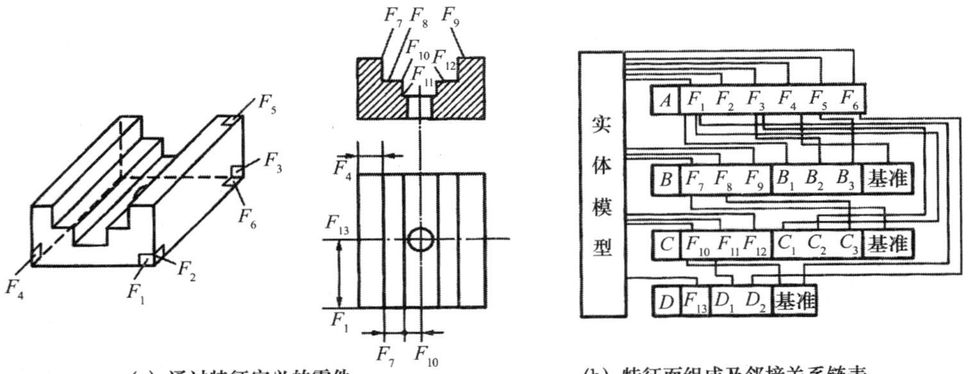

(a) 通过特征定义的零件　　(b) 特征面组成及邻接关系链表

图 5-16　特征面数据结构

5.3.3 常见的特征建模方法

特征建模的方法涉及交互式特征定义、特征识别和基于特征的设计三个方面。

1. 交互式特征定义

这种方法是利用现有的实体建模系统建立产品的几何模型，通过人机交互方式选择集合模型中的相关几何实体，在已有的实体模型上定义特征，将特征参数或精度、技术要求、材料热处理等信息作为属性添加到特征模型中。这种方法简单，但效率低，难以提高自动化程度，实体的几何信息与特征信息间没有必然的联系，难以实现产品数据的共享，人为的错误易于在信息处理中发生。

2. 特征自动识别

将设计的实体几何模型与系统内部预先定义的特征库中的特征进行自动比较，确定特征的具体类型及其他信息，形成实体的特征模型。具体实现步骤如下：

(1) 搜索产品几何数据库，从中找出与其特征匹配的具体类型；

(2) 从数据库中选择并确定已识别的特征信息；

(3) 确定特征的具体参数；

(4) 完成特征几何模型；

(5) 组合简单特征，以获得高级特征。

特征自动识别实现了实体建模中特征信息与几何信息的统一，从而实现了真正的特征建模。特征目标识别一般只对简单形状有效，对复杂的零件有时难于实现。

3. 基于特征的设计

利用系统内已预定义的特征库对产品进行特征建模。设计者直接从特征库中提取特征，在基本毛坯模型上通过增加、删除、编辑修改等运算，最后形成零件模型的设计与定义。目前应用最广的 CAD 系统就是基于特征的设计系统，它为用户提供了符合实际工程的设计概念和方法。

5.3.4 基于特征的零件信息模型

基于特征的零件信息模型的总体结构如图 5-17 所示，它表示了零件信息模型的分层结构，即零件层、特征层和几何层三个层次。

(1) 零件层主要反映零件的总体信息，是关于零件子模型的索引指针或地址；特征层是一系列的特征子模型及其相互关系；

(2) 几何层反映零件的点、线、面的几何/拓扑信息。分析这个模型结构可以知道，零件的几何/拓扑信息是整个模型的基础，同时也是零件图绘制、有限元分析等应用系统关心的对象。

(3) 特征层则是零件模型的核心，特征层中各种特征子模型之间的相互联系反映了特征间的语义关系，使特征称为构造零件的基本单元。该模型可以方便地提供高层次的产品信息，从而支持面向制造的应用系统(CAPP、NC 编程、加工过程仿真)对产品数据的需求。

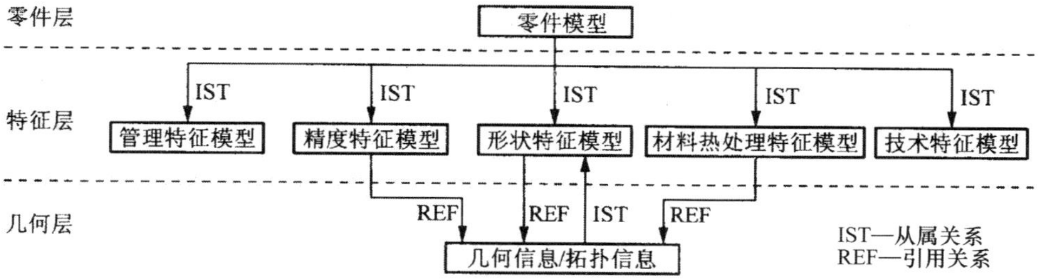

图 5-17　基于特征的零件信息模型的总体结构

第6章 软件工程技术

自从计算机诞生以来，软件工程学科走过了一段曲折的历程。直到20世纪60年代，软件的概念才初步形成，软件的应用领域逐步扩大，软件开发中的诸多问题开始暴露，出现了严重制约软件发展的软件危机。在此基础上，提出了软件工程的概念，软件开发工程化逐步受到重视。

6.1 软件开发遇到的问题

在计算机系统发展的20世纪60年代以前，主要以硬件为主，软件只是为某个具体应用而编写的小程序。1969年IBM公司率先把计算机产品分为硬件和软件，提出软件是产品，是由满足一定要求的，具有可用性、可靠性的程序系统和与之相匹配的文档资料所组成。

进入20世纪60年代以后，各种集成电路大量涌现出来，使计算机的类型越来越多，规模越来越大，应用领域越来越广。因此，对计算机程序的设计需求增加。在这一时期，程序的规模越来越大，结构越来越复杂，而程序设计人员缺乏训练，设计时往往以个人为主。虽有多人合作，但因没有统一的规范和标准，难以融合与交流。出现错误，也难以检查和修改，以致于一些程序最终不可维护。

软件设计在此阶段遇到问题，具体表现在以下几点：

(1) 没有建立统一的质量标准，使软件的质量无法保证，出现错误也难以发现和控制。软件规模越大，隐患越多。

(2) 软件开发完成后，用户往往对其功能不满意。

(3) 软件产品难以维护。软件是开发人员逻辑思维的代码化表示，单人设计，他人往往难以阅读和理解；出现问题，也难以检测和修改。

(4) 缺乏适当的文档资料。文档资料是给开发人员的任务书，是维护人员的技术指导书，是用户的操作说明书。如果这些资料不全，会给软件的维护和使用带来很大困难。

(5) 开发成本难以控制。开发人员对软件整体规划不足，对用户的要求和开发难度估计不准确，造成成本预算追加。

(6) 软件开发周期难以预测。由于开发人员对客户的要求和难度估计不足，在设计中有时遇到意想不到的问题，致使开发周期加长。

消除以上问题，首先应该对计算机软件有一个正确的认识。一个软件必须由一个完整的配置组成。软件是程序、文档、数据的有机集合。程序是完成预定功能和性能的可执行的指令序列;数据是使程序要操作的信息集合;文档是开发、使用和维护程序所需的各种资料。

6.2 软件工程的概念

1968 年秋季,北大西洋公约组织(NATO)科技委员会召开关于规划软件开发的研讨会,第一次提出软件工程(Software Engineering)这个概念,这是软件开发史上重要的里程碑。多年来,经过不断的实践和总结,人们越来越认识到:按照工程化的原则和方法组织软件开发工作,是实现软件产品化的关键。

软件工程的定义是:采用工程的概念、原理、技术和方法,把经过时间考验而证明是正确的管理技术和当前能够得到的最好的技术方法结合起来,用于开发和维护软件。软件工程是一门研究如何用系统化、规范化、数量化等工程原则和方法去进行软件的开发和维护的学科。它包含两方面的内容:软件开发和软件项目管理。软件开发技术包括软件开发过程、软件开发方法和软件开发工具。软件项目管理包括软件度量、项目估算、进度控制、人员组织、配置管理、项目计划等。

软件工程记过 40 多年的发展,其研究和实践取得了长足的进步。

1. 结构化方法

20 世纪 60 年代末到 70 年代中期,在一系列高级语言应用的基础上,出现了结构化程序设计技术,并开发了一些支持软件开发的工具。1968 年荷兰学者 R. W. Dijstra 提出结构化程序设计思想,即通过程序的结构化,控制程序设计复杂性,提高程序的清晰度和可靠性。1973 年,Pascal 语言的设计大师、瑞士苏黎世工学院教授 N. Wirth 在《美国计算机协会通信》杂志上发表题为"通过逐步求精方式开发程序"论文,提出了"结构化程序设计"的方法和步骤,其要点有以下两个:

其一,程序设计是一个由粗到精的"渐进"过程,第一步编出的程序抽象度很高,其后逐渐细化,最后编出可执行的程序。

其二,程序设计不仅包括对控制结构的设计,也包括对数据结构的设计,两者都要进一步细化。

用结构化方法编程,可使程序易读、易写、易调试、易维护,也易于保证程序的正确性及可验证性。这种结构化程序设计方法又称为"自顶向下、逐步求精"的方法,在程序设计领域产生了重大影响,称为程序开发的一个标准方法,并在 Pascal 和 C 语言上得到了充分体现,在后来发展起来的软件工程中获得了广泛的应用。

但是,随着软件系统规模变大,复杂性增加,结构化方法暴露出它的抽象程度不够,不能很好解决动态交互、代码重用和维护等问题的弱点,不能胜任视窗界面的大型应用程序开发。

2. 面向对象方法

进入 20 世纪 90 年代,计算机硬件发展迅猛,而软件开发方法和手段与硬件开发技术的差距却越来越大。传统软件技术的抽象层次越来越难以适应大规模复杂软件系统的要求,因此提高软件开发方法的抽象化程度成为推动软件技术发展的重要因素。

另外,已有的软件是极为重要的资源,但当时尚未很好利用,也使软件技术发展速度受到制约,为此,软件的抽象和重用成了软件开发者必须解决的两个问题。但传统的程序设计方法不能够全面有效地同时支持这两个概念,因而采用新的程序设计方法,即面向对象的方法就成为必然选择。

面向对象的方法是以对象作为最基本的要素来分析和解决问题的。它将计算机里表示的对象与现实世界的对象建立一一对应的关系,不必做任何转换。按照人类认识世界的方法和规律分析和解决问题,这就是面向对象方法的基本出发点。因此,面向对象的概念易于为人们所理解、接收和掌握。

3. 基于组件技术的软件工程

与面向对象技术强调对个体的抽象不同,组件推广了对象封装的内涵,侧重于复杂系统中组成部分的协调关系,强调实体在环境中的存在形式,形成了一个专门的技术领域。

组件是基于面向对象技术的更高级的抽象。它把底层的对象集合打成包,组成功能插件。组件技术的基本思想是将应用软件分解成为一个个独立的单元,将软件开发的过程变成类似于"搭积木"的搭建过程,通过组装不同的软件组件单元来实现软件的集成。应用软件的开发过程就成为各种不同组件的集成过程。

组件具有如下特点:

(1) 组件是具有独立的、被封装好的、具有自描述能力的软件单元。组件包含有运行时所需的数据和方法。组件不依赖于开发语言和开发平台,在二进制代码级上实现重用。

(2) 组件向外部提供定义好的接口,只能通过这些接口来操作组件。用户使用组件提供的功能时,无须知道组件如何实现这些功能。

(3) 组件之间可以交互。交互双方可以在相同的应用程序中、相同的计算机上,也可以在不同的计算机上、不同的操作系统平台上。

(4) 组件本身不是完整的应用程序,组件可以组装成应用程序。组件也可以扩充和修改,可以灵活地相互组合,形成新的功能。在维护和升级一个组件时,不必变动整个应用程序。

6.3 软件开发过程

软件开发过程是为了获得高质量的软件所需完成的一系列任务的框架,它规定了完成各项任务的工作步骤。过程定义了运用方法的顺序、应该交付的文档资料、为保证软件质量和协调变化所需要的管理措施以及标志软件开发各个阶段任务完成的里程碑。

为了清楚直观地表达软件开发过程,常使用软件过程模型。它是软件开发全部过程、活动和任务的结构框架,它能直观表达软件开发全过程,明确规定要完成的主要活动、任务和开发策略。

软件过程模型是软件工程思想的具体化,是在实践中总结出来的软件开发方法和步骤,常用的软件过程模型有如下几种。

1. 瀑布模型

瀑布模型是1970年由W. Royce提出的,它是最早出现的软件开发模型,也是软件工程中应用得最广泛的过程模型。瀑布模型规定了软件生命周期的各个阶段，如同瀑布流水，逐级下落、自上而下、相互衔接的固定次序，如图 6-1 所示。

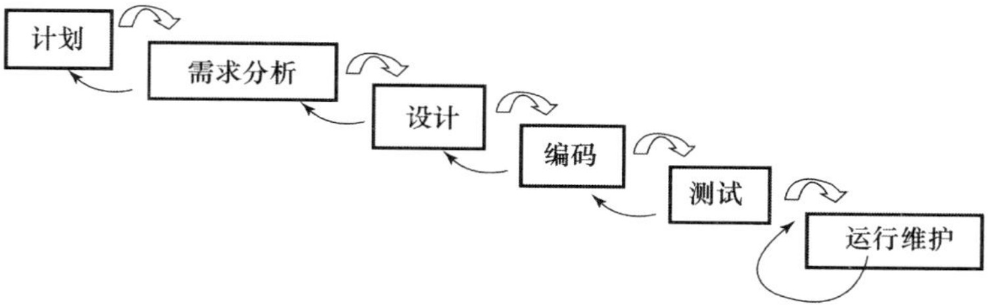

图 6-1　瀑布模型

在瀑布模型中每项开发活动均应具有以下特征：

(1) 上一项活动的结果是下一项活动的输入；

(2) 用这一输入实施该活动应完成的内容和规定的文档；

(3) 给出该项活动的工作成果，作为输出传给下一项活动；

(4) 对该项活动实施的工作进行评审，若其工作得到确认，则继续进行下一项活动，否则返回前项，进行返工。

瀑布模型为软件开发提供了一种有效的管理模式，优点除了阶段间具有顺序性和依赖性外，还体现了推迟实现的观点，即一项互动没有完成之前，下一项活动不允许开始，从而保证在软件开发中能够充分做好前期的分析设计工作，避免仓促编程所造成的一系列问题。每个阶段技术前完成文档的审查，有利于及早改正错误。

但在实际实践中也暴露出瀑布模型的严重缺点，最突出的是无法解决需求不明确的问题，容易在后期出现"问题堆积"，最终可能导致开发出的软件并不是用户真正需要的。

2. 原型模型

与瀑布模型不同，原型模型的第一步是快速建立一个能反映用户主要需求的原型系统，让用户在计算机上试用它，通过实践来了解目标系统的概貌。用户提出修改意见后，开发人员按照用户的意见快速修改原型系统，然后再次请用户试用，直到用户认为这个原型系统确实能做到他们所需要的工作，开发人员便可据此书写规格说明文档，根据这份文档开发出的软件可以满足用户的真实需要，如图 6-2 所示。

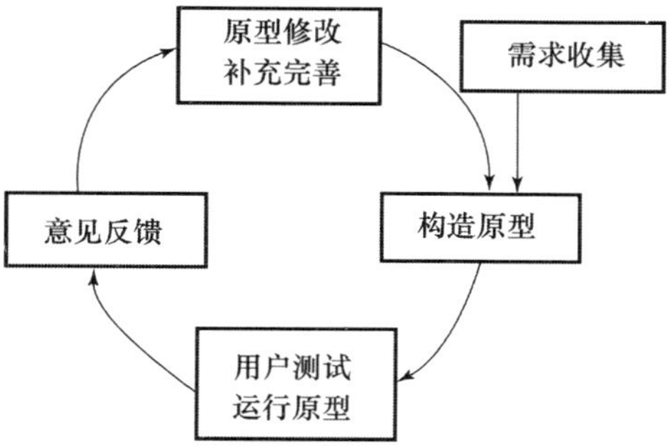

图 6-2　原型模型

原型模型有效地解决了用户说不清需求的问题，原型系统已经通过与用户交互得到了验证，据此产生的规格说明文档正确地描述了用户需求。因此，在开发过程中的后续阶段不会因为发现规格说明文档的错误而进行较大的返工。

3. 螺旋模型

螺旋模型是瀑布模型与原型模型的有机结合，它既有原型模型的迭代特征，又有瀑布模型的系统化特征。此外，螺旋模型还增加了新的模型成分——风险分析。螺旋模型的结构如图 6-3 所示，软件产品的开发过程是经过一次次迭代完成的，每迭代一次，螺旋线就增加一周，软件开发又前进一个层次，系统又生成一个新的版本。

采用瀑布模型或原型模型开发软件时，目标都是一次就把一个满足所有需求的产品提交给用户。螺旋模型则与之相反，它分批地逐步向用户提交产品，软件产品被分解成许多个增量的构件，开发人员一个构件一个构件地向用户提交产品。在较短时间内向用户提交可完成部分工作的产品是该模型的优点之一。

螺旋模型一般被划分为 3～6 个任务区域，图 6-3 所示为一种典型的螺旋模型，图示中各个任务区的活动内容如下。

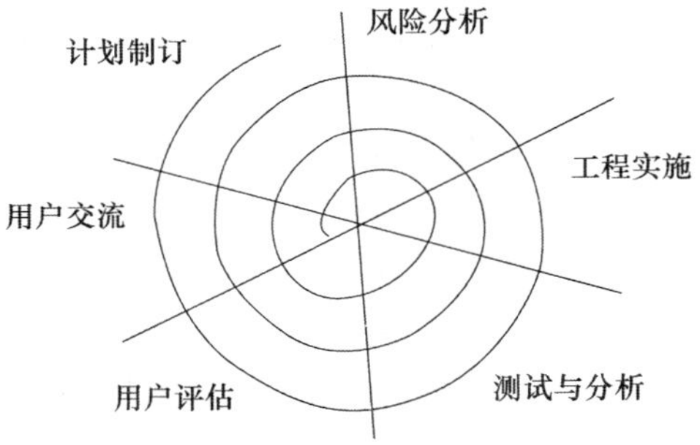

图 6-3 螺旋模型

(1) 用户交流

建立开发者与用户有效交流，不断了解用户确切需要。

(2) 计划制订

确定软件目标，选定实施方案，分析开发限制条件，定义资源和开发进度。

(3) 风险分析

分析所选方案，考虑如何识别风险和消除风险。

(4) 工程实施

进行软件设计，编制软件程序。

(5) 测试与分析

测试原型系统，分析系统性能指标。

(6) 用户评估

评价开发工作，提出修正建议。

6.4　软件生命期

软件生命周期是一个软件从提出开发要求开始直到该软件报废为止的整个时期。它由软件定义、软件开发和软件维护 3 个时期组成，每个时期又进一步划分为若干个阶段。软件定义时期通常分为问题定义、可行性分析和需求分析。软件开发时期的任务是设计和实现在前一个阶段定义的软件，它通常由 4 个阶段组成：概要设计、详细设计、编码和测试。软件维护时期的主要任务是使软件持久地满足用户的需要。

1. 问题定义

问题定义阶段必须回答的关键问题是："要解决什么问题？"，如果不知道要解决的问题是什么，后续的工作是盲目的，最终得到的结果很可能无意义。通过问题定义阶段的工作，系统分析员应该提出关于问题的性质、工作目标和规模的书面报告，并在和使用部门负责人的会议上认真讨论这份书面报告，澄清含糊不清的地方，改正理解不正确的地方，最后得出一份双方满意的文档。

2. 可行性研究

这个阶段的任务不是具体解决问题，而是研究问题的范围，探索这个问题是否值得去解，是否有可行的解决办法。分析员在问题定义阶段的基础上对建议的系统进行市场、经济、技术和法律方面的可行性研究。可行性研究的结果是使部门负责人做出是否继续进行这项工程的决定的重要依据。及时终止不值得的投资工程项目，可以避免更大的浪费。

3. 需求分析

需求分析的任务主要是确定目标系统必须具备哪些功能。因此系统分析员在这个阶段必须和用户密切配合，充分交流信息，以得出经过用户确认的系统逻辑模型。在需求分析阶段结束之前，系统分析员应该写出软件需求规格说明书，以书面形式准确地描述软件需求。

4. 概要设计

经过需求分析阶段的工作，已经清楚了系统必须"做什么"，接下来就是决定"如何做"的问题。首先，应该考虑几种可能的解决方案，系统分析员在充分权衡各种方案利弊的基础上，通常选择性价比较高的一个系统，制订实现所推荐的系统的详细计划。

概要设计的任务是设计软件体系的结构、模块组织、用户界面及数据库，编写概要时间按文档进行评审。

5. 详细设计

概要设计阶段以比较抽象概括的方式提出了解决问题的办法。详细设计阶段的任务就是把解法具体化，这个阶段的任务还不是编写程序，而是设计出程序的详细规格说明。这种规格说明的作用很类似于其他工程领域中工程师经常使用的工程蓝图，它们应该包含必要的细节，程序员可以根据它们写出实际的程序代码。通常用程序流程图、盒图、PAD 图或 PDL 语言（过程设计语言）等描述详细设计的结果。

6. 编码

这个阶段的关键任务是写出正确的、容易理解的、容易维护的程序模块。程序员应该根据目标系统的性质和实际环境，选取一种适当的程序设计语言，把详细设计的结果翻译成用选定语言书写的程序，并且仔细测试编写出的每一个模块。

7. 测试

测试的目的就是在软件投入生产性运行之前，尽可能多地发现软件中的错误。目前软件测试仍然是保证软件质量的关键步骤，它是对软件规格说明、设计和编码的最后复审。

通过对软件测试结果的分析可以预测软件的可靠性；反之，根据对软件可靠性的要求也可以决定测试和调试过程什么时候可以结束。应该用正式的文档资料把测试计划、详细测试方案以及实际测试结果保存下来，作为软件配置的一个组成部分。

8. 软件维护

维护阶段的关键任务是通过各种必要的维护活动使系统持久地满足用户的需要。具体地说，当软件在使用过程中发现错误时应加以改正；当环境改变时应修改软件以适应新的环境；当用户有新要求时应该及时改进软件以满足用户的新需求。

第7章
虚拟样机仿真分析实例

7.1 ADAMS 建模基础

虚拟样机技术是随着计算机技术的发展而迅速发展起来的一项新生的工程技术。借助于这项技术，工程师可以在计算机上建立机械系统的模型，伴之以三维可视化处理，模拟在现实环境下系统的运动学和动力学特性，并根据仿真结果对整个系统进行不断改进，直到获得最优设计方案。这将极大缩短产品的开发周期，节约产品的开发成本。目前，国外虚拟样机相关技术软件的商业化过程已经完成。

美国 MSC 公司开发的 ADAMS(Automatic Dynamic Analysis of Mechanical System)软件，是世界上最具权威性的，使用范围最广的机械系统动力学分析软件。工程设计人员利用 ADAMS 软件建立和测试虚拟样机，实现在计算机上仿真分析复杂机械系统的运动学和动力学性能。由于 ADAMS 具有通用、精确的仿真功能，方便、友好的用户界面和强大的图形动画显示能力，从简单的连杆机构、齿轮机构到复杂的车辆、飞机、卫星，都可以利用 ADAMS 进行仿真，所以该软件已在全世界数以千计的著名大公司中得到成功的应用。

ADMAS 软件由若干模块组成，分为核心模块、功能扩展模块、专业模块、接口模块、工具箱 5 类，其中核心模块为用户界面模块(ADAMS/View)、求解器模块(ADAMS/Solver)和专业后处理模块(ADAMS/Postprocessor)。如图 7-1 所示。

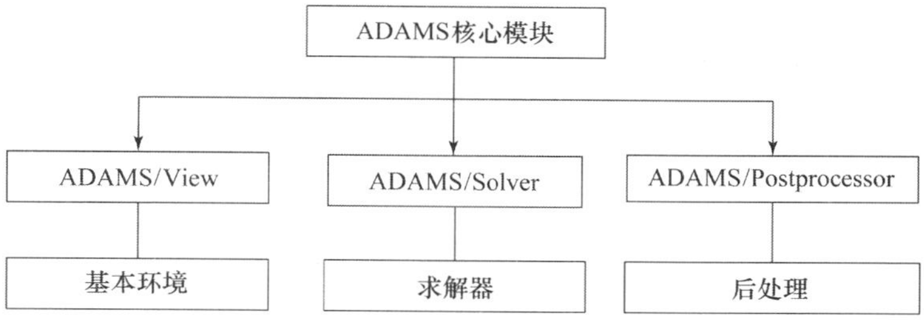

图 7-1　ADAMS 主要模块

ADAMS / View 是以用户为中心的交互式图形环境，给用户提供了丰富的零件几何图形库，同时模块还提供了完整的约束库和力/力矩库，使得建模工作快速。使用 ADAMS / View 能方便地编辑模型数据，并将模型参数化，用户能方便地进行优化设计。ADAMS / View 有自己的高级编程语言，具有强大的二次开发功能，用户可实现操作界面的定制。

ADMAS/Solver 是 ADAMS 产品系列中处于心脏地位的仿真"发动机"，能自动形成机械系统模型的动力学方程，提供静力学、运动学和动力学的解算结果。用户除输出软件定义的位移、速度、加速度和约束反力外，还可输出自己定义的数据。ADMAS/Solver 具有强大的二次开发功能，可按用户需求定制求解器，极大满足用户的不同需要。

ADAMS/Postprocessor 模块主要用来输出高性能的动画和各种数据曲线，使用户可以方便而快捷地观察、研究 ADAMS 的仿真结果。该模块既可以在 ADAMS / View 环境中运行，也可脱离 ADAMS / View 环境独立运行。

利用 ADAMS 软件进行虚拟样机设计的过程如下：

(1) 启动 ADAMS/View 程序，设置工作环境。

(2) 创建样机几何模型。既可以在 ADMAS 软件中直接创建几何模型，也可以从其他 CAD 软件中传过来几何模型。

(3) 添加样机约束副。ADAMS 提供了多种类型的约束。通过约束副的使用把样机几何模型连接起来，并确定构件之间的相对运动。

(4) 添加样机运动和动力。ADAMS 提供了完整的运动工具库和力工具库。

(5) 样机仿真分析。在完成以上步骤后，进行运动仿真测试，所得的测试结果就是机械系统工作过程的实际运动情况。

(6) 参数测量。ADAMS 可以对对象的位置、速度、加速度以及点的方向和角度进行测量。ADAMS 可以自动进行多次仿真，每次仿真通过改变模型的设计变量，按照一定的算法找到系统设计的最优方案。

7.2 连杆机构的建模与仿真分析实例

例 7-1 如图 7-2 所示为曲柄摇杆机构。已知各杆的长度为 $l_1=180$ mm，$l_2=300$ mm，$l_3=320$ mm，$l_4=350$ mm，曲柄 1 匀速转动的角速度为 $\omega_1=30°/s$。试求：

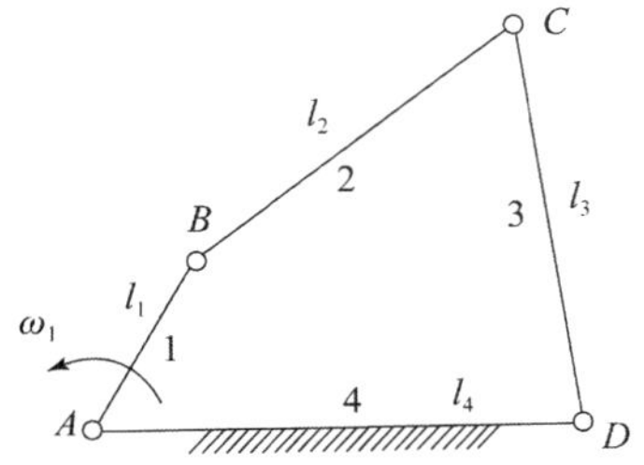

图 7-2 曲柄摇杆机构运动简图

(1) 创建该机构的虚拟样机模型；

(2) 分析摇杆 3 的运动。

1. *启动 ADAMS/View 程序*

(1) 双击桌面上 ADAMS/View 的快捷按钮，或从开始菜单中启动 ADAMS/View 后，出现如图 7-3 所示的启动窗口。

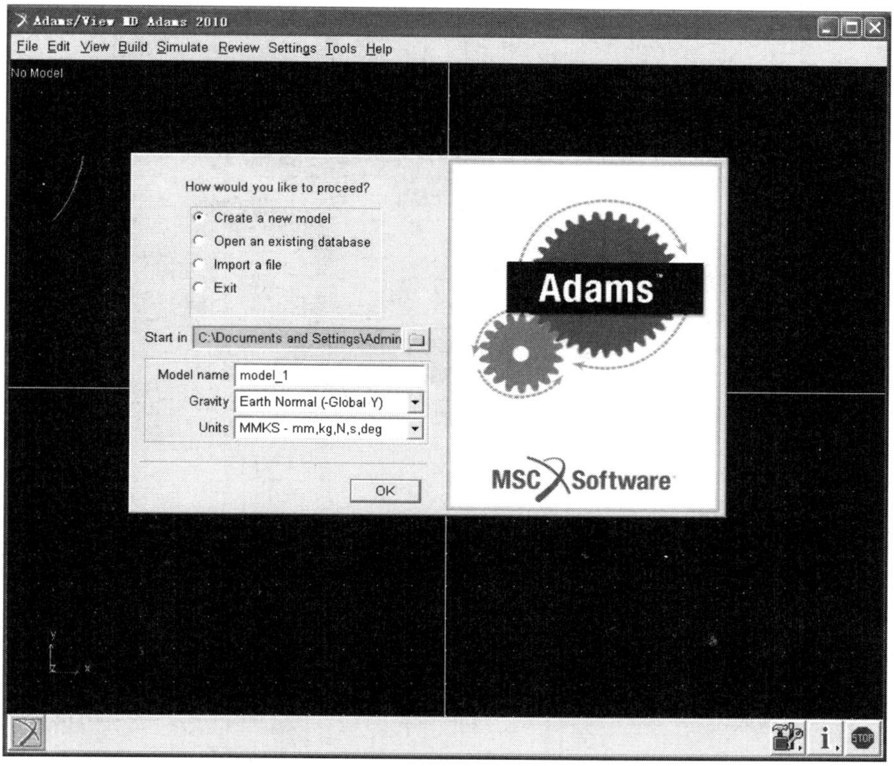

图 7-3　ADAMS/View 的启动窗口

(2) 在启动窗口选择“Create a new model”，创建一个新的样机模型。

(3) 在 Model name 栏中输入曲柄摇杆机构的名称：crank_rocker_mechanism。

(4) 其他各栏取默认设置。单击 OK 按钮，就会进入 ADAMS/View 的工作环境，如图 7-4 所示。

2. *设置工作环境*

在 ADAMS/View 中创建模型，首先要设置工作环境。

(1) 重力设置

在图 7-3 启动窗口中，Gravity 选项栏默认设置为“Earth Normal(-Global Y)”，也可以在图 7-4 所示 ADAMS/View 工作环境中，在(Settings)菜单栏中，选择“Gravity…”命令，系统弹出重力设置对话框，数值设置如图 7-5 所示，最后单击 OK 按钮，完成重力设置。

(2) 单位设置

在图 7-3 启动窗口中，Units 栏默认设置为 MMKS，也可以在图 7-4 所示 ADAMS/View 工作环境中，在(Settings)菜单栏中，选择“Units…”命令，系统弹出单位设置对话框，如图 7-6 所示，单击 MMKS 按钮。最后单击 OK 按钮，完成单位设置。

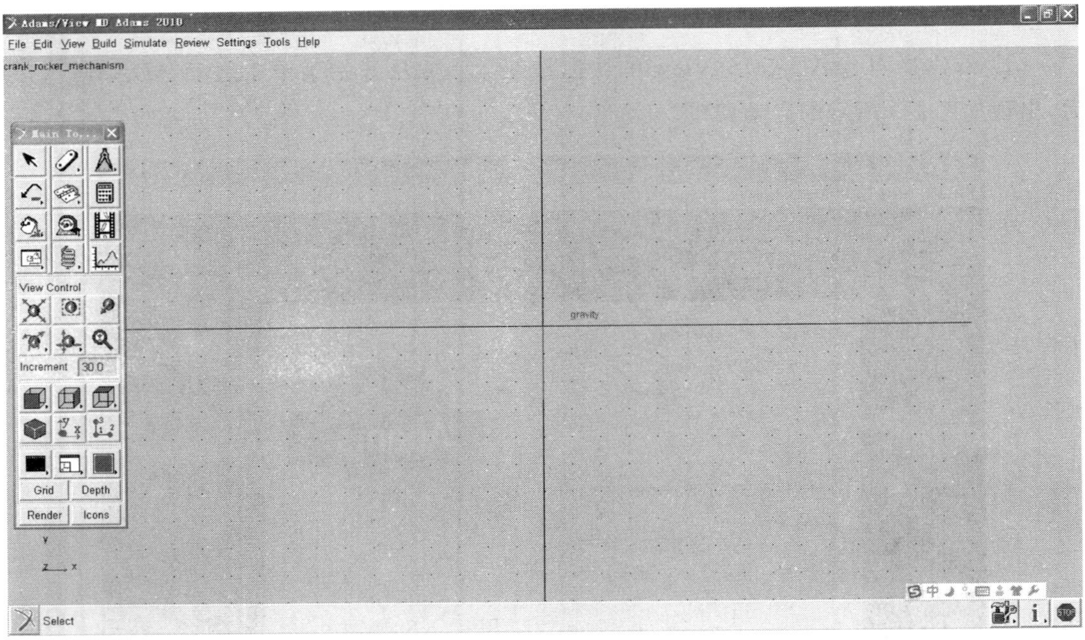

图 7-4 ADAMS/View 的工作环境

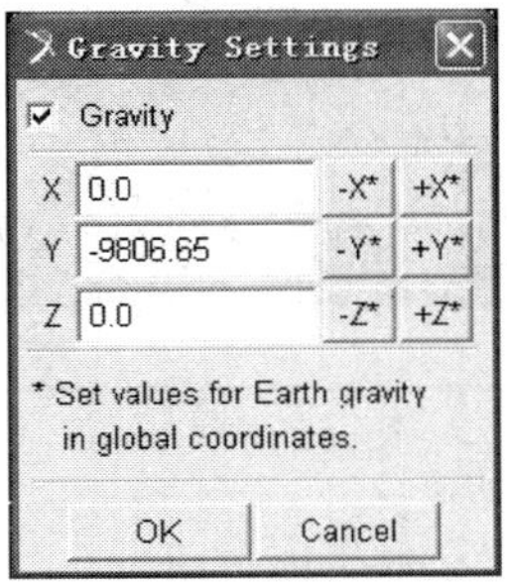

图 7-5 “重力设置”对话框

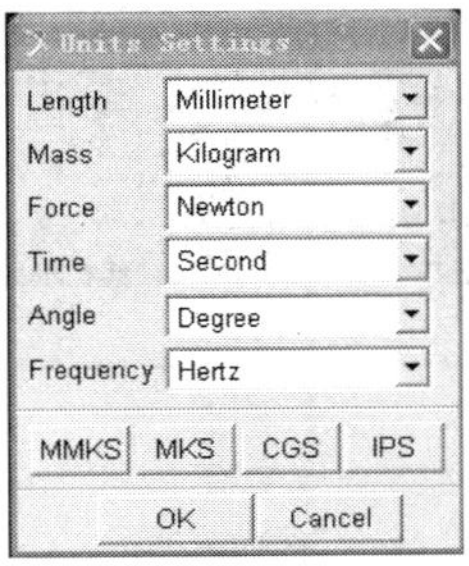

图 7-6 “单位设置”对话框

(3) 工作网格设置

在(Settings)菜单栏中，选择“Working Grid”命令，系统弹出工作网格设置对话框，如图 7-7 所示，将网格的大小(Size)设置为 500 mm×400 mm，将网格的间距(Spacing)设置为 10 mm×10 mm，其他各项取默认设置。单击 OK 按钮，完成工作网格设置。

(4) 按钮设置

在(Settings)菜单栏中，选择“Icons…”命令，系统弹出按钮设置对话框，如图 7-8 所示，在 New Size 栏中输入 20，单击 OK 按钮，完成按钮设置。

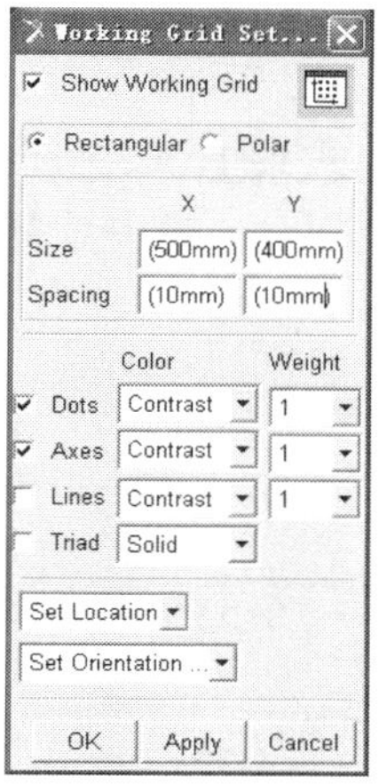

图 7-7　“工作网格设置”对话框

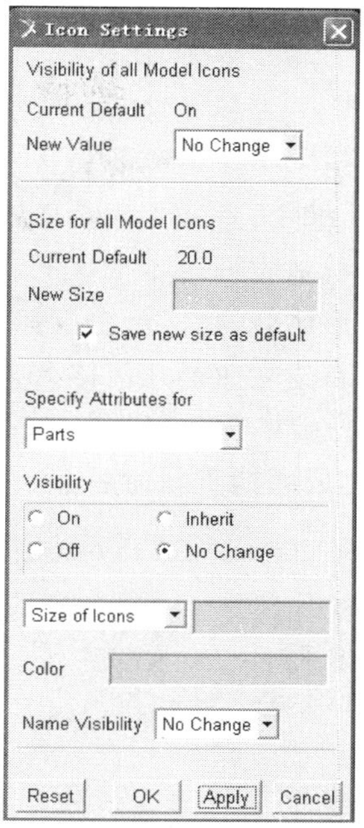

图 7-8　“按钮设置”对话框

(5) 光标位置显示

单击工作区域，然后按 F4 功能键，或在(View)菜单栏中，选择“Coordinate Window F4”命令，即可打开光标的坐标位置视窗，如图 7-9 所示。

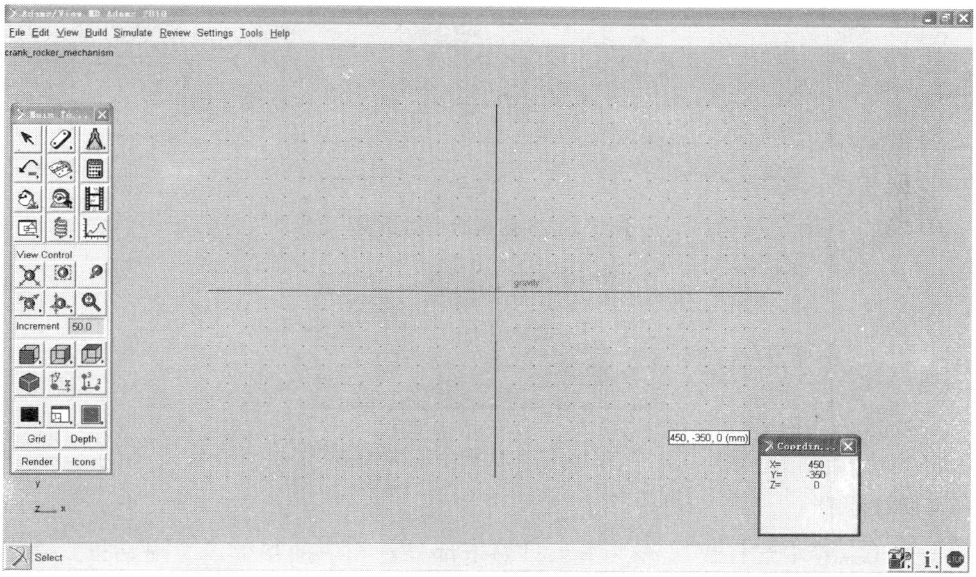

图 7-9　光标位置视窗

3. 创建机构几何模型

(1) 创建曲柄

单击主工具箱中连杆按钮，主工具箱下部显示相应的参数设置对话框。如图 7-10 所示，在设置对话框中，选取“New Part”，选中长度 Length 复选框，并在其后编辑框输入(180mm)。将光标放在屏幕工作区的(0,0,0)位置后按下左键，然后向右上方移动光标，当出现连杆的几何形体后，再次单击鼠标，即可创建曲柄。

将光标移至新建立曲柄几何体上，右击鼠标，出现弹出式菜单，依次选择“Part:PART_2”→“Rename”，弹出如图 7-11 所示重命名对话框，在 New Name 栏中重新输入 Crank。单击 OK 按钮，完成曲柄重新命名。

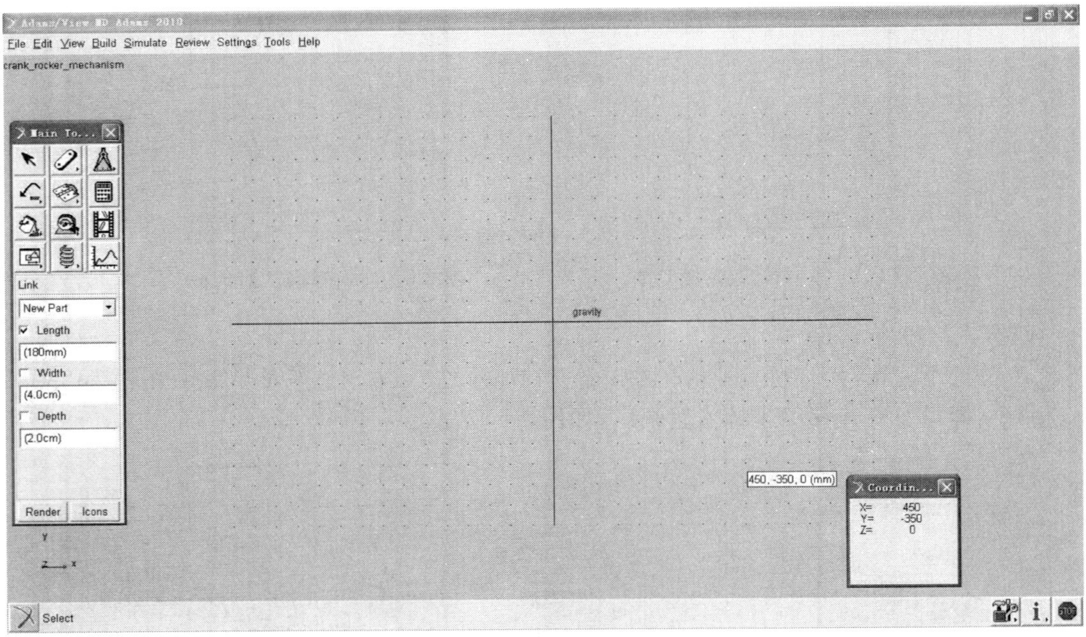

图 7-10 “创建曲柄对话框”

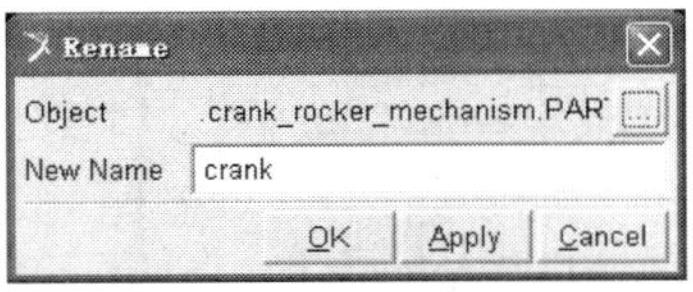

图 7-11 “曲柄重命名”对话框

(2) 创建连杆

单击主工具箱中连杆按钮，主工具箱下部显示相应的参数设置对话框。在设置对话框中，选取“New Part”，选中长度 Length 复选框，并在其后编辑框输入(300 mm)，然后将光标放置在 crank. MARKER_2 位置后按下左键，然后向右上方移动光标，当出现连杆的几何形体后，再次单击鼠标，即可创建连杆。

将光标移至新建立连杆几何体上，右击鼠标，出现弹出式菜单，依次选择“Part：PART_3”→“Rename”，弹出重命名对话框，在 New Name 栏中重新输入 Link。单击 OK 按钮，完成连杆重新命名。

(3) 创建摇杆

单击主工具箱中连杆按钮，主工具箱下部显示相应的参数设置对话框。在设置对话框中，选取“New Part”，选中长度 Length 复选框，并在其后编辑框输入(320 mm)，然后将光标放在屏幕工作区的(350,0,0)位置后按下左键，然后向左上方移动光标，当出现连杆的几何形体后，再次单击鼠标，即可创建摇杆。

将光标移至新建立摇杆几何体上，右击鼠标，出现弹出式菜单，依次选择“Part：PART_4”→“Rename”，弹出重命名对话框，在 New Name 栏中重新输入 Rocker。单击 OK 按钮，完成摇杆重新命名。

至此，已在 ADAMS/View 中完成连杆机构中曲柄、连杆、摇杆的创建，如图 7-12 所示。

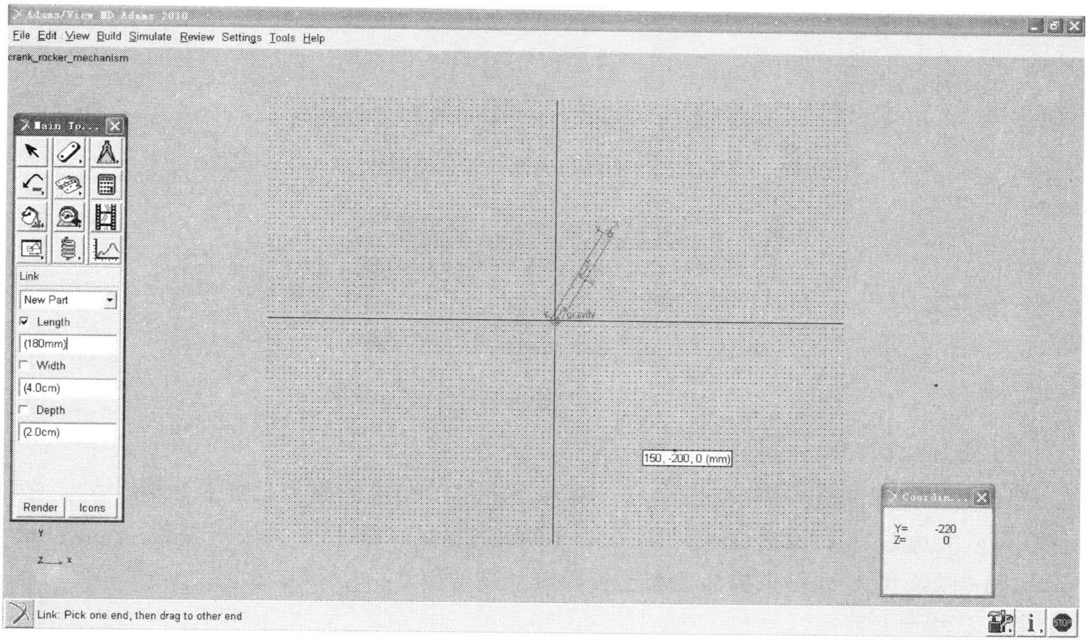

图 7-12　连杆机构几何模型

4. 添加约束副

(1) 添加曲柄和大地间的转动副

单击主工具箱中转动副按钮，主工具箱下部显示相应的参数设置对话框。在设置对话框中，依次选取“1-Location”、“Normal to Grid”，如图 7-13 所示，在屏幕工作区选取连杆下端点 crank. MARKER_1，即可完成曲柄和大地间转动副的创建。

将光标移至新建立转动副上，右击鼠标，出现弹出式菜单，依次选择“Joint：JOINT_1”→“Rename”，弹出重命名对话框，如图 7-14 所示，在 New Name 栏中重新输入 JOINT_A。单击 OK 按钮，完成转动副重新命名。

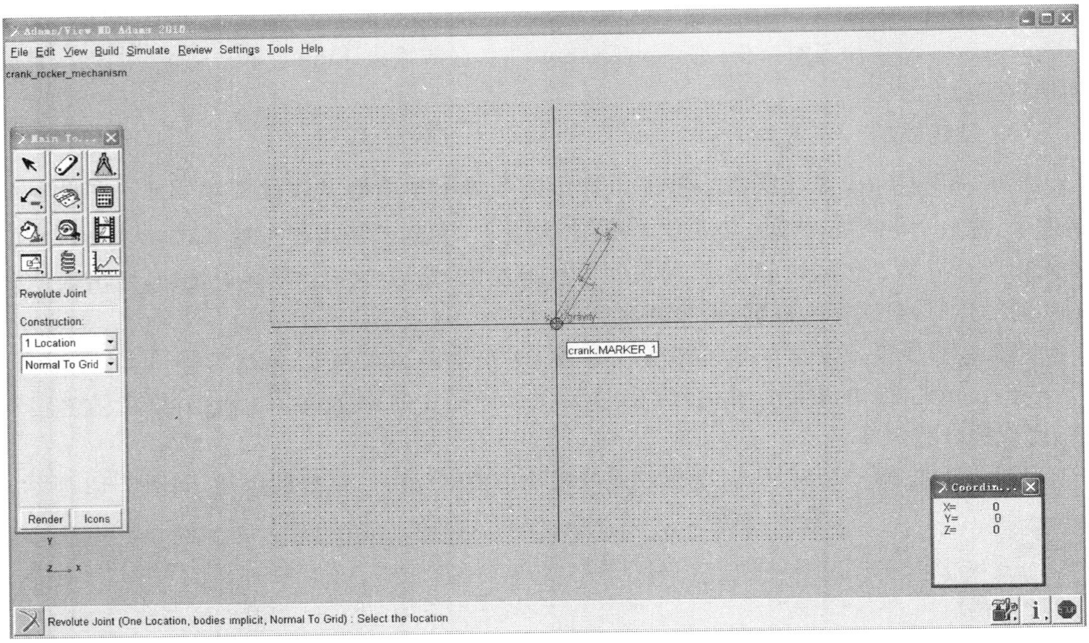

图 7-13　曲柄与大地的转动副创建

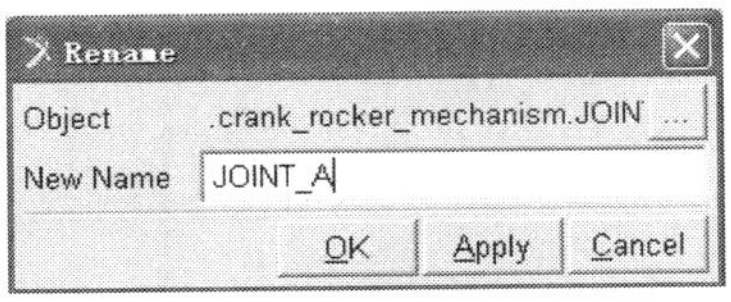

图 7-14　“转动副重命名”对话框

（2）添加曲柄和连杆间的转动副

单击主工具箱中转动副按钮，主工具箱下部显示相应的参数设置对话框。在设置对话框中，依次选取“2 Boy-1 Loc”、“Normal to Grid”，在屏幕工作区依次选取 crank、link、crank. MARKER_1，即可完成曲柄和连杆间转动副的创建。

将光标移至新建立转动副上，右击鼠标，出现弹出式菜单，依次选择“Joint:JOINT_2”→“Rename”，弹出重命名对话框，在 New Name 栏中重新输入 JOINT_B。单击 OK 按钮，完成转动副重新命名。

（3）添加连杆和摇杆间的转动副

单击主工具箱中转动副按钮，主工具箱下部显示相应的参数设置对话框。在设置对话框中，依次选取“2 Boy-2 Loc”、“Normal to Grid”，在屏幕工作区依次选取 Link、Rocker、Link. MARKER_4，Rocker. MARKER_6 即可完成连杆和摇杆间转动副的创建。

将光标移至新建立转动副上，右击鼠标，出现弹出式菜单，依次选择“Joint:JOINT_3”→“Rename”，弹出重命名对话框，在 New Name 栏中重新输入 JOINT_C。单击 OK 按钮，完成转动副重新命名。

（4）添加摇杆和大地间的转动副

单击主工具箱中转动副按钮，主工具箱下部显示相应的参数设置对话框。在设置对话框中，依次选取“1-Location”、“Normal to Grid”，在屏幕工作区选取下端点 Rocker.MARKER_5，即可完成摇杆和大地间转动副的创建。

将光标移至新建立转动副上，右击鼠标，出现弹出式菜单，依次选择“Joint:JOINT_4”→“Rename”，弹出重命名对话框，在 New Name 栏中重新输入 JOINT_D。单击 OK 按钮，完成转动副重新命名。

至此，如图 7-15 所示，已在 ADAMS/View 中完成连杆机构中构件之间运动副的创建。

5. *添加运动*

单击主工具箱中旋转关节运动按钮，主工具箱下部显示相应的参数设置对话框。在 Speed 栏后编辑框中输入 30，然后在屏幕工作区依次选取曲柄和大地的转动副 JOINT_A，即可完成以曲柄为原动件的运动添加，并且转动速度为 $\omega_1=30°/s$。

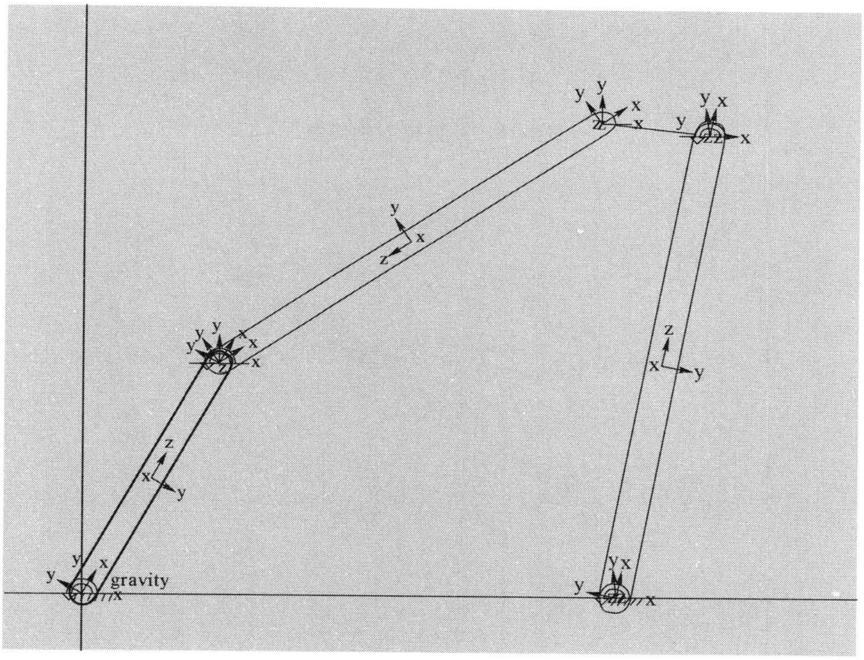

图 7-15　四个转动副的创建

6. *样机仿真分析*

在进行仿真分析之前，可以单击主工具箱下部的 Render 按钮可对各构件进行渲染处理。单击主工具箱中轴测图按钮，可以得到几何模型的轴测图，如图 7-16 所示，单击主工具箱中正视图按钮，返回几何模型的正视图，如图 7-17 所示，如果在主工具箱没有或等按钮时，用鼠标单击主工具箱中左上角选择按钮即可出现。

单击主工具箱中仿真控制按钮，主工具箱下部显示相应的参数设置对话框。设置 Default，End time=12.0，steps=100。单击开始仿真按钮进行仿真分析。

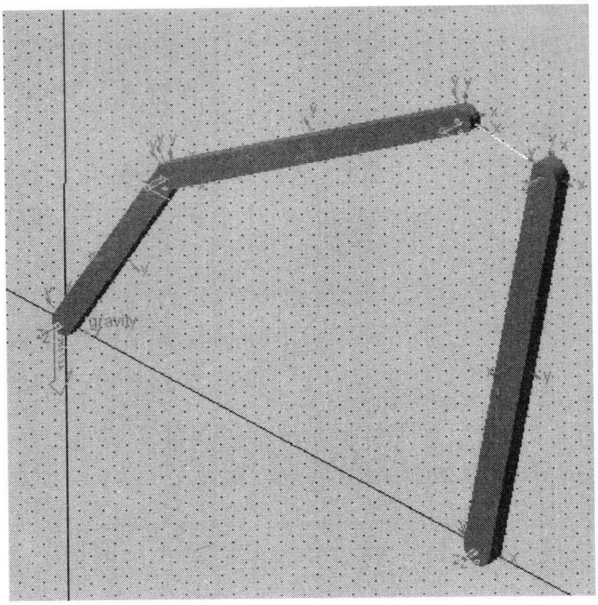

图 7-16　几何模型轴测图

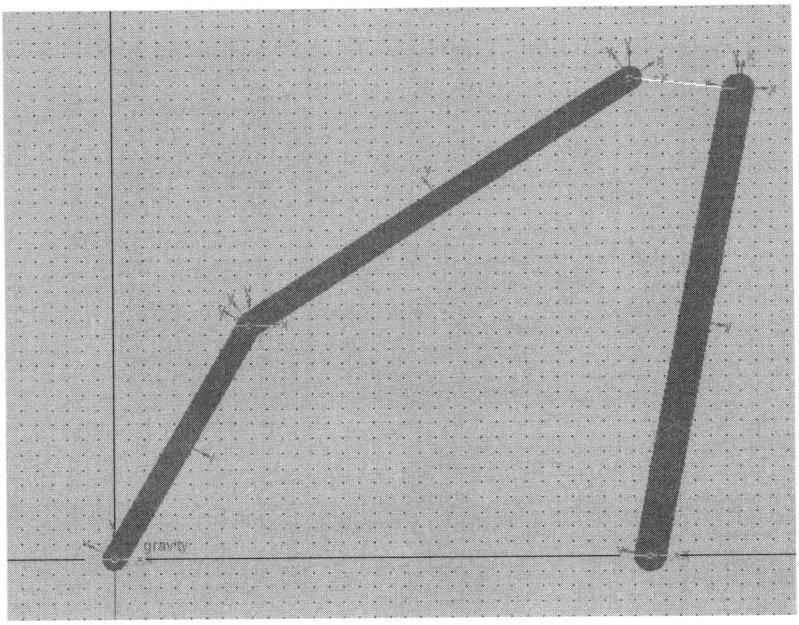

图 7-17　几何模型正视图

对几何模型进行仿真后，单击主工具箱中动画播放按钮，主工具箱下部显示播放动画的各种按钮，包括后退播放按钮、停止播放按钮、向前播放按钮、复位按钮、单帧向前播放按钮 +1 以及单帧后退播放按钮 -1 。如果选中 Loop 前面的复选框，动画将循环播放。

7. 参数测量

(1) 曲柄、摇杆旋转角度测量

右击主工具箱中连杆按钮，弹出零件库，如图 7-18 所示。单击标记点按钮，主工具箱下部显示相应的参数设置对话框，如图 7-19 所示，依次选择“Add to Ground”、“Global XY”，然后将光标放在屏幕工作区的(450,0,0)位置后按下左键，在大地上创建一个标记点 MARKER_18。

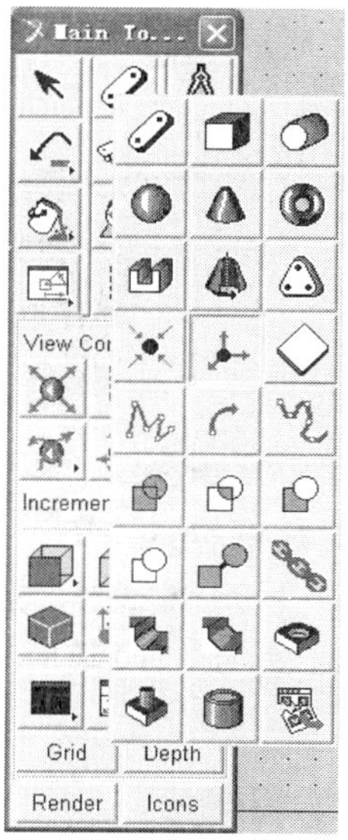

图 7-18　几何模型工具库

图 7-19　“标记点创建”对话框

在(Build)菜单栏中，依次选择“Measure”→“Angle”→“New”，系统弹出角度测量对话框，在 Measure Name 栏中重新输入 MEA_ANGLE_1。将光标移至 First Marker 后的编辑框中，右击激活弹出式菜单，如图 7-20 所示，依次选择“Marker”→“Pick”，然后将光标放在屏幕工作区的标记点 MARKER_18 位置后按下左键，选择第一点。同理，Middle Marker 选取 Crank 与大地的铰结点 MARKER_1，Last Marker 选取 Crank 与 Linker 的铰结点 MARKER_2，如图 7-21 所示。单击 OK 按钮，系统自动生成曲柄的角位置(度)随时间(秒)变化的曲线，如图 7-22 所示。

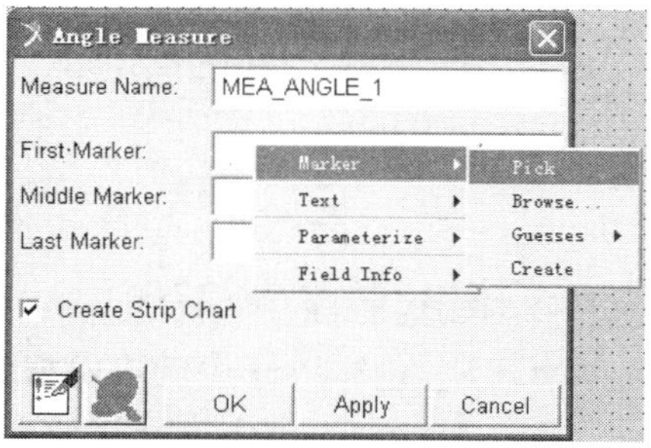

图 7-20　“曲柄角度测量”对话框

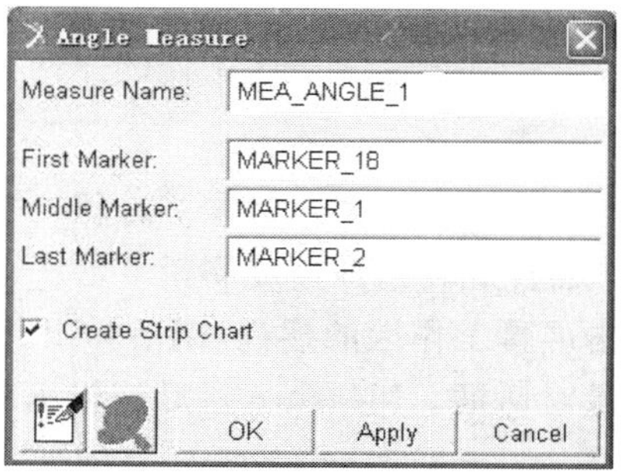

图 7-21　曲柄角度测量标记点选取

按同样方法，在摇杆角度测量对话框中，First Marker、Middle Marker、Last Marker 依次选取 MARKER_18、Rocker 与大地的铰接点 MARKER_5、Rocker 与 Linker 的铰接点 MARKER_6，系统自动生成摇杆的角位置（度）随时间（秒）变化的曲线，如图 7-23 所示。

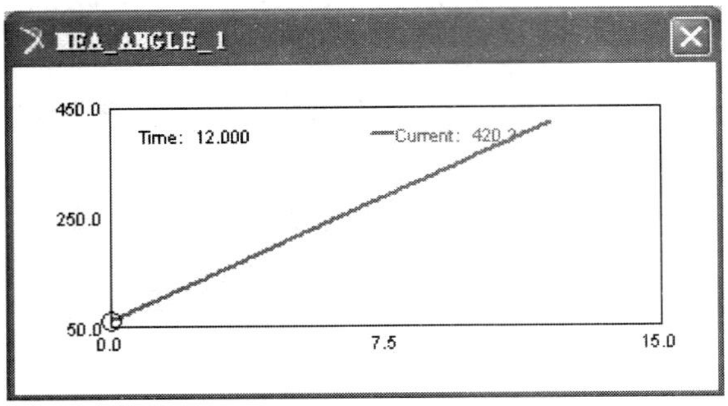

图 7-22　曲柄角位置曲线

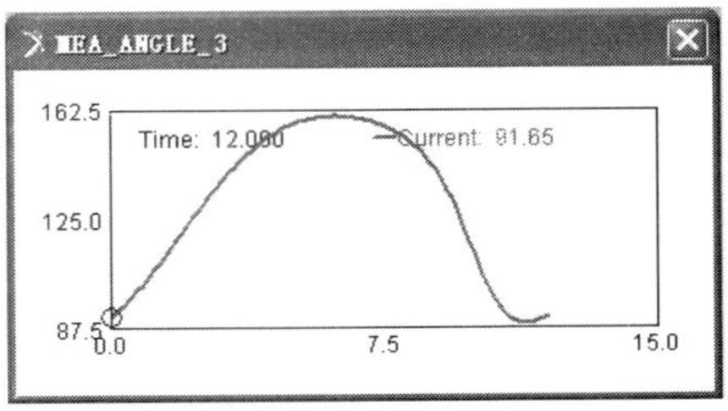

图 7-23　摇杆角位置曲线

（2）摇杆旋转角速度测量

右击屏幕工作区的摇杆，激活弹出式菜单，依次选择“Part：Rocker”→“Measure”，弹出零件测量对话框。设置如图 7-24 所示，Measure 栏后编辑框输入 MEA_ANGLE_V_3，Measure 栏后编辑框默认是 Rocker，Characteristic 后下拉列表框选择 CM angular Velocity，单击 OK 按钮，系统自动生成摇杆的旋转角速度（度/秒）随时间（秒）变化的曲线，如图 7-25 所示。

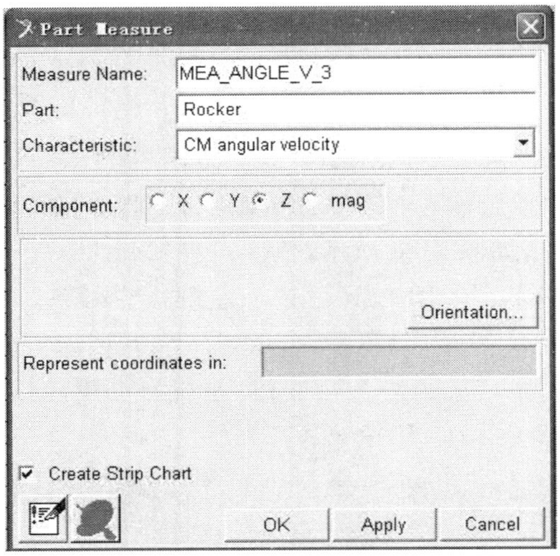

图 7-24　“摇杆角速度测量”对话框

（3）摇杆旋转角加速度测量

右击屏幕工作区的摇杆，激活弹出式菜单，依次选择“Part：Rocker”→“Measure”，弹出零件测量对话框。Measure 栏后编辑框输入 MEA_ANGLE_A_3，Part 栏后编辑框默认是 Rocker，Characteristic 后下拉列表框选择 CM angular acceleration，单击 OK 按钮，系统自动生成摇杆的旋转角加速度（度/秒^2）随时间（秒）变化的曲线，如图 7-26 所示。

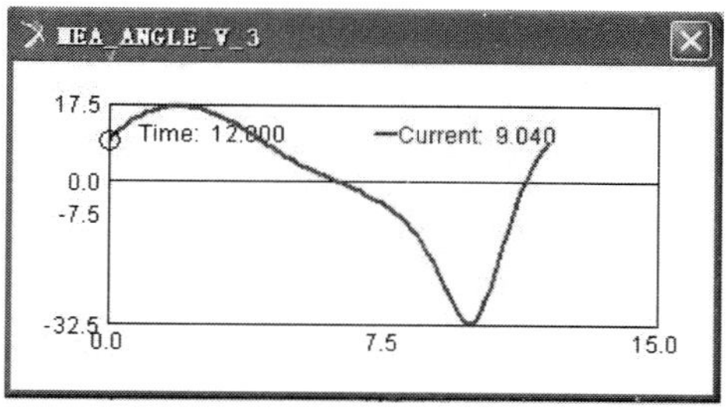

图 7-25　摇杆角速度曲线

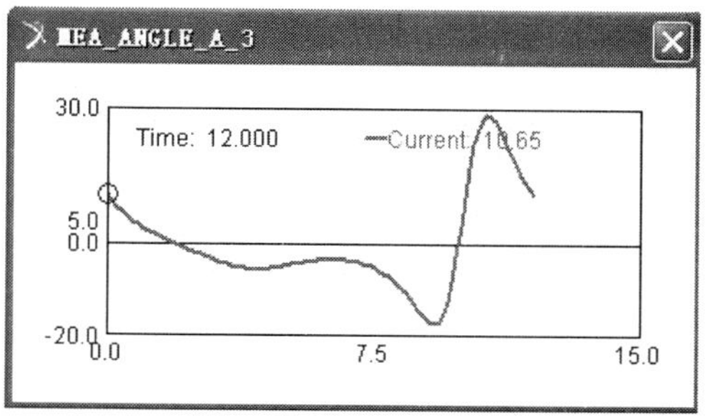

图 7-26　摇杆角加速度曲线

(4) 测量参数后处理

单击主工具箱中绘图按钮，系统弹出 ADAMS/Postprocessor 后处理窗口，如图 7-27 所示。在图 7-22、图 7-23、图 7-25 和图 7-26 中，各参数的测量均以时间为横坐标，下面将讨论如何在后处理窗口创建摇杆角位置、角速度、角加速度相对于曲柄角位置的曲线。

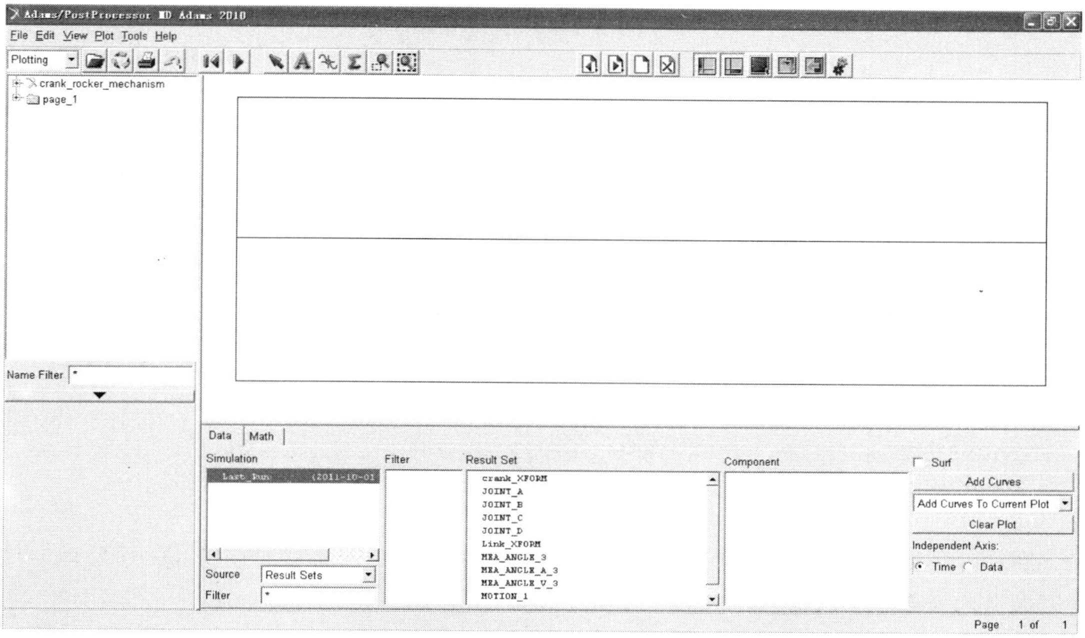

图 7-27　ADAMS/Postprocessor 后处理窗口

在后处理窗口下方的 Source 选项栏选取 Measures。在 Independent Axis 选项栏选取 Data 单选框，系统自动弹出 Independent Axis Browser 对话框，在此对话框的 Measure 选项栏选取 MEA_ANGLE_1，单击 OK 按钮，如图 7-28 所示。之后在后处理窗口 Measure 选项栏选取 MEA_ANGLE_3，单击 Add Curves 按钮，系统自动生成以曲柄角位置为横坐标、摇杆角位置为纵坐标的曲线，如图 7-29 所示。

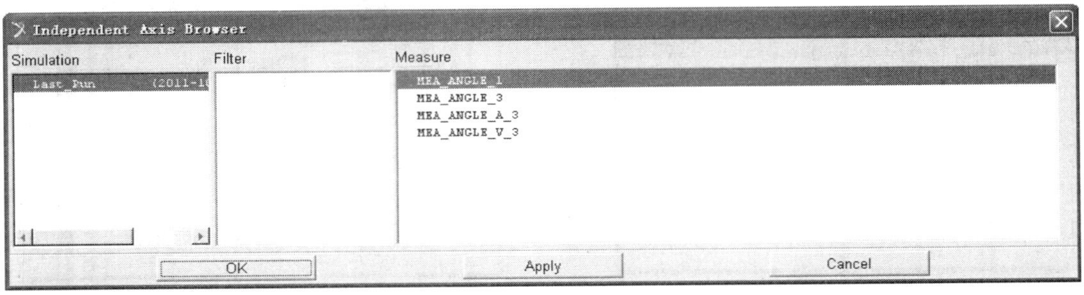

图 7-28 “Independent Axis Browser”对话框

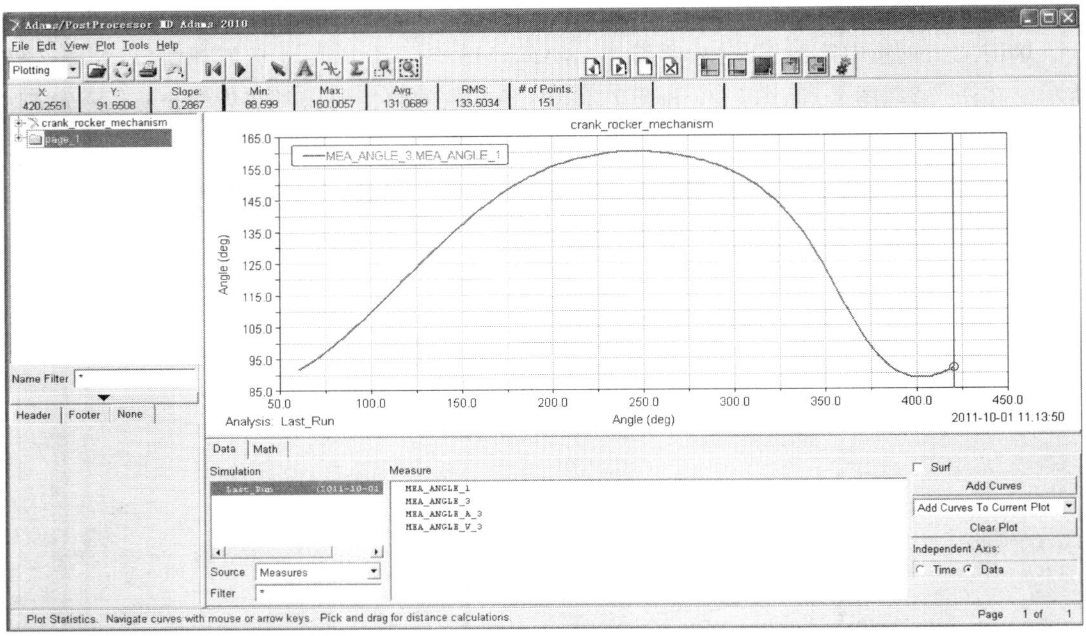

图 7-29 摇杆角位置相对曲柄角位置曲线

在后处理窗口工具栏，右击布局按钮，在弹出窗口中单击 4 视图按钮，后处理窗口绘图区分为 4 个小的区域，布局如图 7-30 所示。

按照摇杆角位置相对曲柄角位置曲线建立方法，在第 2、3 小区域分别创建摇杆角速度、角加速度相对曲柄角位置的曲线。将光标移至第 4 小区域，右击鼠标，在激活弹出式菜单中选择“Load Animation”，连杆机构几何模型将出现在此区域。通过工具栏上的视图调整按钮可对模型大小、位置、视图方向等进行调整。单击工具栏可见切换按钮，得到如图 7-31 所示的测量曲线。单击工具栏返回建模界面按钮，可返回 ADAMS/View 窗口。

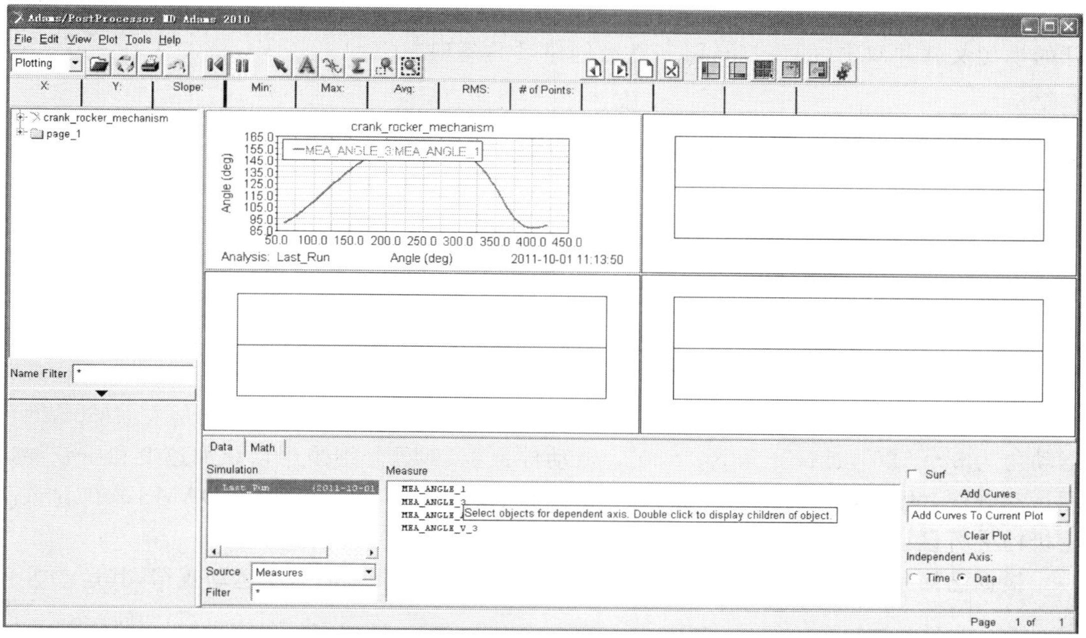

图 7-30　后处理窗口页面布局

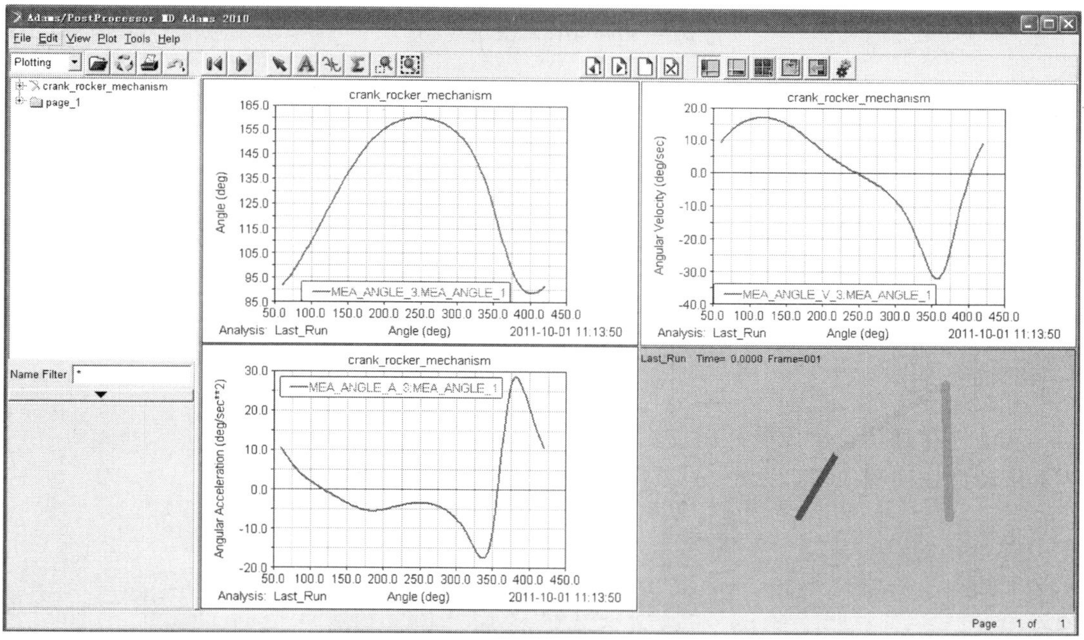

图 7-31　后处理窗口测量曲线

8. 保存模型

在 ADAMS/View 窗口(File)菜单栏中，选择“Save Database”，保存当前模型。在重新启动 ADAMS/View 后，如需打开已经创建过的模型，则需在如图 7-3 所示的启动窗口中选择“Open an existing database”，单击 OK 按钮，在弹出的选择文件对话框中，选择需要打开的模型文件并双击，即可打开原来已经创建过的模型。

7.3　凸轮机构的设计与仿真分析实例

在用 ADAMS/View 进行凸轮机构建模时，首先需要确定从动件的运动规律和凸轮的基本参数，再据此生成凸轮的轮廓曲线。下面以偏置直动尖顶从动件盘形凸轮机构为例进行设计和分析。

例 7-2　已知偏置直动尖顶从动件盘形凸轮机构的凸轮基圆半径 $r_0=100$ mm，从动件偏心距 $e=20$ mm，从动件行程 $h=50$ mm，推程运动角为 $\delta_0=150°$，远休止角 $\delta_{01}=60°$，回程运动角为 $\delta_0'=120°$，近休止角 $\delta_{02}=30°$。从动件推程、回程分别采用余弦加速度和正弦加速度运动规律，凸轮转动的角速度 $\omega=30°/s$，凸轮的转角 $\theta=\omega t$。试利用 ADAMS 软件对该凸轮机构进行设计和模拟仿真。

根据已知条件，从动件在推程阶段（$0\leqslant\theta\leqslant5\pi/6$）采用余弦加速度运动规律，其运动方程为

$$\begin{cases} s = h\left[1-\cos\left(\pi\dfrac{\delta}{\delta_0}\right)\right]/2 \\ v = \pi h\omega\sin\left(\pi\dfrac{\delta}{\delta_0}\right)/(2\delta_0) \\ a = \pi^2 h\omega^2\cos\left(\pi\dfrac{\delta}{\delta_0}\right)/(2\delta_0^2) \end{cases}$$

将 $\delta_0=150°=5\pi/6$，$h=50$ mm，$\delta=\theta$ 代入上式中，得到

$$\begin{cases} s = 25\left[1-\cos\left(\dfrac{6\theta}{5}\right)\right] \\ v = 30\omega\sin\left(\dfrac{6\theta}{5}\right) \\ a = 36\omega^2\cos\left(\dfrac{6\theta}{5}\right) \end{cases} \tag{7-1}$$

从动件在远休止阶段（$5\pi/6\leqslant\theta\leqslant7\pi/6$）运动时，$s=h$，$v=0$，$a=0$。

从动件在回程阶段（$7\pi/6\leqslant\theta\leqslant11\pi/6$）作正弦加速度运动的方程为

$$\begin{cases} s = h\left[1-\dfrac{\delta}{\delta_0'}+\sin\left(2\pi\dfrac{\delta}{\delta_0'}\right)/2\pi\right] \\ v = h\omega\left[\cos\left(2\pi\dfrac{\delta}{\delta_0'}\right)-1\right]/\delta_0' \\ a = -2\pi h\omega^2\sin\left(2\pi\dfrac{\delta}{\delta_0'}\right)/\delta_0'^2 \end{cases}$$

将 $\delta_0'=120°=2\pi/3$，$h=50$ mm，$\delta=\theta-7\pi/6$ 代入上式中，得到

$$\begin{cases} s = 50\left[2.75 - \dfrac{3}{2\pi}\theta + \dfrac{1}{2\pi}\sin(3\theta - 3.5\pi)\right] \\ v = \dfrac{75\omega}{\pi}\left[\cos(3\theta - 3.5\pi) - 1\right] \\ a = -\dfrac{225\omega^2}{\pi}\sin(3\theta - 3.5\pi) \end{cases} \tag{7-2}$$

从动件在近休止阶段($11\pi/6 \leqslant \theta \leqslant 2\pi$)运动时，$s=0, v=0, a=0$。

凸轮旋转一周，从动件位移 s 的运动规律可表示为

$$s = \begin{cases} 25\left[1 - \cos\left(\dfrac{6\theta}{5}\right)\right] & (0 \leqslant \theta \leqslant 5\pi/6) \\ 50 & (5\pi/6 < \theta \leqslant 7\pi/6) \\ 50\left[2.75 - \dfrac{3}{2\pi}\theta + \dfrac{1}{2\pi}\sin(3\theta - 3.5\pi)\right] & (7\pi/6 < \theta \leqslant 11\pi/6) \\ 0 & (11\pi/6 < \theta \leqslant 2\pi) \end{cases} \tag{7-3}$$

将 $\theta = \omega t = \pi t/6$ 带入上式，可得

$$s = \begin{cases} 25\left[1 - \cos\left(\dfrac{\pi t}{5}\right)\right] & (0 \leqslant t \leqslant 5) \\ 50 & (5 < t \leqslant 7) \\ 50\left[2.75 - \dfrac{1}{4}t + \dfrac{1}{2\pi}\sin\left(\dfrac{\pi t}{2} - 3.5\pi\right)\right] & (7 < t \leqslant 11) \\ 0 & (11 < t \leqslant 12) \end{cases} \tag{7-4}$$

下面利用 ADAMS 软件对该凸轮机构进行设计和模拟仿真，其步骤如下。

1. *启动 ADAMS/View 程序*

(1) 双击桌面上 ADAMS/View 的快捷按钮，或从开始菜单中启动 ADAMS/View 后，出现启动窗口。

(2) 在启动窗口选择“Create a new model”，创建一个新的样机模型。

(3) 在 Model name 栏中输入曲柄摇杆机构的名称：cam_mechanism；在 Gravity 栏中选择 Earth Normal(-Global Y)；在 Unit 栏中选择 MMKS-mm、kg、N、s、deg。

(4) 单击 OK 按钮，就会进入 ADAMS/View 的工作环境。

2. *设置工作环境*

(1) 工作网格设置。在(Settings)菜单栏中，选择“Working Grid”命令，将网格的大小(Size)设置为 300 mm×300 mm，将网格的间距(Spacing)设置为 10 mm×10 mm，其他各项取默认设置。单击 OK 按钮，完成工作网格设置。

(2) 按钮设置。在(Settings)菜单栏中，选择“Icons…”命令，系统弹出按钮设置对话框，在 New Size 栏中输入 20，单击 OK 按钮，完成按钮设置。

(3) 光标位置显示。单击工作区域，然后按 F4 功能键，或在(View)菜单栏中，选择“Coordinate Window F4”命令，即可打开光标的坐标位置视窗。

3. 创建机构几何模型

（1）创建尖端移动从动件

右击主工具箱中连杆按钮，弹出零件库，选择圆台，主工具箱下部显示相应的参数设置对话框，如图 7-32 所示，选择“New Part”，然后选中 Length（长度）复选框，并设定为 20 mm，选中 Bottom Radius（底圆半径）复选框，并设定为 10 mm，选中 Top Radius（顶圆半径）复选框，并设定为 1 mm。将光标放置在（0，20，0）位置后单击，向下移动光标至（0，0，0）位置，再次单击，创建出移动从动件的尖端。

右击主工具箱中连杆按钮，弹出零件库，选择圆柱，主工具箱下部显示相应的参数设置对话框，如图 7-33 所示，选择“Add to Part”，然后选中 Length（长度）复选框，并设定为 100 mm，选中 Radius（圆柱半径）复选框，并设定为 10 mm。把光标移至工作区，按提示选中刚创建的圆台，随后将光标放置在（0，20，0）位置后单击，向上移动光标直至出现圆柱体，再次单击，创建出移动从动件的圆柱。

将已创建好的尖端移动从动件更名为 follower。选中构件 follower，单击主工具箱中位置按钮，主工具箱下部显示相应的参数设置对话框，如图 7-34 所示，在 Distance 栏输入 20 mm，然后单击 Translate 选项框中的向右平移按钮，使从动件向右平移 20 mm，同理，在 Distance 栏输入 98 mm，然后单击 Translate 选项框中的向上平移按钮，使从动件向上平移 98 mm。经过平移，从动件的尖端距离坐标原点即凸轮旋转中心距离为 100 mm，等于凸轮的基圆半径。

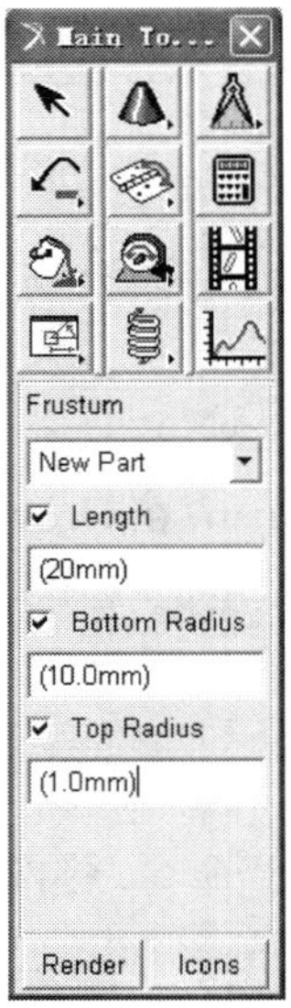

图 7-32　从动件圆台创建

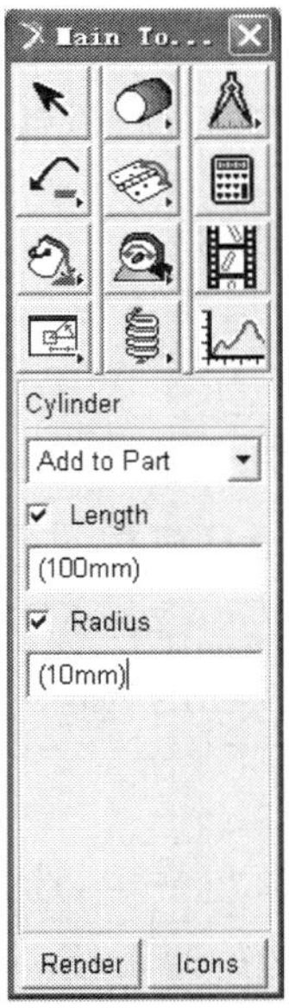

图 7-33　从动件圆柱创建

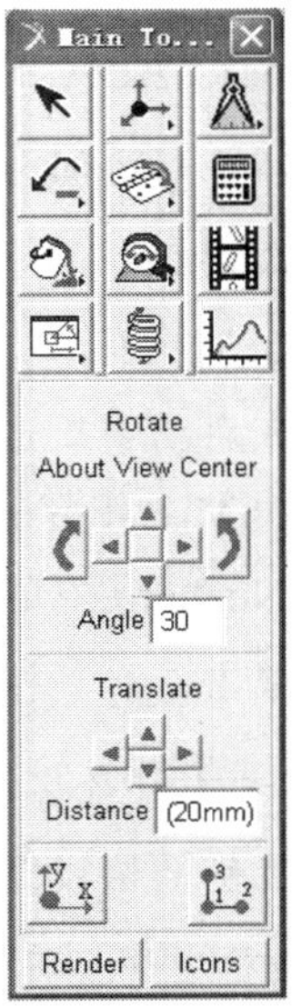

图 7-34　从动件平移

（2）创建凸轮平板

右击主工具箱中连杆按钮，弹出零件库，选择立方体按钮，主工具箱下部显示相应的参数设置对话框，如图 7-35 所示，选择“New Part”，然后选中 Length（长度）复选框，并设定为 300 mm，选中 Height（高度）复选框，并设定为 300 mm，选中 Depth（深度）复选框，并设定为 10 mm。将光标放置在（－150，－150，0）位置后单击，创建出凸轮平板。将已创建好的凸轮平板更名为 cam。

至此，已在 ADAMS/View 中完成凸轮机构中尖端移动从动件、凸轮平板的创建，如图 7-36 所示。

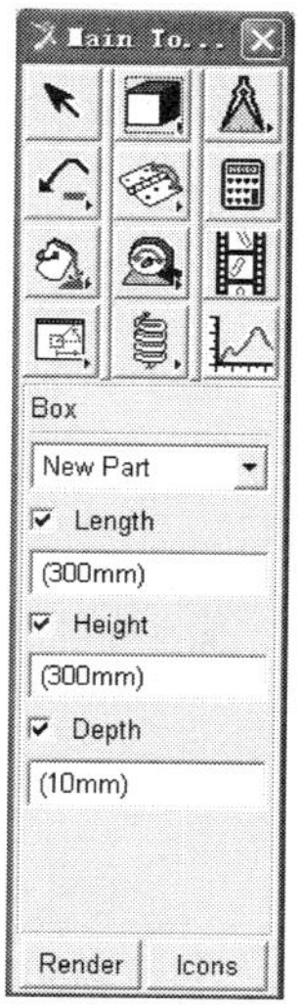

图 7-35　凸轮平板创建

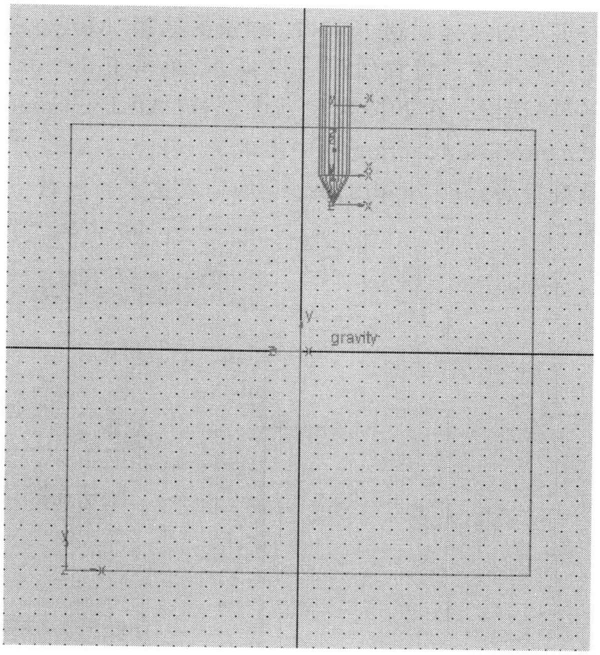

图 7-36　从动件和凸轮平板的几何模型

4．*添加约束副*

（1）添加凸轮平板和大地间的转动副

单击主工具箱中转动副按钮，主工具箱下部显示相应的参数设置对话框。在设置对话框中，依次选取“1-Location”、“Normal to Grid”，在屏幕工作区选取凸轮平板质心点 cam.cm，即可完成凸轮平板和大地间转动副的创建。

（2）添加从动件和大地间的移动副

单击主工具箱中移动副按钮，主工具箱下部显示相应的参数设置对话框。在设置对话框中，依次选取“1-Location”、“Pick Feature”，在屏幕工作区选取从动件质心点 follower.cm，随后向上移动光标，直至出现垂直向上箭头，单击确认，即可完成从动件和大地间移动副的创建。

5．*添加运动*

（1）在转动副上添加运动

单击主工具箱中旋转关节运动按钮，主工具箱下部显示相应的参数设置对话框。在 Speed 栏后编辑框中输入 30，然后在屏幕工作区选取凸轮平板和大地间的转动副 JOINT_

1，即可完成凸轮平板的运动添加，并且转动速度为 $\omega_1=30°/s$。

(2) 在移动副上添加运动

单击主工具箱中移动副运动按钮，主工具箱下部显示相应的参数设置对话框，Speed 栏后编辑框取默认值，然后在屏幕工作区选取从动件和大地间的移动副 JOINT_2，即可完成从动件的运动添加。

右击从动件移动副 JOINT_2，依次选择“Motion：MOTION_2”→“Modify”，弹出运动函数定义对话框。设置如图 7-37 所示，单击 Function(time)栏后的…，系统弹出“Function Builder”对话框。在下拉列表框中选择“All Funtions”，在函数列表中双击 IF 函数，则在 Define a runtime function 栏中出现 IF(expr1:expr2 , expr3 , expr4)表达式。式中 expr1 为控制变量，expr2、expr3、expr4 均为表达式。函数 $F=$IF(expr1:expr2,expr3,expr4)的含义为

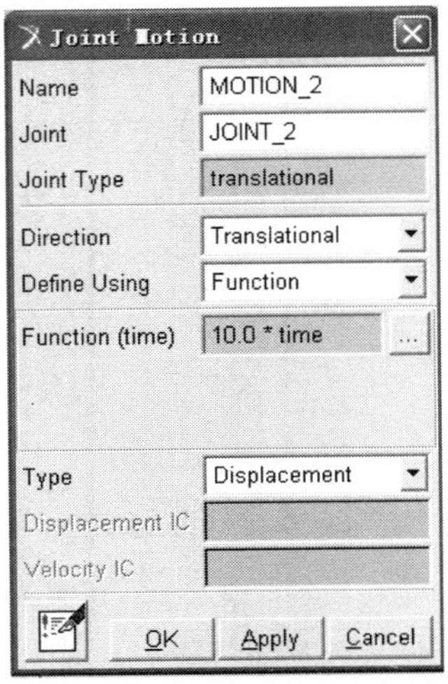

图 7-37 运动函数定义对话框

$$F=\begin{cases}\text{expr2} & (\text{expr1}<0)\\ \text{expr3} & (\text{expr1}=0)\\ \text{expr4} & (\text{expr1}>0)\end{cases}$$

在本例中，由式(7-4)，将 Define a runtime function 栏中的内容替换为

```
IF(time - 5:25 * (1 - cos (PI/5 * time)),50,IF(time - 7:50,50,IF(time - 11:
50 * (2.75 - 0.25 * time + 1/(2 * PI) * sin(PI/2 * time - 3.5 * PI)),0,IF(time - 12:0,0,0))))。
```

如图 7-38 所示，右下角的 Verify 按钮可验证函数的书写是否正确，若正确，单击 OK 按钮，系统退回运动函数定义对话框，在此对话框中 Type 栏选择 Displacement，再次点击 OK 按钮，完成从动件运动函数的定义。

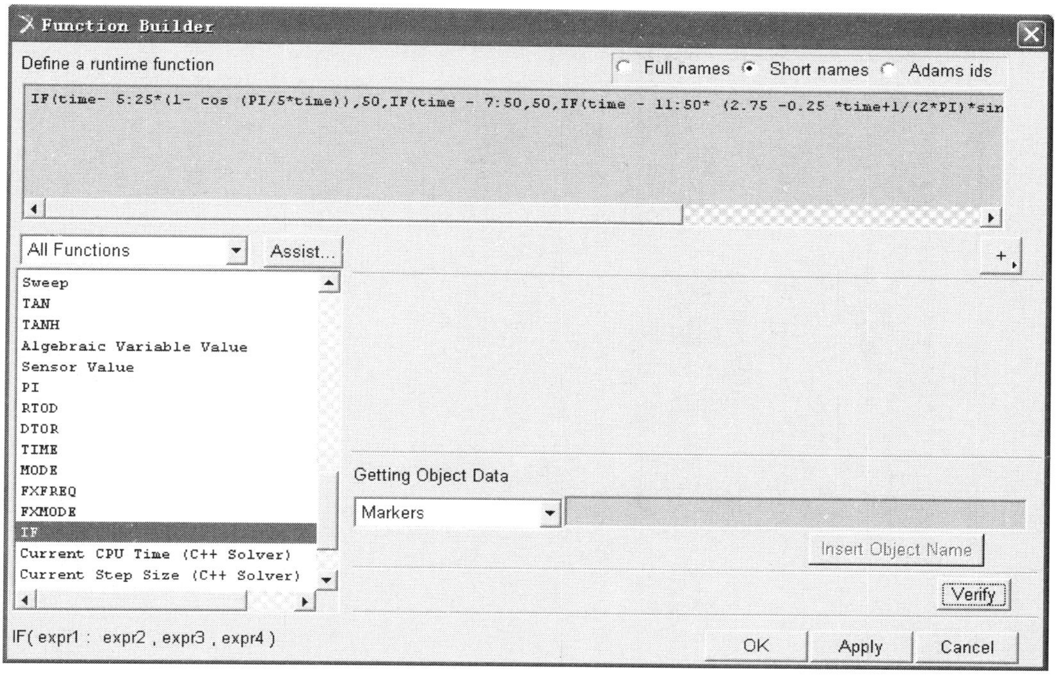

图 7-38 "IF 函数定义"对话框

6. 机构仿真分析及设计

(1) 运动仿真

单击主工具箱中仿真控制按钮，主工具箱下部显示相应的参数设置对话框。设置 Default，End time=12.0，steps=200。单击开始仿真按钮进行仿真分析。

(2) 生成凸轮轮廓曲线

为获取凸轮曲线，首先在从动件尖端创建一个附属于从动件的标记点 MARKER_3。在(Review)菜单栏中，选择"Create Trace Spline"命令，根据状态栏提示，在工作区依次选择从动件上标记点 MARKER_3 和凸轮平板，即可生成凸轮的轮廓曲线，如图 7-39 所示。

(3) 生成凸轮几何体

右击主工具箱中连杆按钮，弹出零件库，选择拉伸按钮，主工具箱下部显示相应的参数设置对话框，如图 7-40 所示，Extrusion 栏选择"Add to Part"，Create profile by 栏选择"Curve"，Path 栏选择"About Center"，Length 栏输入 10 mm，最后依次选择凸轮平板 cam 和已生成的凸轮轮廓曲线，即可生成一个厚度为 10 mm，以凸轮轮廓曲线为对称中心的凸轮几何体。

(4) 删除凸轮平板几何体

右击工作区凸轮平板，弹出下拉菜单如图 7-41 所示，依次选择"--Block：BOX3"→"Delete"，即可删掉凸轮平板几何体。单击主工具箱中的 Render 按钮可对各构件进行渲染处理，单击主工具箱中轴测图按钮，可以得到凸轮机构几何模型的轴测图，如图 7-42 所示。单击正视图按钮，返回几何模型的正视图。

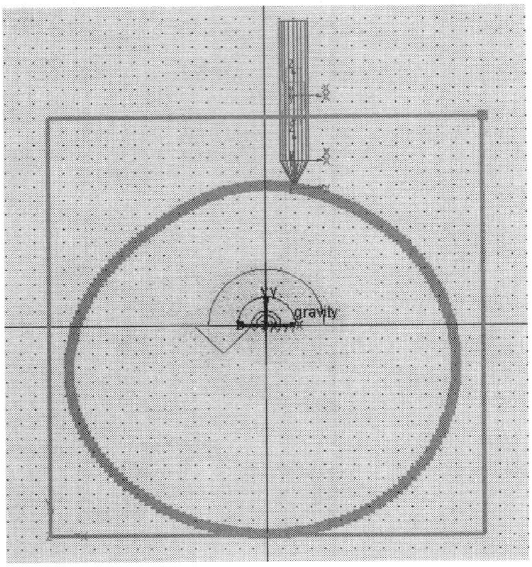

图 7-39　凸轮轮廓曲线

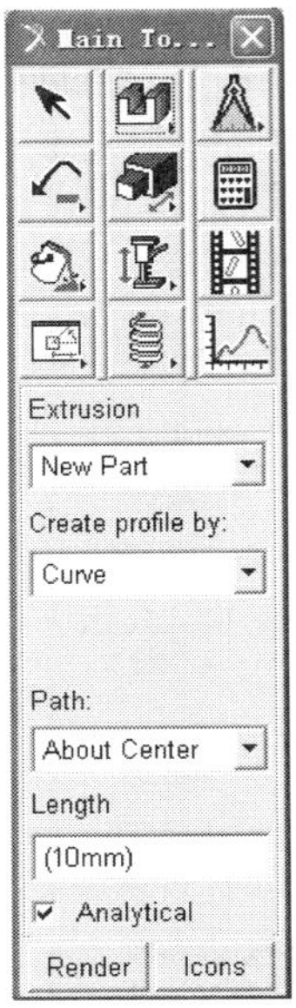

图 7-40　创建凸轮几何体

(5) 删除移动副运动、添加凸轮副

由于凸轮机构运动时，凸轮为主动件，从动件的运动是由凸轮廓线决定的，所以在生成凸轮廓线后，应删除从动件移动副上的 MOTION_2，并在凸轮和从动件之间添加凸轮副。

单击主工具箱约束库中的点-线约束按钮，主工具箱下部显示相应的参数设置对话框。在 Point-Curve 栏选择 Curve。根据状态栏提示依次选择 follower. MAEKER_3 和 cam. GCURVE_4，即可创建凸轮和从动件之间的凸轮副。

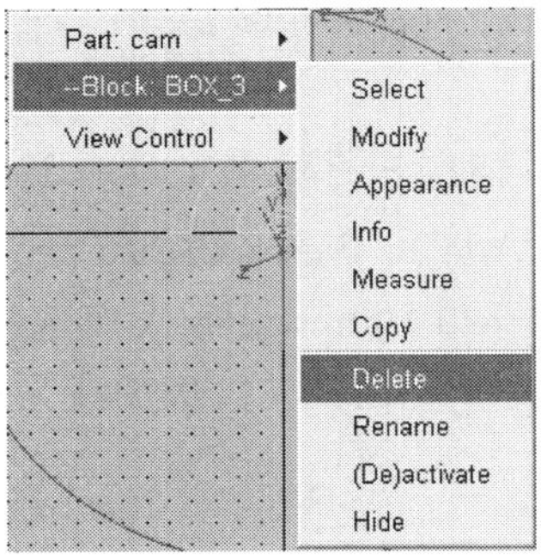

图 7-41　凸轮轮廓曲线

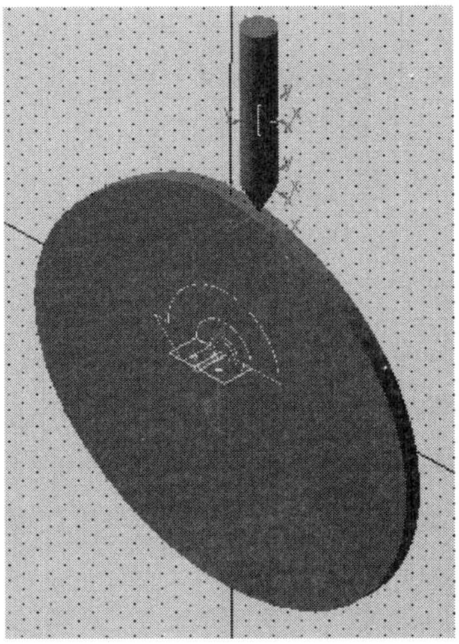

图 7-42　凸轮机构轴测图

7. 仿真验证及参数测量

(1) 运动仿真

单击主工具箱中仿真控制按钮，主工具箱下部显示相应的参数设置对话框。设置

Default，End time＝12.0，steps＝200。单击开始仿真按钮 ▷ 进行仿真分析。

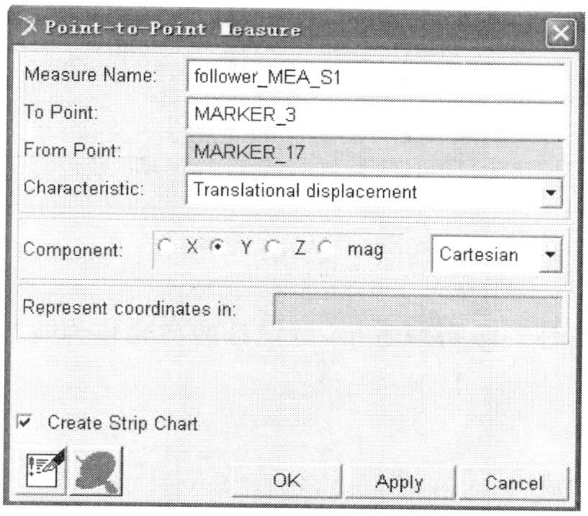

图 7-43　"Point-to-Point Measure"对话框

（2）参数测量

为获取从动件位移曲线，首先在大地上创建一个标记点 MARKER_17，位于从动件尖端处。在(Build)菜单栏中，依次选择"Measure"→"Point to Point"→"New"，系统弹出 Point to Point Measure 对话框，如图 7-43 所示。

在此对话框中，Measure Name 栏修改为 follower_MEA_S1，To Point 栏和 From Point 栏依次选择 MARKER_3 和 MARKER_17，characteristic 栏选择 Translational displacement，Component 栏选中单选框 Y，Cartesian 坐标系，单击 OK 按钮，即可生成从动件位移曲线，如图 7-44 所示。

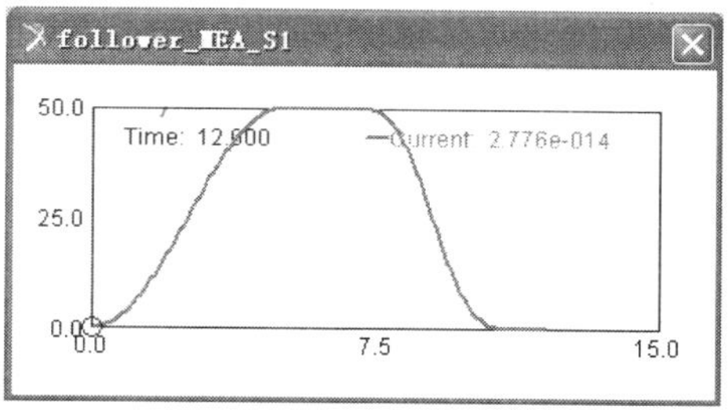

图 7-44　从动件位移曲线

同理，若 Measure Name 栏修改为 follower_MEA_V1，To Point 栏和 From Point 栏依次选择 MARKER_3 和 MARKER_17，characteristic 栏选择 Translational velocity，Component 栏选中单选框 Y，Cartesian 坐标系，单击 OK 按钮，即可生成从动件速度曲线，如图 7-45 所示。

若 Measure Name 栏修改为 follower_MEA_A1，To Point 栏和 From Point 栏依次选择 MARKER_3 和 MARKER_17，characteristic 栏选择 Translational acceleration，Component 栏选中单选框 Y，Cartesian 坐标系，单击 OK 按钮，即可生成从动件加速度曲线，如图 7-46 所示。

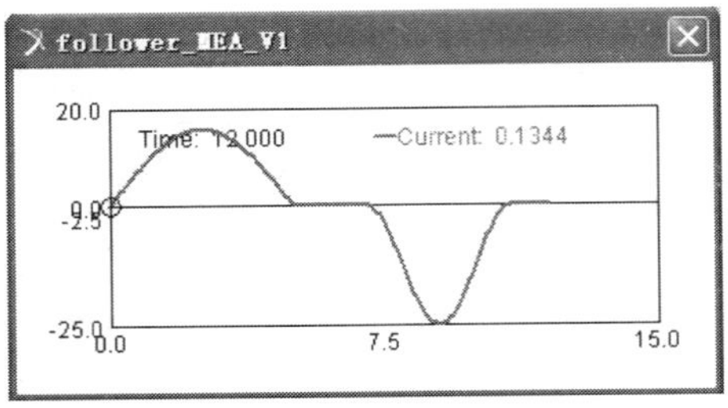

图 7-45 从动件速度曲线

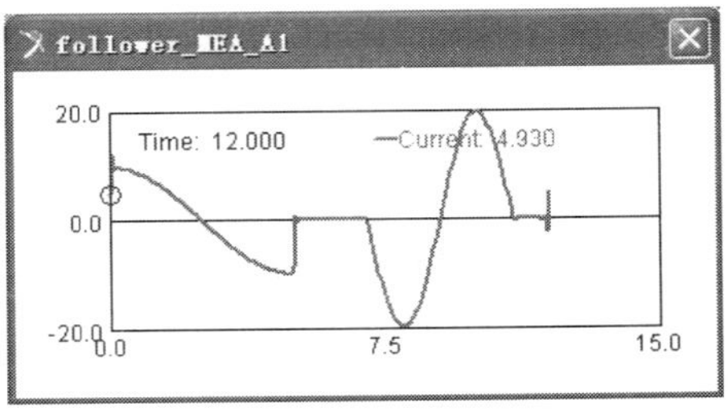

图 7-46 从动件加速度曲线

从图 7-44、图 7-45 和图 7-46 可以看出，所设计的凸轮作为主动件旋转时，从动件按照预定的运动规律运动。

8. 保存模型

在 ADAMS/View 窗口(File)菜单栏中，选择“Save Database”，保存当前模型。

7.4 齿轮机构的建模与仿真分析实例

齿轮传动是机械传动中最重要、应用最广泛的传动之一。ADAMS 软件具有强大的运动学和动力学仿真功能，但造型功能相对薄弱，难以用它创建具有复杂特征的零件。本例题通过利用 UG 三维建模及虚拟装配的强大功能，建立齿轮的模型，实现齿轮的虚拟装配。利用 ADAMS 的数据交换接口，将 UG5.0 系统中生成的几何数据导入 ADAMS/View 模块中，而后通过仿真在实际工作中的运动来测试所建模型，为三维模型提供更加可靠的数据，得到最佳的齿轮传动系统。

例 7-3 有一对外啮合渐开线直齿圆柱齿轮传动。已知 $z_1 = 25$，$z_2 = 50$，$m = 4$，$\alpha = 20°$，两个齿轮的厚度都是 50 mm。输入功率为 1 kW。试利用 ADAMS 软件对该齿轮机构进行模拟仿真。

1. UG 三维建模及装配

(1) 大、小齿轮的建模

打开 UG7.5 软件，在(文件)菜单栏中，选择“新建”，系统弹出新建对话框，如图 7-47 所示。新建模型 gear1.prt 并确定其保存路径。单击 确定 按钮，进入建模窗口。

在建模窗口的(GC 工具箱)菜单栏中，选择“齿轮建模”→“柱齿轮”，系统弹出渐开线圆柱齿轮建模对话框，如图 7-48 所示。默认选项不变，单击 确定 按钮，系统弹出渐开线圆柱齿轮类型对话框，如图 7-49 所示。默认选项不变，单击 确定 按钮，系统弹出渐开线圆柱齿轮参数对话框，输入小齿轮参数，如图 7-50 所示，单击 确定 按钮，系统弹出矢量对话框，在工作区选择坐标系 z 轴后，单击 确定 按钮，系统弹出点对话框，默认选项不变，单击 确定 按钮，在工作区即可自动生成小齿轮。最后保存小齿轮模型，如图 7-51 所示。

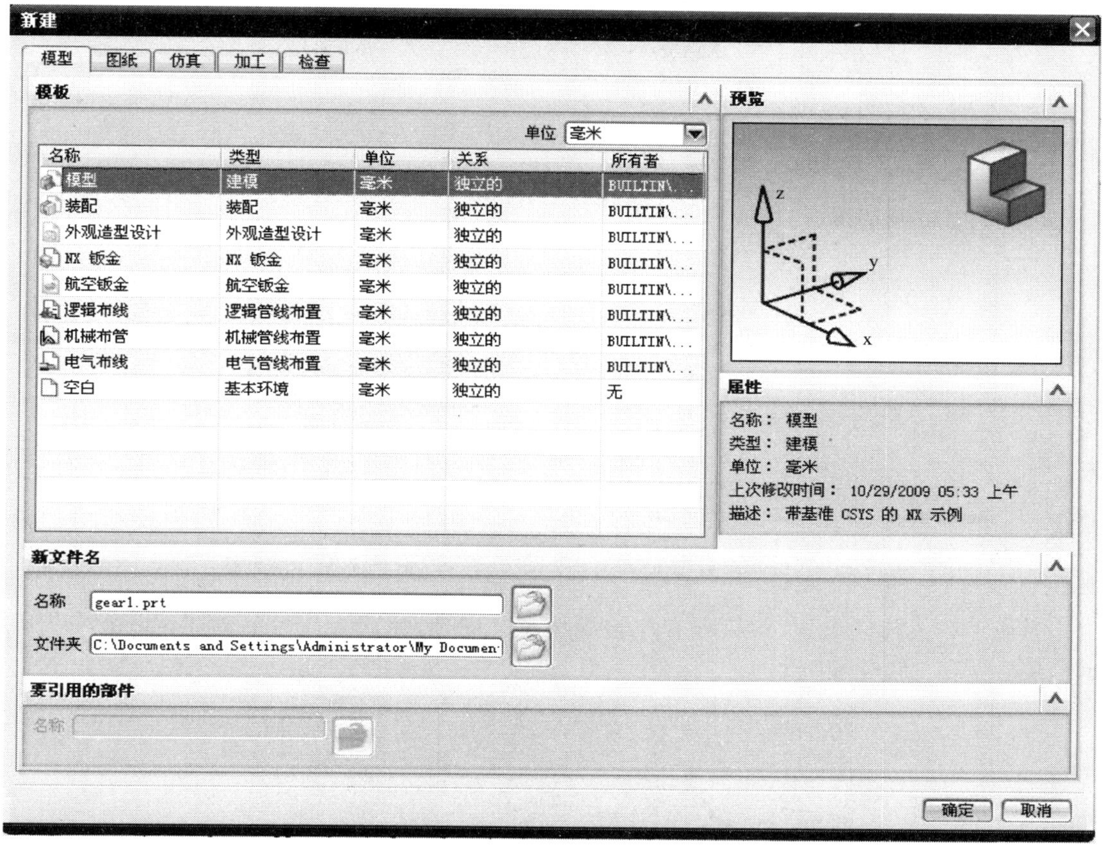

图 7-47　“新建”对话框

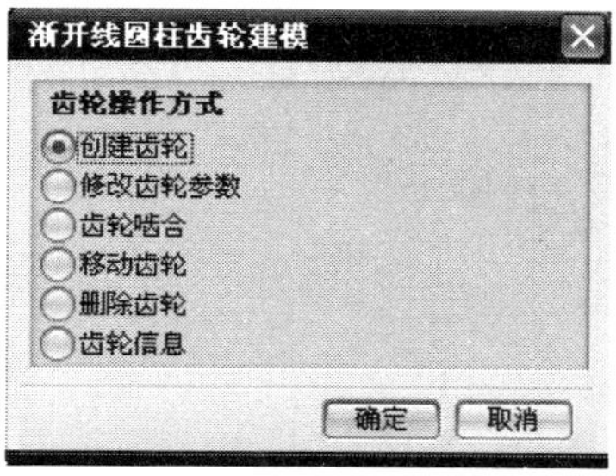

图 7-48　“渐开线圆柱齿轮建模”对话框

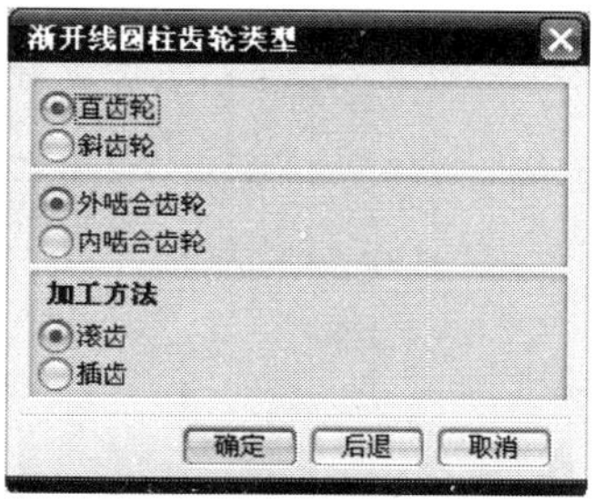

图 7-49　“渐开线圆柱齿轮类型”对话框

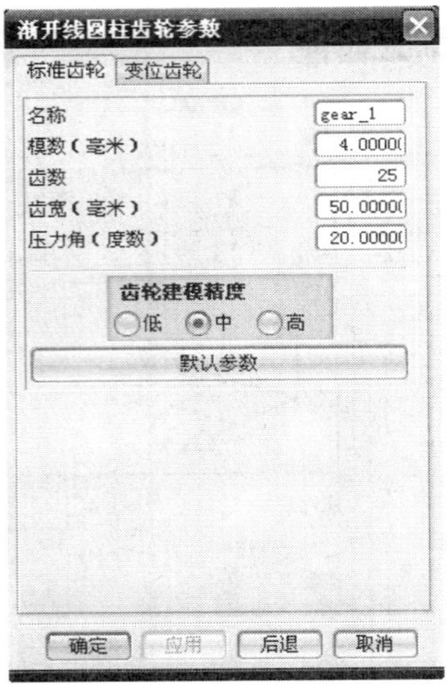

图 7-50 “渐开线圆柱齿轮参数”对话框

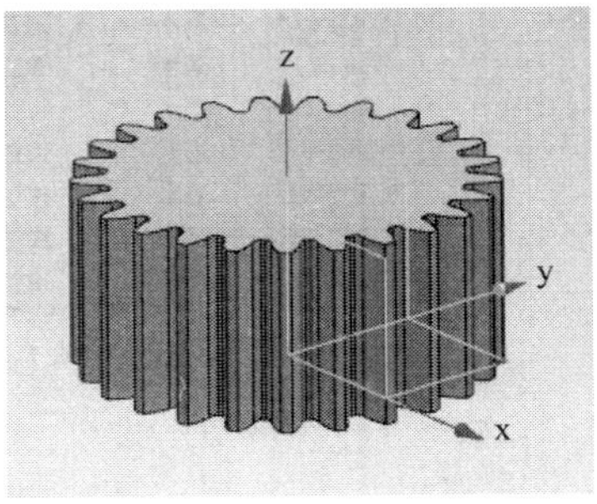

图 7-51 小齿轮

为便于和大齿轮装配，最后保存小齿轮模型。同理，完成大齿轮的创建，如图 7-52 所示。最后保存大齿轮模型。

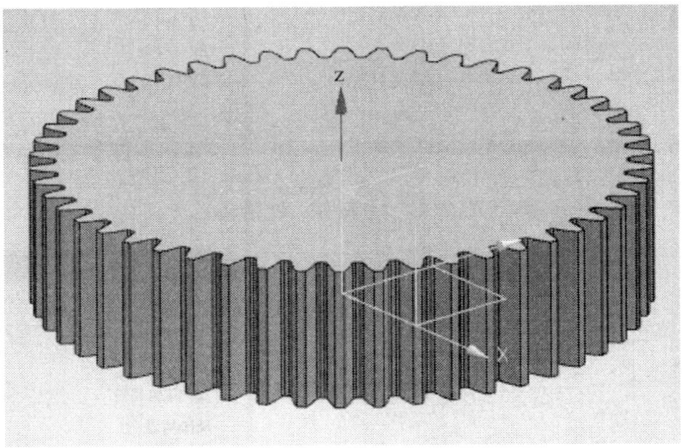

图 7-52 大齿轮

(2) 大、小齿轮的装配

选择菜单栏中的“文件”→“新建”命令，在弹出的“新建”对话框中选择“装配”模板，并且输入文件名“gear_asm”，并确定其保存路径。单击 确定 按钮，进入装配窗口。

选择菜单栏中的“装配”→“组件”→“添加组件”命令，系统将弹出“添加组件”对话框，在该对话框中单击按钮，选择刚创建的小齿轮 gear1. prt 文件，“放置”栏的“定位”方式选择“绝对原点”，设置栏中的“Reference set”选择“整个部件”，单击 确定 按钮，系统将在装配环境中导入小齿轮并完成定位。

再次调用“添加组件”命令，添加第 2 个组件大齿轮 gear2. prt 文件，“定位”方式选择“通过约束”，设置栏中的“Reference set”选择“整个部件”，单击 确定 按钮，系统弹出“装配约束”和“组件预览”对话框，如图 7-53 和图 7-54 所示。

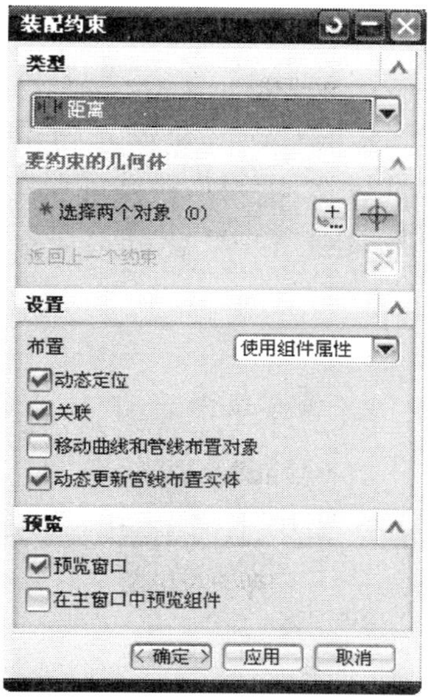

图 7-53　“装配约束”对话框

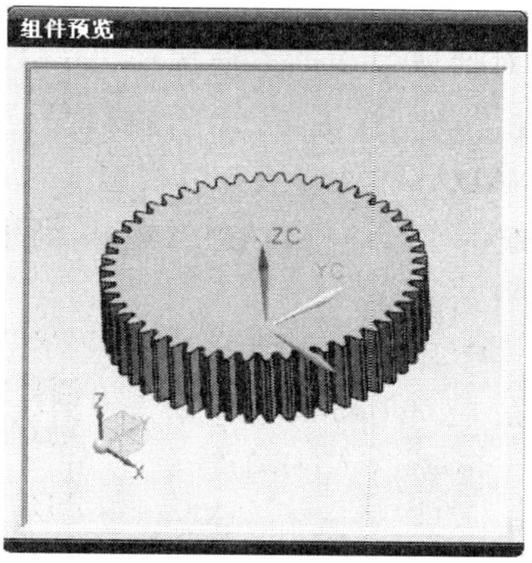

图 7-54　“组件预览”对话框

在“装配约束”对话框中选取“距离”方式，依次选择大、小齿轮的 Z 基准轴，“距离”设置为 150 mm，完成第一个约束的添加。

在“装配约束”对话框中选取“接触对齐”方式，并在“方位”选项中选择“对齐”方式，依次选择大、小齿轮的两侧面，完成第二个约束的添加。

在“装配约束”对话框中选取“接触对齐”方式，并在“方位”选项中选择“接触”方式，依次选择小齿轮的 YZ 基准面、大齿轮的 XZ 基准面，完成第三个约束的添加。

选择菜单栏中的“编辑”→“显示和隐藏”→“显示和隐藏”命令，在弹出的“显示和隐藏”对话框中依次选择曲线、基准和装配约束后面的符号“—”，隐藏装配图中不需要的显示部分。完成装配后的三维模型如图 7-55 所示。

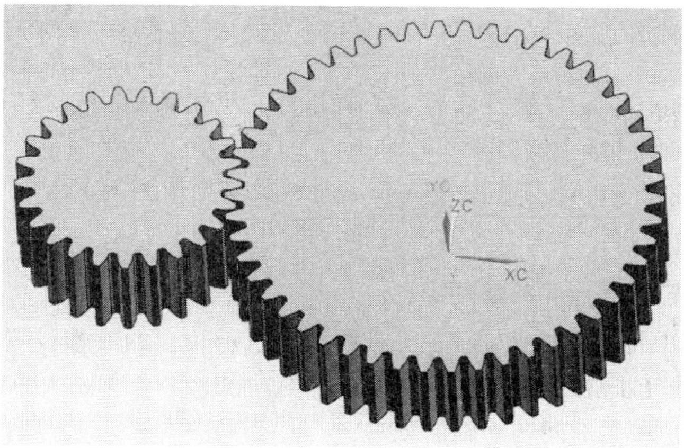

图 7-55　三维装配模型

2. UG 和 ADAMS 之间的数据交换

(1) 导出 UG 模型

选择菜单栏中的"文件"→"导出"→"Parasolid…"命令，弹出"导出 Parasolid"对话框，鼠标左键框选工作区的三维装配模型后，单击 确定 按钮，系统继续弹出"导出 Parasolid"对话框，在对话框中文件类型选择 Parasolid 文本文件（*. xmt_txt），文件名称输入 gear_asm，单击 OK 按钮，完成 UG 模型的导出。

(2) ADAMS 中导入 UG 模型

① 双击桌面上 ADAMS/View 的快捷按钮，或从开始菜单中启动 ADAMS/View 后，出现启动窗口。

② 在启动窗口选择"Create a new model"，创建一个新的样机模型。

③ 在 Model name 栏中输入曲柄摇杆机构的名称：gear_mechanism；在 Gravity 栏中选择 Earth Normal(-Global Y)；在 Unit 栏中选择 MMKS-mm，kg，N，s，deg。

④ 单击 OK 按钮，就会进入 ADAMS/View 的工作环境。

⑤ 工作网格设置。在（Settings）菜单栏中，选择"Working Grid"命令，将网格的大小（Size）设置为 300 mm×300 mm，将网格的间距（Spacing）设置为 10 mm×10 mm，其他各项取默认设置。单击 OK 按钮，完成工作网格设置。

⑥ 光标位置显示。单击工作区域，然后按 F4 功能键，或在（View）菜单栏中，选择"Coordinate Window F4"命令，即可打开光标的坐标位置视窗。

⑦ 选择菜单栏中的"File"→"Import…"命令，系统弹出的"File Import"对话框，设置 File Type 为 Parasolid 格式，通过 File To Read 读取 UG 生成的 gear_asm. xmt_txt 文件，在 Model Name 输入框内右击，弹出选择 Model-Guesses-选取默认文件名即 gear_mechanism。最后单击 OK 按钮，即将 UG 中的导出模型成功导入 ADAMS 中。

⑧ 在小齿轮上右击，激活弹出式菜单，选择"Part:PART2"→"Rename"命令，系统弹出"Rename"对话框，将 PART2 更名为 Gear1。

在小齿轮上右击，激活弹出式菜单，选择"Part:PART2"→"Modify"命令，系统弹出"Modify Body"对话框，如图 7-56 所示。Define Mass By 设置为 Geometry and Material Type，右击 Material Type 右侧空白框，在弹出的下拉式菜单中选择"Material"→"Guesses"→"steel"修改小齿轮的材料为钢。

同理，将大齿轮由 PART3 更名为 Gear2，材料类型更改为钢。

3. 添加约束副

(1) 添加小齿轮和大地间的转动副

单击主工具箱中转动副按钮，主工具箱下部显示相应的参数设置对话框。在设置对话框中，依次选取"1-Location"、"Normal to Grid"，在屏幕工作区选取小齿轮质心点 Gear1. cm，即可完成小齿轮和大地间转动副的创建。

(2) 添加大齿轮和大地间的转动副

单击主工具箱中转动副按钮，主工具箱下部显示相应的参数设置对话框。在设置对话框中，依次选取"1-Location"、"Normal to Grid"，在屏幕工作区选取大齿轮质心点 Gear1.

cm，即可完成大齿轮和大地间转动副的创建。

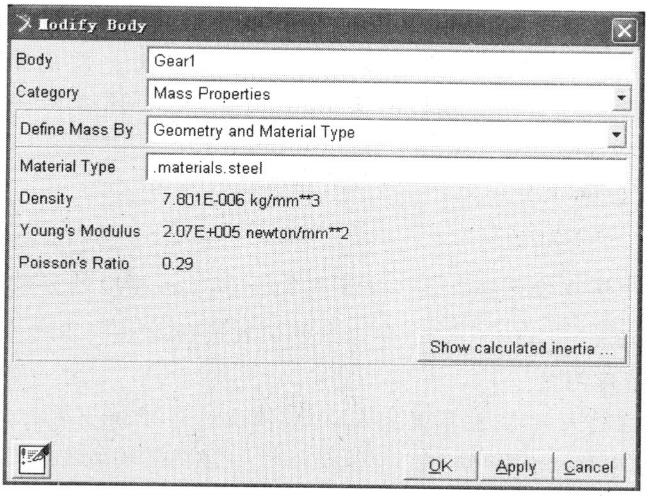

图 7-56　"Modify Body"对话框

(3) 添加小齿轮和大齿轮间的齿轮副

根据啮合齿轮传动比，可计算出齿轮副方向坐标系的原点为(−100,0,0)。单击标记点按钮，主工具箱下部显示相应的参数设置对话框，依次选择"Add to Ground"、"Global XZ"，然后将光标放在屏幕工作区的(−100,0,0)位置后按下左键，在大地上创建一个标记点 MARKER_5，标记点的 Z 轴方向在两个齿轮啮合点的切线方向。

单击主工具箱中齿轮副按钮，系统弹出创建齿轮副的"Constraint Create Complex Joint Gear"对话框，如图 7-57 所示。在 Joint Name 栏中按鼠标右键，激活弹出式菜单，在其中依次选择"Joint"→"Pick"，选取"Joint_1"、"Joint_2"输入。在 Common Velocity Marker 栏中，按鼠标右键，激活弹出式菜单，在其中依次选择"Mark"→"Pick"，选取"Marker_1"输入。单击 OK 按钮，完成齿轮副的创建。

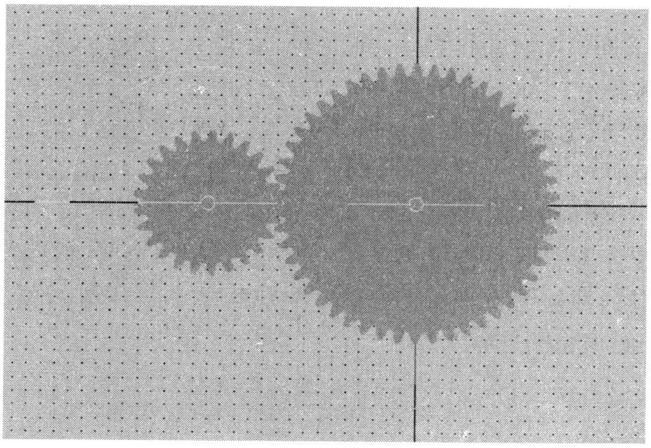

图 7-57　完成运动副及运动添加的齿轮机构模型

4．添加运动

单击主工具箱中旋转关节运动按钮，主工具箱下部显示相应的参数设置对话框。在Speed栏后编辑框中输入 8 400，然后在屏幕工作区依次选取曲柄和大地的转动副JOINT_1，即可完成以小齿轮为原动件的运动添加，并且转动速度为 $\omega_1=8\ 400°/s=1\ 400$ r/min，如图 7-57 所示。

5．运动学仿真分析

（1）运动仿真

单击主工具箱中仿真控制按钮，主工具箱下部显示相应的参数设置对话框。设置Default，End time＝15.0，steps＝200。单击开始仿真按钮进行仿真分析。

（2）大齿轮角速度测量

右击屏幕工作区的大齿轮，激活弹出式菜单，依次选择“Part：Gear2”→“Measure”，系统显示零件测量“Part Measure”对话框。Measure 栏后编辑框输入 Gear2_angular_velocity，Part 栏后编辑框默认是 Gear2，Characteristic 后下拉列表框选择 CM angular Velocity，单击 OK 按钮，系统自动生成大齿轮的旋转角速度（度/秒）随时间（秒）变化的曲线，如图 7-58 所示。

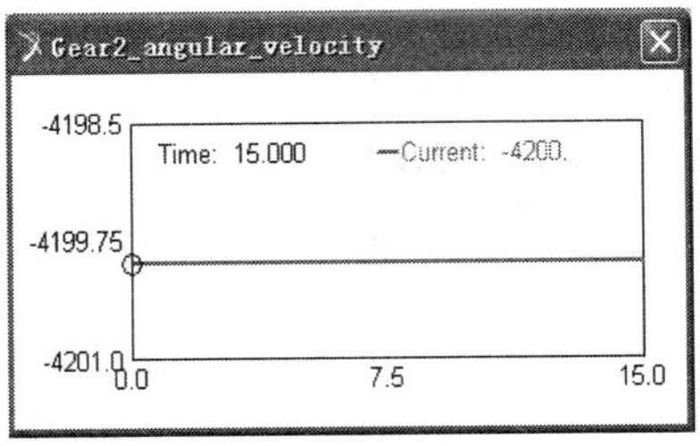

图 7-58　大齿轮旋转角速度

通过运动学仿真可获得大齿轮的角速度 $\omega_2=4\ 200°/s=700$ r/min，根据啮合齿轮的角速度和齿数分别计算齿轮系统的传动比，结果完全相等。证明该齿轮机构模型满足传动比要求。

6．动力学仿真分析

（1）接触力参数确定

齿轮啮合产生的力，实际上是齿面接触并相互碰撞产生的力，在 ADAMS 仿真中定义为接触力。在 ADAMS 中定义的有两类接触力：一类是基于 Impact 函数的接触力；另一类是基于 Restitution 函数的接触力。Impact 是用刚度系数和阻尼系数来计算碰撞力，而 Restitution 是用恢复系数来计算碰撞力。本节采用 Impact 函数来计算碰撞力。

轮齿碰撞所引起的冲击力，可以认为是两个变曲率半径柱体的撞击问题。根据 Hertz 碰撞理论，考虑接触面积为圆形时为

$$\delta=\frac{a^2}{R}=\left(\frac{9P^2}{16RE^2}\right)^{\frac{1}{3}}$$

由上式可得撞击时接触法向力 P 和变形 δ 关系为

$$P=K\delta^{\frac{3}{2}}$$

在 ADAMS/View 中定义接触力参数时，Stiffness 为刚度系数，对应 Impact 函数中的 K，是产生单位接触变形时的力，可以通过赫兹碰撞计算

$$K = \sqrt{\frac{16RE^2}{9}} \tag{7-5}$$

在式(7-5)中，

$$\frac{1}{R} = \frac{1}{R_1} + \frac{1}{R_2} \tag{7-6}$$

其中，R_1、R_2 为接触物体在接触点的接触半径。

$$\frac{1}{E} = \frac{(1-\mu_1^2)}{E_1} + \frac{(1-\mu_2^2)}{E_2} \tag{7-7}$$

其中，μ_1、μ_2 为接触材料的泊松比，E_1、E_2 为接触材料的杨氏模量。

由于齿轮的齿高和分度圆半径相比较小，因此，可近似以分度圆半径代替齿轮接触点的当量半径。由题意可知 $R_1=50$ mm、$R_2=100$ mm，代入式(7-6)可得 $R=33.33$ mm。

由于两齿轮材料均为 45 钢，其泊松比 $\mu_1 = \mu_2 = 0.29$，$E_1 = E_2 = 2.07\times10^5$ N/mm^2。把数据代入式(7-7)，经计算可得 $E = 1.13 \times 10^5$ N/mm^2。将所求得的 E 和 R 代入式(7-5)，可求得齿轮的刚度系数 $K = 8.7 \times 10^5$ N/mm^2。

单击主工具箱中接触力按钮，系统弹出创建接触力的“Create Contact”对话框，如图 7-59 所示。在 I Solid(s)栏中，按鼠标右键，激活弹出式菜单，在其中依次选择“Contact_ Solid”→“Pick”，选取小齿轮。在 J Solid(s)栏中，按鼠标右键，激活弹出式菜单，在其中依次选择“Contact_ Solid”→“Pick”，选取大齿轮。在 Normal Force 栏中，选取 Impact；在 Friction Force 栏中，选取 Coulomb。输入各参数，单击 OK 按钮，即可完成接触力的创建。

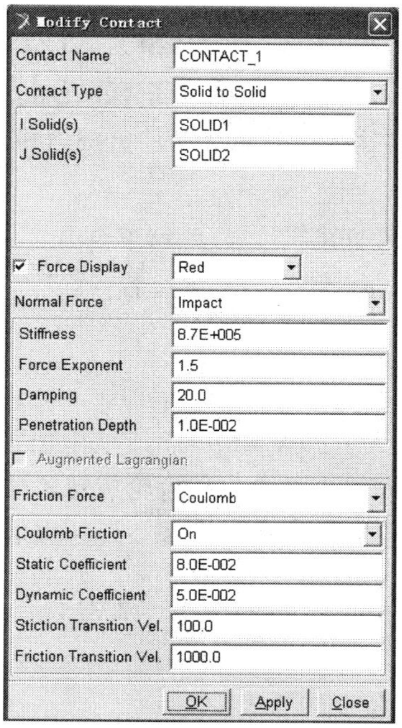

图 7-59　“Create Contact”对话框

现对各参数逐一进行说明：

- Force Exponent 为力的非线性指数，一般钢铁材料使用 1.3～1.5，这里选用 1.5。
- Damping 为最大的粘滞阻尼系数，这里选用 20。
- Penetration Depth 为最大阻尼时构件的变形深度，推荐使用 0.01。
- Static Friction Coefficient 为静摩擦系数，取为 0.08。
- Dynamic Friction Coefficient 为动摩擦系数，取为 0.05。
- Static Friction Transition Velocity 为静摩擦滑移速度，是静摩擦力达到最大时的临界速度，取为 100。
- Dynamic Friction Transition Velocity 为动摩擦转换速度，是静摩擦力全部转换为动摩擦力时的临界速度，取为 1 000。

(2) 添加负载

在从动轮即大齿轮上添加一个恒负载转矩，通过理论计算可以得到齿轮负载转矩为

$$T = 9\ 549 \times \frac{1}{700}\ \text{Nm} = 13.641\ \text{Nm} = 13\ 641\ \text{N} \cdot \text{mm}$$

单击主工具箱中力矩按钮，主工具箱下部显示相应的参数设置对话框。在 Run_Time Direction 栏选择 Space Fixed，在 Construction 栏选择 Normal to Grid，在 Characteristic 栏选择 Constant，然后选中 Torque 前的单选框，输入力矩值 13 641，单击 OK 按钮，即可完成从动轮负载力矩的添加。

为了使施加的负载不出现突变，使用 STEP 函数使负载在 0.2 s 内平缓施加，即 STEP(time,0, 0, 0.2, 13641)。在工作区右击刚添加的力矩，激活弹出式菜单，依次选择“Part: Gear2”→“Modify”，系统弹出“Modify Torque”对话框。单击 Function 后的 ... 按钮，系统弹出“Function Builder”对话框。

将 Define a runtime function 栏中的内容替换为 STEP(time,0, 0, 0.2, 13641)。右下角的 Verify 按钮可验证函数的书写是否正确，若正确，单击 OK 按钮，系统退回“Modify Torque”对话框，再次单击 OK 按钮，完成从动件负载力矩的修改。

(3) 动力学仿真

单击主工具箱中仿真控制按钮，主工具箱下部显示相应的参数设置对话框。设置 Default，End time=1.0，steps=400。单击开始仿真按钮进行仿真分析。

(4) 仿真结果与分析

单击主工具箱中绘图按钮，系统弹出 ADAMS/Postprocessor 后处理窗口，在后处理窗口下方的 Source 选项栏选取 Measures，Measure 栏中选择 Gear2_angular_velocity，选中 Surf 前的单选框，即可得到如图 7-60 所示的大齿轮旋转角速度随时间变化曲线。

从仿真结果可以看出从动轮的转速比较平稳，其平均值为 $-4015°/s$(669 r/min)。根据传动比可以求得从动轮转速的理论值为 $1\ 400 \times 1/2 = 700$ r/min，其相对误差为 0.044%，证实了齿轮机构建模过程的合理性。

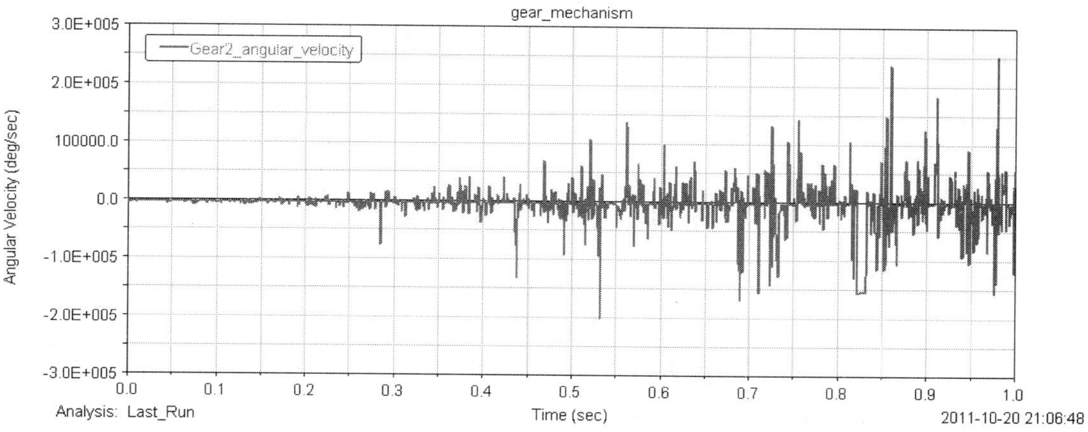

图 7-60　大齿轮旋转角速度

7. 保存模型

在 ADAMS/View 窗口(File)菜单栏中，选择“Save Database”，保存当前模型。

第8章 有限元分析基础

在科学技术领域内，对于许多力学问题和物理问题，人们已经得到了它们应遵循的基本方程（常微分方程或偏微分方程）和相应的定解条件。但能用解析方法求出精确解的只是少数方程比较简单，且几何形状相当规则的问题。对于大多数问题，由于方程的某些特征的非线性性质，或由于求解区域的几何形状比较复杂，则不能得到解析的答案。这类问题的解决通常有两种途径。一种是引入简化假设，将方程和几何边界简化为能够处理的情况，从而得到问题在简化状态下的解，但过多的简化可能导致误差很大甚至错误。另一种解法即数值解法。特别是近30多年来，随着电子计算机的飞速发展和广泛应用，数值分析方法已成为求解科学技术问题的主要工具。有限元方法的出现，是数值分析方法研究领域内重大突破性的进展。

有限单元法（Finite Element Method，FEM）是求解数理方程的一种数值计算方法，是将弹性理论和计算数学有机结合在一起，并用计算机软件实现的一种数值分析技术，是解决工程实际问题的一种有力的数值计算工具。

目前有限元法在许多科学技术领域和实际工程问题中都得到了广泛的应用，如机械制造、材料加工、航空航天、土木建筑、电子电气、国防军工、船舶、铁道、汽车等，并受到普遍重视。现有的商业化有限元软件已经成功应用于固体力学、流体力学、热传导、电磁学、声学和生物力学等领域，能够求解由杆、梁、板、壳和块等各类单元构成的静力和动力的弹性、塑性问题，求解各类场分布问题，求解固体、流体、温度相互作用等问题。

8.1 有限元法简介

8.1.1 有限元分析的基本原理

有限单元法的主要思想，是对连续体的求解域（物体）离散化，分割成彼此用结点互相联系的有限个单元。一个连续弹性体被看作是有限个单元体的组合，根据一定精度要求，用有限个参数来描述各单元体的力学特性，而整个连续体的力学特性就是构成它的全部单元体的力学特性的总和。基于这一原理及各种物理量的平衡关系，建立起弹性体的刚度方程（即一个线性代数方程组）。求解该刚度方程，即可得出欲求的参量。有限元方法提供有丰富的单元类型和结点几何状态描述形式来模拟结构，因而能够适应各种复杂的边界形状和边界条件。由于单元的个数是有限的，结点数目也是有限的，所以称为有限元法。

有限元方法按照所选用的基本未知量和分析方法的不同，可分为两种基本方法。以应力分析计算为例，一种是以结点位移为基本未知量，在选择适当的位移函数的基础上，进行单元的力学特征分析，在结点处建立平衡方程即单元的刚度方程，合并组成整体刚度方程，求解出结点位移，可再由结点位移求解应力，这种方法称为位移法；另一种是以结点力为基本未知量，在结点上建立位移连续方程，解出结点力后，再计算结点位移和应力，这种方法称为力法。一般来说，用力法求得的应力较位移法求得的精度高，但位移法比较简单，计算规律性强，且便于编写计算机通用程序。因此，在用有限元法进行结构分析时，大多采用位移法。

有限单元法具有如下优点：

(1) 分析对象的几何形状适应性强。有限单元法可以处理任意的几何形状和一般的边界条件，还可以处理非均匀的和各向异性的材料，即可以处理由许多不同材料组成的、任意几何形状的对象。

(2) 适用范围广。有限单元法的场函数选择灵活，一般能够应用于固体、流体、热传导、电磁学和声学等多种场问题的分析。

(3) 较好的稳定性和收敛性。有限单元法的数学基础是积分形式的变分原理或加权余量法，把数理方程的求解等效成为定积分运算和线性代数方程组或常微分方程组的求解，只要保证数学模型的正确性和方程组求解算法的稳定性和收敛性，并选择收敛的单元形式，其近似解总能收敛于数学模型的精确解。

(4) 便于计算机进行处理。有限单元法采用矩阵形式和单元组装方法，每一个步骤都便于实现计算机软件模块化，有利于计算机软件的处理。

8.1.2　有限元法的发展

从应用数学的角度考虑，有限单元法的基本思想可以追溯到 20 世纪 40 年代初，当时就有人尝试使用三角形区域定义分片连续函数并与最小位能原理相结合，求解扭转问题。50 年代中期，开始利用这种思想对飞机结构进行矩阵分析，其中基本思路是将整个结构视为由有限个力学小单元相互连接而形成的集合体，把每个单元的力学特性组合在一起以提供整体结构的力学特性。

1960 年，飞机结构工程师 Clough 在他的论文里第一个采用“有限元法”这一术语，并用有限元法求解弹性力学的平面应力问题。从此，不但工程技术人员开始认识有限元法的功效，数学家和力学家也看到了有限元法的巨大前景，相继从理论上对有限元法进行了深入探讨。20 世纪 70 年代，在英国科学家 O. C. Zienkiewicz 等人的努力下，有限元法的应用被推广到热传导、电磁场、流体力学等领域。

经过多年的发展，目前有限元法几乎可以用来求解所有的连续介质和场问题。大型有限元分析软件已成为现代工程设计中不可缺少的工具，并且与 CAD 等相结合，形成了大规模集成的 CAE(计算机辅助工程分析)系统。

当前有限单元法的发展趋势是：

(1) 需要建立更多新材料的单元形式，以适应工程实际中新材料和新复杂结构分析的需要，特别是复合材料、高分子材料、陶瓷材料、纳米材料、环境材料、智能材料和功能材料等；

(2) 研究模拟复杂和极端载荷工况下的结构力学行为、结构非线性特性、多场耦合等问题,以及相应的自适应数值计算方法;

(3) 加强与网络化 CAD/CAM/CAE 等大型软件的无缝集成,实现产品从设计、制造、运行直至失效的分析与模拟,以达到全面提高并保证产品综合质量的目标。

8.1.3 机械结构分析的有限元软件

在机械结构的分析中,有限元的应用主要分为以下几个方面:

(1) 静力学分析,即求解所受的外部载荷不随时间变化或随时间变化缓慢的机械系统平衡问题。

(2) 模态分析,即求解关于系统的某种特征值或稳定值的问题,如求解机床结构的固有频率等。

(3) 瞬态动力学分析,即求解所受的外部载荷随时间发生变化的动力学响应问题。

(4) 非结构力学分析,主要有机械系统的热传导(温度场)、噪声分析与控制以及结构、热、噪声等多维场有限元耦合分析。

在机械结构分析的软件方面,最早的是美国国家宇航局(NASA)在 1965 年委托美国计算科学公司和贝尔航空系统公司开发的 NASTRAN 有限元分析系统,该系统发展到现在已有几十个版本。此外,比较知名的有限元分析软件有德国 ASKA,英国 PAFEC,法国 SYSTUS,美国 ABAQUS、ADINA、ANSYS、BERSAFE、BOSOR、COSMOS、ELAS、MARC、STAR-DYNE 等。下面仅介绍几种当前比较流行的有限元软件系统。

1. ANSYS

ANSYS 是融结构、流体、电场、磁场和声场分析于一体的大型通用有限元分析软件。其主要特点是具有较好的前处理功能,如几何建模、网格划分、参数设置等;具有分析计算模块,主要包括结构分析、流体动力学分析、电磁场分析、声场分析、压电分析以及多物理场的耦合分析,可以模拟多种物理介质的相互作用,具有灵敏度分析及优化分析能力;后处理的计算结果有多种显示和表达能力。ANSYS 软件系统主要包括 ANSYS/Multiphysics 多物理场仿真分析工具、LS-DYNA 显式瞬态动力分析工具、Design Space 设计前期 CAD 集成工具、Design Xploere 多目标快速优化工具和 FE -SAFE 结构疲劳耐久性分析等。ANSYS 已在工业界得到较广泛的认可和应用。

2. MSC/NASIRAN

MSC/NASTRAN 是在原 NASTRAN 基础上进行大量改进后的系列软件,主要包括 MSC. Patran 并行框架式有限元前后处理及分析系统、MSC. GS-Mesher 快速有限元网格、MSC. MARC 非线性有限元软件等。其中 MSC. MARC 具有较强的结构分析能力,可以进行线性和非线性结构分析。

3. ADINA System

ADINA System 主要包括 ADJNA、ADINAT 和 ADINAF,能够完成结构和流体流动分析。基本线性结构分析效率高,能够有效地考虑非线性效应,如几何非线性、材料非线性和接触状态等。能够计算可压缩和不可压缩流动的流体,具有流体-结构全耦联合分析功能。

4. ABAQUS

ABAQUS 是能够解决线性分析和许多复杂的非线性分析问题的一个通用有限元软件。ABAQUS 带有丰富的单元库和材料模型库，可以模拟金属、橡胶、高分子材料、复合材料、钢筋混凝土，可压缩超弹性泡沫材料以及土壤和岩石等典型工程材料和地质材料。ABAQUS 还可以模拟热传导、质量扩散、热电耦合分析、声学分析、岩土力学分析（流体渗透/应力耦合分析）、压电介质分析等。ABAQUS 有两个主求解器模块（ABAQUS/Standard 和 ABAQUS/Explicit），对某些特殊问题还提供专用模块。ABAQUS 具有解决庞大复杂问题和模拟高度非线性问题的独特优点。

5. LS-DYNA

LS-DYNA 是以显式为主、隐式为辅的通用非线性动力分析有限元软件，特别适合求解各种二维、三维非线性结构的高速碰撞、爆炸和金属成形等非线性动力冲击问题，同时可以求解传热、流体及流固耦合问题。LS-DYNA 程序是功能齐全的几何非线性（大位移、大转动和大应变）、材料非线性（材料动态模型）和接触非线性软件。

8.2　一维杆件系统的有限元法

有限元法的基本思想是将结构离散化，用有限个容易分析的单元来表示复杂的对象，单元之间通过有限个结点相互连接，然后根据变形协调条件综合求解。有限元法的概念源于结构力学分析理论，下面以结构力学的一维杆件系统求解为例描述有限元的基本过程。

图 8-1 表示一个一维杆单元，其两端为结点 1、2，结点上作用有结点力 f_1、f_2。

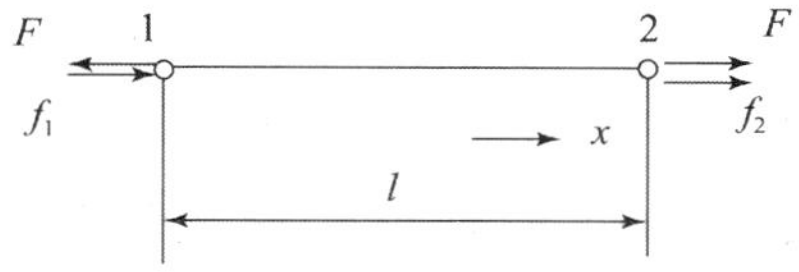

图 8-1　一维杆单元

1. 单元位移插值函数及结点位移

一维杆件只能承受拉力和压力，其在弹性范围的变形是线性的。设单元内一点位移 u 与其坐标值 x 呈线性关系：

$$u = a_1 + a_2 x$$

式中 a_1，a_2 为常数。

则在结点 1、2 上，应分别有结点位移：

$$u_1 = a_1 + a_2 \cdot 0 \text{，} u_2 = a_1 + a_2 \cdot l$$

式中：l 为单元长度；u_1 为结点 1 处位移；u_2 为结点 2 处位移。

由上述方程求解未知系数 a_1、a_2，解得

$$a_1 = u_1 \text{，} a_2 = \frac{u_2 - u_1}{l}$$

将 a_1 ，a_2 代入位移式，则单元位移插值函数为：

$$u = u_1 + \frac{u_2 - u_1}{l}x$$

2. 单元应变表达式

将位移式对坐标 x 求导，则得单元应变式为：

$$\varepsilon_x = \frac{\mathrm{d}u}{\mathrm{d}x} = \frac{u_2 - u_1}{l}$$

3. 单元应力表达式

根据材料力学的虎克定律，可得单元应力的表达式：

$$\sigma_x = E\varepsilon_x = \frac{E}{l}(u_2 - u_1)$$

式中 E 为单元材料的弹性模量。

杆单元的轴向力为

$$F = \sigma_x A = \frac{EA}{l}(u_2 - u_1)$$

式中：E 为弹性模量；l 为单元长度；A 为单元的横截面积。

4. 单元刚度方程

在杆单元轴向力方程中，F 表示杆件的轴向力(内力)，规定它的符号为：拉力为正，压力为负。

用结点力 f_1、f_2 分别表示结点 1、2 对单元的作用力，规定它的符号为：与坐标轴 x 同向时为正，反向时为负，则有

$$f_1 = -F = -\frac{EA}{l}(u_2 - u_1)\text{；}f_2 = F = \frac{EA}{l}(u_2 - u_1)$$

用矩阵表达上面公式，则为：

$$\begin{pmatrix} f_1 \\ f_2 \end{pmatrix} = \frac{EA}{l}\begin{pmatrix} 1 & -1 \\ -1 & 1 \end{pmatrix}\begin{pmatrix} u_1 \\ u_2 \end{pmatrix}$$

设 $K = \dfrac{EA}{l}$ 为单元刚度，则上式成为结点力与结点位移的矩阵形式的关系式：

$$\{f\}^e = [K]^e\{\delta\}^e$$

式中：$\{f\}^e$ 为单元结点力矩阵，$\{f\}^e = \begin{pmatrix} f_1 \\ f_2 \end{pmatrix}$

$[K]^e$ 为单元刚度矩阵，$(K)^e = \dfrac{EA}{l}\begin{pmatrix} 1 & -1 \\ -1 & 1 \end{pmatrix} = \begin{pmatrix} K & -K \\ -K & K \end{pmatrix}$

$\{\delta\}^e$ 为单元结点位移矩阵，$\{\delta\}^e = \begin{pmatrix} u_1 \\ u_2 \end{pmatrix}$

如图 8-2 所示表示两个连续杆单元。

单元 1 有

$$\begin{pmatrix} f_{11} \\ f_{12} \end{pmatrix} = \begin{pmatrix} K_1 & -K_1 \\ -K_1 & K_1 \end{pmatrix}\begin{pmatrix} u_1 \\ u_2 \end{pmatrix}$$

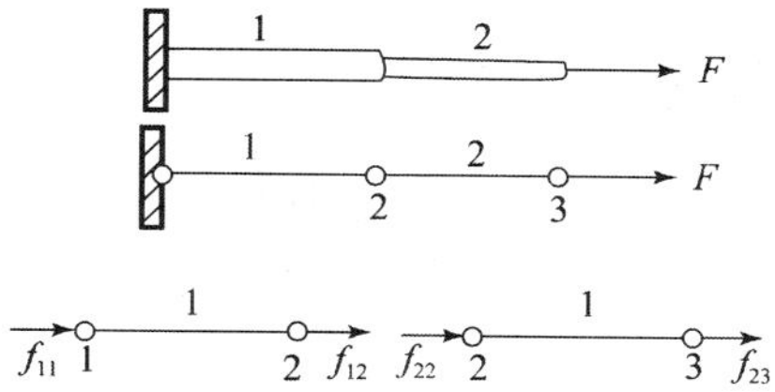

图 8-2　一维连续杆单元

单元 2 有

$$\begin{Bmatrix} f_{22} \\ f_{23} \end{Bmatrix} = \begin{pmatrix} K_2 & -K_2 \\ -K_2 & K_2 \end{pmatrix} \begin{Bmatrix} u_2 \\ u_3 \end{Bmatrix}$$

式中 f_{ij} 表示第 i 个单元第 j 个结点上的结点力。如有 3 个以上的连续单元，则其余单元表达式依此类推。

5. 构件整体刚度方程

把作用在单元中间的外载荷(包括温度载荷，惯性载荷等)等效转化作用在结点上的载荷，定义为结点载荷。对整体结构而言，前面提到的结点力是内力，而结点载荷是外力。

对于图 8-2 所示连续杆单元，各结点载荷 F_i 为相应各结点力的代数和。则

结点 1 有 $$F_1 = f_{11} = K_1(u_1 - u_2)$$

结点 2 有 $$\begin{aligned} F_2 &= f_{12} + f_{22} \\ &= K_1(u_2 - u_1) + K_2(u_2 - u_3) \\ &= -K_1 u_1 + (K_1 + K_2)u_2 - K_2 u_3 \end{aligned}$$

结点 3 有 $$F_3 = f_{23} = K_2(u_3 - u_2)$$

将上述各结点载荷与变形的关系式整理成矩阵的形式，有

$$\begin{Bmatrix} F_1 \\ F_2 \\ F_3 \end{Bmatrix} = \begin{pmatrix} K_1 & -K_1 & 0 \\ -K_1 & (K_1 + K_2) & -K_2 \\ 0 & -K_2 & K_2 \end{pmatrix} \begin{Bmatrix} u_1 \\ u_2 \\ u_3 \end{Bmatrix}$$

即 $\{F\} = (K)\{\delta\}$。

上式为构件整体刚度方程，式中(K)为构件整体刚度矩阵，其由所包含的每一单元的刚度矩阵相加而成。

$$(K) = \begin{pmatrix} K_1 & K_1 & 0 \\ K_1 & K_1 + K_2 & K_2 \\ 0 & K_2 & K_2 \end{pmatrix}$$

从刚度矩阵可以看出，因力 F_1、F_3 只分别对单元 1、2 产生作用，故 F_1 行中相应于结点变形 u_1、u_2 的刚度还是原来单个单元中的值不变，F_3 行中相应于结点变形 u_2、u_3 的刚度也不变。但因力 F_2 作用在两个单位的公共结点上，故其大小要使两个单元都在该点上产生变形 u_2，所以 F_2 行中相应 u_2 的刚度值是原来这两个独立单元的相应刚度之和，此即为叠加原理。

通过以上分析，我们可以把有限元法的基本求解步骤归纳为以下几个方面。

1. 结构的离散化

结构的离散化是将分析的对象划分为有限个单元体，并在单元上选定一定数量的点作为结点，各单元体之间仅在指定的结点处相连。有限元法的整个分析过程就是针对这种单元集合体来进行的。

2. 位移模式的选择

有限元法是应用局部的近似解来求得整个问题的解的一种方法。根据分块近似的思想，可以选择一个简单的函数来近似地构造每一单元内的近似解。有限元的位移法是以结点位移为基本未知量，用结点位移表示单元体的位移、应变和应力。在分析求解时，首先对单元中位移的分布做出一定的假设，即选择一个简单的函数来近似地表示单元位移分量随坐标变化的分布规律，这种函数称为位移模式。

位移模式的选择是有限元法分析中的关键。由于多项式的数学运算比较简单、易于处理，所以通常是选用多项式作为位移模式。多项式的项数和阶数的选择一般要考虑单元的自由度和解答的收敛性要求等。

3. 单元的力学特性分析

分析单元的力学特性主要包括以下三部分内容：

(1) 通过几何方程建立单元应变与结点位移的关系式。

(2) 利用物理方程导出单元应力与结点位移的关系式。

(3) 由虚功原理推出作用于单元上的结点力与结点位移之间的关系式及单元的刚度方程。

4. 等效结点力的计算

分析对象经过离散化以后，单元之间仅通过结点进行力的传递，但实际上力是从单元的公共边界上传递的。为此，必须把作用在单元边界上的表面力，以及作用在单元上的体积力、集中力等根据静力等效的原则全都移置到结点上，移置后的力称为等效结点力。

5. 建立整体结构的平衡方程

建立整体结构的平衡方程是将所有单元的刚度矩阵集合形成一个整体刚度矩阵，同时将作用于各单元的等效结点力向量叠加成整体结构的结点载荷向量。从单元到整体的叠加过程主要是依据两点：一是所有相邻的单元在公共结点处的位移相等，二是所有各结点必须满足平衡条件。通常，叠加整体刚度矩阵的方法是按结点编号对号入座，直接利用单元刚度矩阵中的刚度系数子阵进行叠加。

6. 求解未知的结点位移及单元应力

在上述叠加整体刚度矩阵时没有考虑整体结构的平衡条件，所以叠加得到的整体刚度矩阵是一个奇异矩阵，尚不能对平衡方程直接进行求解。只有在引入边界约束条件、对所建立的平衡方程加以适当的修改之后，方可根据方程组的具体特点选择恰当的计算方法来求得结点位移，继而求出单元应变和应力。引入边界条件修改平衡方程实质上就是消除整体结构的刚体位移。

8.3　弹性力学基础

弹性力学作为一门基础技术学科，是近代工程技术的必要基础之一。在现代工程结构分析，特别是航空、航天、机械、土建和水利工程等大型结构的设计中，广泛应用着弹性力学的基本公式和结论。有限元法解决的问题许多属于弹性力学范畴，因此要解决工程问题和学好有限元法，必须掌握弹性力学的基础知识。

弹性力学与材料力学在研究内容和方法上有一定区别。弹性力学和材料力学研究问题的方法都是从静力学、几何学、物理学三方面入手的。但是，材料力学的研究对象是杆状构件，分析其在拉压、剪切、弯曲、扭转等几类典型外载荷作用下的应力和位移。在材料力学中，除了从静力学、几何学、物理学三方面进行分析外，还引用了一些关于构件的形变状态或应力分布的假定（如平面截面的假定、拉应力在截面上均匀分布的假定等），其问题求解的基本方程，是常微分方程。用弹性力学相关知识研究杆状构件不做假定，除研究杆状构件之外，还研究板、壳、块，甚至是三维物体等。因此问题分析只能从微分单元体入手，以分析单元体的平衡、变形和应力应变关系，问题求解是满足一定边界条件的偏微分方程，只能通过数值计算方法来求得其近似解。近似求解方法，如差分法和变分法等，特别是随着计算机的广泛应用而发展的有限单元法，为弹性力学的发展和解决工程实际问题开辟了广阔的前景。

8.3.1　弹性力学基本假设

弹性力学的研究对象是理想弹性体，其应力与应变之间的关系为线性关系，即符合虎克定律。所谓理想弹性体，是指符合下述假定的物体。

(1) 连续性假定。假定整个物体的体积都被组成该物体的介质所填满，不存在任何空隙。物体内的一些物理量（如应力、应变、位移等）才可能是连续的，因而才可能用坐标的连续函数来表示它们的变化规律。

(2) 完全弹性假定。假定物体服从虎克定律，即应变与引起该应变的应力成正比。反映这一比例关系的常数，就是所谓的弹性常数。弹性常数不随应力或应变的大小和符号而变。这个假定，使得物体在任意瞬时的应变将完全取决于该瞬时物体所受到的外力或温度变化等因素，而与加载的历史和加载的顺序无关。

(3) 均匀性假定。假定整个物体是由同一材料组成的，整个物体的所有各部分才具有相同的弹性，因而物体的弹性常数才不会随位置坐标而变，可以取出该物体的任意一小部分来加以分析，然后把分析所得的结果应用于整个物体。如果物体是由多种材料组成的，但是只要每一种材料的颗粒远远小于物体而且在物体内是均匀分布的，那么整个物体也就可以假定为均匀的。

(4) 各向同性假定。假定物体的弹性在所有各方向上都是相同的，物体的弹性常数不随方向而变化。对于非晶体材料，是完全符合这一假定的。而由木材、竹材等做成的构件，就不能当作各向同性体来研究。至于钢材构件，虽然其内部含有各向异性的晶体，但由于晶体非常微小，并且是随机排列的，所以从统计平均意义上讲，钢材构件的弹性基本上是各向同性的。

(5) 小位移和小变形假定。在弹性力学中,所研究的问题主要是理想弹性体的线性问题。为了保证研究的问题限定在线性范围,还需要做出小位移和小变形的假定。假定物体受力以后,物体所有各点的位移都远远小于物体原来的尺寸,在考察物体的变形及位移时,对于转角和应变的二次幂或其乘积都可以略去不计。对于工程实际中的问题,如果不能满足这一假定的要求,一般需要采用其他理论来进行分析求解(如大变形理论等)。

上述假定都是为了研究问题的方便,根据研究对象的性质,结合求解问题的范围而做出的。这样可以略去一些暂不考虑的因素,使得问题的求解成为可能。

8.3.2 弹性力学基本量

弹性力学中常用物理量有外力、应力、应变和位移。

1. 外力

作用于物体的外力可分为体力和面力两种。所谓体力,是指分布在整个体积内的外力,例如重力和惯性力。用 f_x、f_y、f_z 三个体力分量表示作用在物体内任何一点单位体积内的体力。所谓面力,是指作用于物体表面上的外力,例如流体压力和接触力。用 $\overline{f}_x$、$\overline{f}_y$、$\overline{f}_z$ 三个分量表示作用在物体表面上任一点处单位面积上的面力。

2. 应力

弹性体受到外力作用之后,其内部就会产生相应的应力。为了描述弹性体内任一点 P 处的应力状态,可用一些假想截面在 P 点处截出一个边长为 dx、dy、dz 的无限小平行六面体,通常称为微单元体,如图 8-3 所示,它的 6 个面分别垂直于 3 个坐标轴,每个面上的应力可分解为一个正应力和两个剪应力。正应力记为 σ_x、σ_y、σ_z,剪应力记为 τ_{xy}、τ_{yx}、τ_{xz}、τ_{zx}、τ_{yz}、τ_{zy},角标的前一个字母表示作用面所垂直的坐标轴;后一个字母表表示作用方向。根据剪应力互等定律,$\tau_{xy}=\tau_{yx}$、$\tau_{xz}=\tau_{zx}$、$\tau_{yz}=\tau_{zy}$。

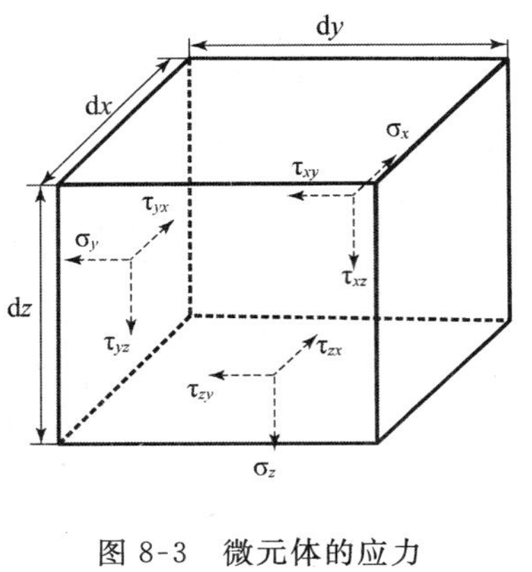

图 8-3 微元体的应力

3. 应变

为了描述物体内任一点处的变形情况,在该点处沿坐标轴正向取三个微线段 dx、dy、dz,物体变形后,这三个微线段的长度及它们之间所夹直角都要发生改变。微线段伸长、缩短的变形程度,即相对变形量,用正应变表示,记为 ε_x、ε_y、ε_z,如图 8-4(a)所示。变形后,dx 和 dy 线段间所夹直角的改变量定义为剪应变,记为 γ_{xy}、γ_{xz}、γ_{yz},如图 8-4(b)所示。

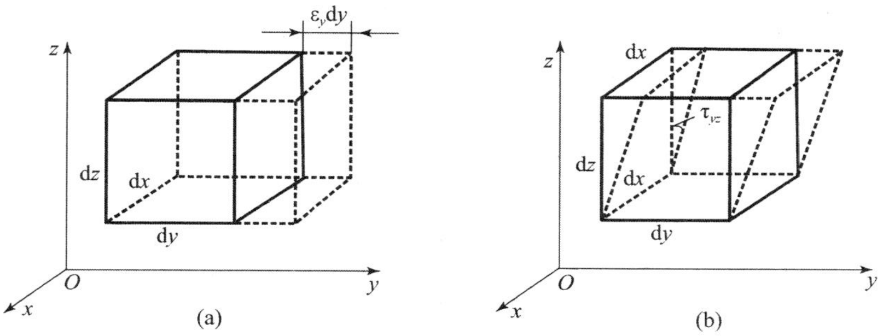

图 8-4　微元体的应变

4. 位移

在载荷(或温度变化等其他因素)作用下，物体内各点之间的距离改变称为位移，它反映了物体的变形大小。用 u 、v 、w 分别表示 x 、y 、z 三个方向的位移分量。

8.3.3　弹性力学的基本方程

1. 平衡方程(外力与应力关系)

一般情况下，物体内不同点将有不同的应力，各点应力分量是点位置坐标的函数。当弹性体在外力作用下保持平衡时，根据平衡条件推导出应力分量与体力(或面力)之间的关系式称为平衡方程。弹性体内任一点沿坐标轴 x、y、z 方向的平衡方程为

$$\frac{\partial \sigma_x}{\partial x}+\frac{\partial \tau_{yx}}{\partial y}+\frac{\partial \tau_{zx}}{\partial z}+x=0$$

$$\frac{\partial \sigma_y}{\partial y}+\frac{\partial \tau_{xy}}{\partial x}+\frac{\partial \tau_{zy}}{\partial z}+y=0$$

$$\frac{\partial \sigma_z}{\partial z}+\frac{\partial \tau_{xz}}{\partial x}+\frac{\partial \tau_{yz}}{\partial y}+z=0$$

其中 x 、y 、z 为单位体积的体积力在 x、y、z 三个方向的分量。

2. 几何方程(应变与位移关系)

弹性体受到外力作用时，其形状和尺寸会发生变化，即产生变形。在弹性力学中所考虑的几何学方面的问题，实质上是研究弹性体内各点的应变分量与位移分量之间的关系。应变分量与位移分量之间的关系称为几何方程。物体受力变形后，其内部任一点的位移与应变的关系可用下式表示

$$\varepsilon_x=\frac{\partial u}{\partial x},\ \varepsilon_y=\frac{\partial v}{\partial y},\ \varepsilon_z=\frac{\partial w}{\partial z}$$

$$\gamma_{xy}=\frac{\partial u}{\partial y}+\frac{\partial v}{\partial x},\ \gamma_{yz}=\frac{\partial v}{\partial z}+\frac{\partial w}{\partial y},\ \gamma_{zx}=\frac{\partial w}{\partial x}+\frac{\partial u}{\partial z}$$

3. 物理方程(应力与应变关系)

应力与应变关系的方程式称为物理方程。物理方程与材料特性有关，它描述材料抵抗变形的能力。

用胡克定律表示，则

$$\begin{Bmatrix}\varepsilon_x\\ \varepsilon_y\\ \varepsilon_z\\ \gamma_{xy}\\ \gamma_{yz}\\ \gamma_{zx}\end{Bmatrix}=\frac{1}{E}\begin{bmatrix}1 & -\mu & -\mu & 0 & 0 & 0\\ -\mu & 1 & -\mu & 0 & 0 & 0\\ -\mu & -\mu & 1 & 0 & 0 & 0\\ 0 & 0 & 0 & 2(1+\mu) & 0 & 0\\ 0 & 0 & 0 & 0 & 2(1+\mu) & 0\\ 0 & 0 & 0 & 0 & 0 & 2(1+\mu)\end{bmatrix}\begin{Bmatrix}\sigma_x\\ \sigma_y\\ \sigma_z\\ \tau_{xy}\\ \tau_{yz}\\ \tau_{zx}\end{Bmatrix}$$

式中，E 为材料的弹性模量；μ 为材料的泊松比。

综上所述，弹性力学的基本方程：3 个平衡微分方程、6 个几何方程和 6 个物理方程，其刚好包含了 6 个应力分量、6 个应变分量和 3 个位移分量。因此根据这 15 个基本方程求解 15 个未知量是可行的。但应该注意到，这 15 个基本方程表达的是弹性体内任一点的应力、应变、位移关系的一般规律，对各具体弹性体中的特定规律，由于几何形状、边界受力情况及位移约束情况的不同，就会有不同的解答。换言之，只有既满足 15 个基本方程，又满足边界条件的解，才是弹性体的真正解。边界条件就是弹性力学问题的定解条件。

弹性力学问题按照不同的边界条件分为位移边界问题、应力边界问题和混合边界问题。位移边界问题即物体在全部边界上的位移分量是已知的，应为边界问题即物体在全部边界上所受的表面力是已知的。在混合边界问题中，是一部分边界上已知面力，其余部分边界上已知位移。

8.3.4 虚功原理

假设弹性体在虚位移发生之前处于平衡状态，当弹性体产生约束许可的微小虚位移并同时在弹性体内产生虚应变时，体力与面力在虚位移上所作的虚功等于整个弹性体内各点的应力在虚应变上所作的虚功的总和，即外力虚功等于内力虚应变能。

作用在 i、j…点的外力，在虚位移上所做虚功为：

$$x_iu_i^* + y_iv_i^* + z_iw_i^* + x_ju_j^* + y_jv_j^* + z_jw_j^* + \cdots = [\delta^*]^T[F]$$

整个弹性体内应力在虚应变上做的虚功（虚应变能）：

$$\iiint(\sigma_x\varepsilon_x^* + \sigma_y\varepsilon_y^* + \sigma_z\varepsilon_z^* + \tau_{xy}\gamma_{xy}^* + \tau_{yz}\gamma_{yz}^* + \tau_{zx}\gamma_{zx}^*)\mathrm{d}x\mathrm{d}y\mathrm{d}z = \iiint\{\varepsilon^*\}^T\{\sigma\}\mathrm{d}x\mathrm{d}y\mathrm{d}z$$

式中，u^*、v^*、w^* 分别表示受力点 x、y、z 三个方向的虚位移分量；ε_x^*、ε_y^*、ε_z^*、γ_{xy}^*、γ_{yz}^*、γ_{zx}^* 表示虚应变分量。

8.3.5 弹性力学的平面问题

平面问题时工程实际中最常遇到的问题，许多工程实际问题可以简化为平面问题来进行求解。平面问题一般可以分为两类，一类是平面应力问题，另一类是平面应变问题。

1. 平面应力问题

平面应力问题是指所研究的对象是平板状，在 z 方向上的尺寸很小，外载荷与 z 轴垂直、沿 z 方向没有变化，在 $z=\pm h/2$ 的两个外表面不受任何载荷，如图 8-5 所示。

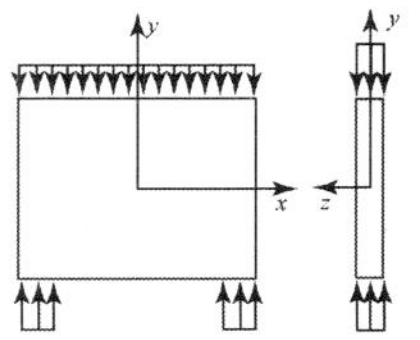

图 8-5 平面应力问题

在 $z=\pm h/2$ 的外表面任意点，都有 $\sigma_z=\tau_{zx}=\tau_{zy}=0$。另外，由

于 z 方向尺寸很小，所以可以假定物体内任一点都有 σ_z 、τ_{zx} 、τ_{zy} 为零，而其余 3 个应力分量 σ_x 、σ_y 、τ_{xy} 都是 x 、y 的函数。此时物体内各点的应力状态为平面应力状态。

平面应力状态的平衡方程为

$$\frac{\partial \sigma_x}{\partial x}+\frac{\partial \tau_{yx}}{\partial y}+x=0$$

$$\frac{\partial \sigma_y}{\partial y}+\frac{\partial \tau_{xy}}{\partial x}+y=0$$

平面应力状态的几何方程为

$$\varepsilon_x=\frac{\partial u}{\partial x}, \varepsilon_y=\frac{\partial v}{\partial y}, \gamma_{xy}=\frac{\partial u}{\partial y}+\frac{\partial v}{\partial x}$$

平面应力状态的物理方程为

$$\begin{pmatrix}\varepsilon_x\\ \varepsilon_y\\ \gamma_{xy}\end{pmatrix}=\frac{1}{E}\begin{pmatrix}1 & -\mu & 0\\ -\mu & 1 & 0\\ 0 & 0 & 2(1+\mu)\end{pmatrix}\begin{pmatrix}\sigma_x\\ \sigma_y\\ \tau_{xy}\end{pmatrix}$$

$$\varepsilon_z=\frac{\mu}{E}(\sigma_x+\sigma_y)$$

2. 平面应变问题

当物体在 z 方向上尺寸相对于横截面 xOy 很大，所受的载荷又平行于其横截面（垂直于 z 轴），且不沿长度方向（ z 轴方向）变化，此类问题称为平面应变问题，如图 8-6 所示。如水坝受力、较长热水管受力等属于这类问题。平面应变问题，可认为其长度为无限长，沿 z 轴的应变忽略不计。在任一截面内，应变分量是 x 、y 的函数。物体内各点都只能在 xoy 平面内移动，而不发生 z 方向的移动，则 $\varepsilon_\tau=\tau_{xz}=\tau_{yz}=0$ 。由于 z 方向的变形被阻止，所以一般情况下 σ_z 不等于零。

平面应变状态的平衡方程、几何方程与平面应力问题相同。因 $\varepsilon_z=0$ ，即 $\sigma_z=\mu(\sigma_x+\sigma_y)$ ，其物理方程为

$$\begin{pmatrix}\varepsilon_x\\ \varepsilon_y\\ \gamma_{xy}\end{pmatrix}=\frac{1-\mu^2}{E}\begin{pmatrix}1 & -\frac{\mu}{1-\mu} & 0\\ -\frac{\mu}{1-\mu} & 1 & 0\\ 0 & 0 & \frac{2}{1-\mu}\end{pmatrix}\begin{pmatrix}\sigma_x\\ \sigma_y\\ \tau_{xy}\end{pmatrix}$$

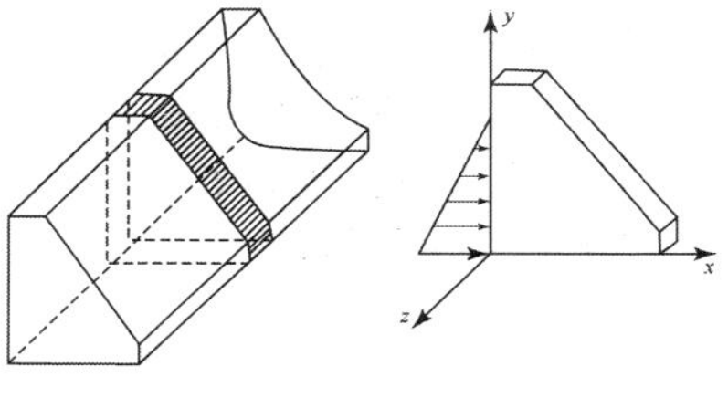

图 8-6　平面应变问题

8.4 平面问题的三角形单元求解

以平面应力问题为例，选取三角形线性单元，用有限元方法求解。图 8-7 表示一个平面三角形单元，已知其三个结点坐标如图 8-7 所示。

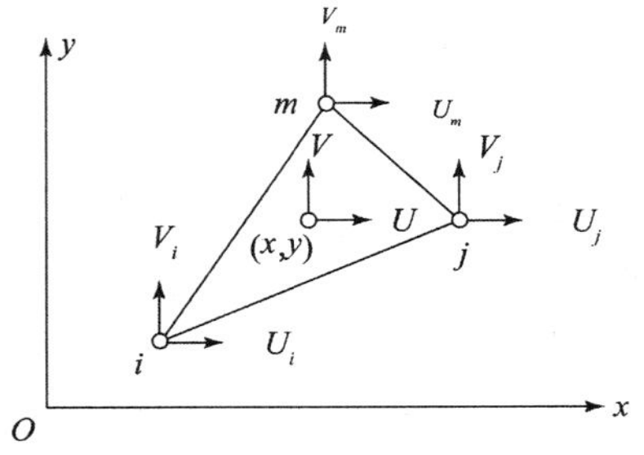

图 8-7　平面三角形单元

1. 单元位移插值函数及结点位移

设单元内一点的位移(u,v)与其坐标值(x,y)成线性关系：

$$\left.\begin{aligned} u &= \alpha_1 + \alpha_2 x + \alpha_3 y \\ v &= \alpha_4 + \alpha_5 x + \alpha_6 y \end{aligned}\right\} \tag{8-1}$$

三个结点的位移可以用矩阵形式表示为

$$\begin{Bmatrix} u_1 \\ u_2 \\ u_3 \\ v_1 \\ v_2 \\ v_3 \end{Bmatrix} = \begin{bmatrix} 1 & x_1 & y_1 & 0 & 0 & 0 \\ 1 & x_2 & y_2 & 0 & 0 & 0 \\ 1 & x_3 & y_3 & 0 & 0 & 0 \\ 0 & 0 & 0 & 1 & x_1 & y_1 \\ 0 & 0 & 0 & 1 & x_2 & y_2 \\ 0 & 0 & 0 & 1 & x_3 & y_3 \end{bmatrix} \begin{Bmatrix} \alpha_1 \\ \alpha_2 \\ \alpha_3 \\ \alpha_4 \\ \alpha_5 \\ \alpha_6 \end{Bmatrix} \tag{8-2}$$

矩阵中，u_i，v_i 为第 i 个结点的位移；x_i，y_i 为第 i 个结点的坐标值。

方程中系数 α_1 至 α_6 是由单元的几何形状决定的。仿照一维杆件单元的求解方式，可解得用单元结点坐标和位移表示的系数 α_i ，将 α_i 代入式(8-1)并整理，得到单元内一点的位移插值函数：

$$\left.\begin{aligned} u &= N_i u_i + N_j u_j + N_m u_m \\ \nu &= N_i \nu_i + N_j \nu_j + N_m \nu_m \end{aligned}\right\} \tag{8-3}$$

式中，u_i、u_j、u_m 为单元三个结点各自在水平方向的位移；

ν_i、ν_j、ν_m 为单元三个结点各自在垂直方向的位移；

N_i 、N_j 、N_m 为单元三个结点坐标的函数。

$$N_i = \frac{1}{2A}(a_i + b_i x + c_i y)$$

$$N_j = \frac{1}{2A}(a_j + b_j x + c_j y)$$

$$N_m = \frac{1}{2A}(a_m + b_m x + c_m y)$$

式中，A 为三角形单元的面积(为使 A 为正值，i、j、m 的次序必须为逆时针方向，如图 1)。

$a_{i,j,m}$、$b_{i,j,m}$、$c_{i,j,m}$ 为结点坐标值的代数式。

$$A = \frac{1}{2}\begin{vmatrix} 1 & 1 & 1 \\ x_i & x_j & x_m \\ y_i & y_j & y_m \end{vmatrix}$$

$$a_i = x_j y_m - x_m y_j \qquad a_j = x_m y_i - x_i y_m \qquad a_m = x_i y_j - x_j y_i$$
$$b_i = y_j - y_m \qquad b_j = y_m - y_i \qquad b_m = y_i - y_j$$
$$c_i = x_m - x_j \qquad c_j = x_i - x_m \qquad c_m = x_j - x_i$$

可将式(8-3)改写成矩阵形式

$$\begin{pmatrix} u \\ v \end{pmatrix} = \begin{pmatrix} N_i & 0 & N_j & 0 & N_m & 0 \\ 0 & N_i & 0 & N_j & 0 & N_m \end{pmatrix} \{\delta\}^e \tag{8-4}$$

式中，$\{\delta\}^e$ 为单元结点位移矩阵，$\{\delta\}^e = \begin{pmatrix} u_i \\ v_i \\ u_j \\ v_j \\ u_m \\ v_m \end{pmatrix}$

2. 单元应变表达式

根据弹性理论，平面应变如图 8-8 所示。

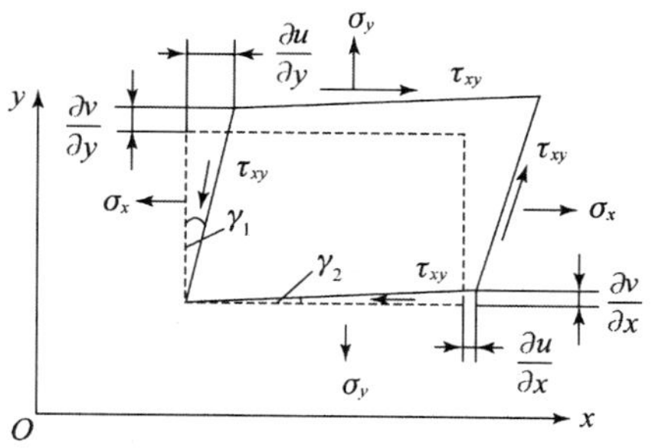

图 8-8　平面应变

单元内一点的应变与位移有如下关系：

$$\left.\begin{aligned} \varepsilon_x &= \frac{\partial u}{\partial x} \\ \varepsilon_y &= \frac{\partial v}{\partial y} \\ \gamma_{xy} &= \gamma_1 + \gamma_2 = \frac{\partial u}{\partial y} + \frac{\partial v}{\partial x} \end{aligned}\right\} \tag{8-5}$$

式中，ε_x 为 x 向应变；ε_y 为 y 向应变；γ_{xy} 为剪切应变；γ_1，γ_2 为在剪切力作用下单元两边分别偏转的角度。

将式(8-4)位移式代入式(8-5)，可得到用单元结点坐标和位移表示的应变，写成矩阵形式为

$$\begin{Bmatrix} \varepsilon_x \\ \varepsilon_y \\ \gamma_{xy} \end{Bmatrix} = \frac{1}{2A} \begin{bmatrix} b_i & 0 & b_j & 0 & b_m & 0 \\ 0 & c_i & 0 & c_j & 0 & c_m \\ c_i & b_i & c_j & b_j & c_m & b_m \end{bmatrix} \begin{Bmatrix} u_i \\ \nu_i \\ u_j \\ \nu_j \\ u_m \\ \nu_m \end{Bmatrix} \tag{8-6}$$

令 $$[B] = \frac{1}{2A} \begin{bmatrix} b_i & 0 & b_j & 0 & b_m & 0 \\ 0 & c_i & 0 & c_j & 0 & c_m \\ c_i & b_i & c_j & b_j & c_m & b_m \end{bmatrix}$$

即
$$\{\varepsilon\} = [B]\{\delta\}^e \tag{8-7}$$

式中，$\{\varepsilon\}$ 为单元应变矩阵；$[B]$ 为单元结点坐标函数矩阵。

3. 单元应力表达式

根据弹性理论，应力与应变有如下关系：

$$\left.\begin{aligned} \sigma_x &= \frac{E}{1-\mu^2}\left(\varepsilon_x + \mu\varepsilon_y\right) \\ \sigma_y &= \frac{E}{1-\mu^2}\left(\varepsilon_y + \mu\varepsilon_x\right) \\ \tau_{xy} &= \frac{E}{2\left(1+\mu\right)}\gamma_{xy} \end{aligned}\right\} \tag{8-8}$$

式中，σ_x 为正应力；σ_y 为正应力；τ_{xy} 为剪切应力。

写成矩阵形式为

$$\begin{Bmatrix} \sigma_x \\ \sigma_y \\ \tau_{xy} \end{Bmatrix} = \frac{E}{1-\mu^2} \begin{bmatrix} 1 & \mu & 0 \\ \mu & 1 & 0 \\ 0 & 0 & \frac{1-\mu}{2} \end{bmatrix} \begin{Bmatrix} \varepsilon_x \\ \varepsilon_y \\ \gamma_{xy} \end{Bmatrix} \tag{8-9}$$

令 $$[\mathrm{D}] = \frac{\mathrm{E}}{1-\mu^2} \begin{bmatrix} 1 & \mu & 0 \\ \mu & 1 & 0 \\ 0 & 0 & \frac{1-\mu}{2} \end{bmatrix}$$

即
$$\{\sigma\} = [D]\{\varepsilon\} \tag{8-10}$$

式中，$\{\sigma\}$ 为单元应力矩阵；$[D]$ 为单元弹性矩阵，只与弹性模量 E，泊松比 μ 有关。

4. 单元刚度方程

根据力学的虚功原理，经推导可得到与一维有限元式形式一样的平面三角形有限元的结点力变形方程：

$$\{F\}^e = [K]^e\{\delta\}^e \tag{8-11}$$

式中，$[K]^e = tA[\mathrm{B}]^{\mathrm{T}}[\mathrm{D}][\mathrm{B}]$，$t$ 为厚度。

具体形式是

$$\begin{Bmatrix} F_{ix} \\ F_{iy} \\ F_{jx} \\ F_{jy} \\ F_{mx} \\ F_{my} \end{Bmatrix} = \begin{bmatrix} K_{ii} & K_{ij} & K_{im} \\ K_{ji} & K_{jj} & K_{jm} \\ K_{mi} & K_{mj} & K_{mm} \end{bmatrix} \begin{Bmatrix} u_i \\ v_i \\ u_j \\ v_j \\ u_m \\ v_m \end{Bmatrix} \tag{8-12}$$

式中，F_{rx}，F_{ry}为结点 r 上沿 x，y 向的结点分力；

K_{rs}为刚度项，数值大小为作用在结点 r 上使结点 s 产生单位变形的力的大小。K_{rs}是二行二列的子矩阵，二行分别与结点力 F_{rx}，F_{ry} 对应，二列分别与变形量 u_s，v_s 对应。K_{rs} 每一项的大小分别是单元结点坐标、弹性模量 E、泊松比 μ 和材料厚度 h 的函数。

5. 构件整体刚度方程

参照一维有限元式，可知平面构件有限元结点载荷的整体变形方程

$$\{F\} = [K]\{\delta\} \tag{8-13}$$

式中，$\{F\}$ 为结点载荷，共有 $2m$ 项，m 为结点总数；$\{\delta\}$ 为结点位移，共有 $2m$ 项；$[K]$为整体刚度矩阵，如式 8-13 所示。

对图 8-9 所示结构，式(8-12)的具体形式为

$$\begin{Bmatrix} F_{1x} \\ F_{1y} \\ F_{2x} \\ F_{2y} \\ F_{3x} \\ F_{3y} \\ F_{4x} \\ F_{4y} \\ F_{5x} \\ F_{5y} \\ F_{6x} \\ F_{6y} \end{Bmatrix} = \begin{bmatrix} K_{11} & K_{12} & K_{13} & 0 & 0 & 0 \\ K_{21} & K_{22} & K_{23} & K_{24} & K_{26} & 0 \\ K_{31} & K_{32} & K_{33} & 0 & K_{35} & K_{36} \\ 0 & K_{42} & 0 & K_{44} & K_{45} & 0 \\ 0 & K_{52} & K_{53} & K_{54} & K_{55} & K_{56} \\ 0 & 0 & K_{63} & 0 & K_{65} & K_{66} \end{bmatrix} \begin{Bmatrix} u_1 \\ \nu_1 \\ u_2 \\ \nu_2 \\ u_3 \\ \nu_3 \\ u_4 \\ \nu_4 \\ u_5 \\ \nu_5 \\ u_6 \\ \nu_6 \end{Bmatrix} \tag{8-13}$$

根据刚度叠加原理，上述刚度矩阵中的任一项 K_{rs} 是由共同具有结点 r、s 的几个独立单元的相应刚度项叠加而成的，其物理意义是 r 结点上的载荷由相关的几个独立单元在 s 点上的变形所共用。

如对结点 3 而言，因其是单元 1、3、4 的共同结点，故刚度项 K_{3i}（i 为相邻结点号，$i=1,2,3,5,6$）须运用叠加原理求得，有如下关系：

$$K_{31}=K_{31}^{1}$$
$$K_{32}=K_{32}^{1}+K_{32}^{3}$$
$$K_{33}=K_{33}^{1}+K_{33}^{3}+K_{33}^{4}$$
$$K_{35}=K_{35}^{3}+K_{35}^{4}$$
$$K_{36}=K_{36}^{4}$$

上式等式左边：K_{3i} ——作用在结点 3 上使结点 i 产生单位变形的力的大小。

等式右边：K_{3i}^{j} ——在第个单元中作用在结点 3 上使结点 i 产生单位变形的力的大小。

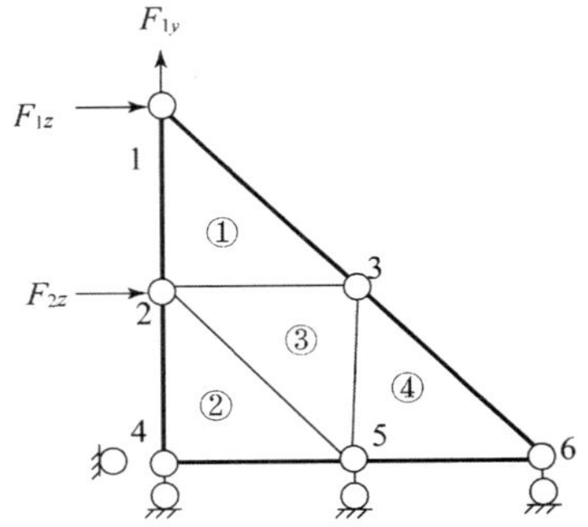

图 8-9 平面三角形单元有限元结构

6. *求解线性方程组需注意的问题*

求解线性方程组之前，必须先对边界条件进行处理。为了说明此情况，首先看一下式(8-13)中刚度矩阵的具体数值，如式(8-14)所示。

$$\begin{Bmatrix} F_{1x} \\ F_{1y} \\ F_{2x} \\ 0 \\ 0 \\ 0 \\ F_{R_{4x}} \\ F_{R_{4y}} \\ 0 \\ F_{R_{5y}} \\ 0 \\ F_{R_{6y}} \end{Bmatrix} = \begin{bmatrix} 1 & 0 & -1 & -1 & 0 & 1 & & & & & & \\ 0 & 2 & 0 & -2 & 0 & 0 & & & & & 0 & \\ -1 & 0 & 6 & 1 & -4 & -1 & -1 & -1 & 0 & 1 & & \\ -1 & -2 & 1 & 6 & -1 & -2 & 0 & -2 & 1 & 0 & & \\ 0 & 0 & -4 & -1 & 6 & 1 & 0 & 0 & -2 & -1 & 0 & 1 \\ 1 & 0 & -1 & -2 & 1 & 6 & 0 & 0 & -1 & -4 & 0 & 0 \\ & & -1 & 0 & 0 & 0 & 3 & 1 & -2 & -1 & 0 & 0 \\ & & -1 & -2 & 0 & 0 & 1 & 3 & 0 & -1 & 0 & 0 \\ & & 0 & 1 & -2 & -1 & -2 & 0 & 6 & 1 & -2 & -1 \\ & & 1 & 0 & -1 & -4 & -1 & -1 & 1 & 6 & 0 & -1 \\ 0 & & & & 0 & 0 & 0 & 0 & -2 & 0 & 2 & 0 \\ & & & & 1 & 0 & 0 & 0 & -1 & -1 & 0 & 1 \end{bmatrix} \begin{Bmatrix} u_1 \\ \nu_1 \\ u_2 \\ \nu_2 \\ u_3 \\ \nu_3 \\ 0 \\ 0 \\ u_5 \\ 0 \\ u_6 \\ 0 \end{Bmatrix} \tag{8-14}$$

观察式(8-14)可知，构件刚度矩阵具有如下特征：

(1) 构件刚度矩阵是对称的。这是弹性结构反力互等定理的反映。

(2) 构件刚度矩阵是奇异的，即其中每一行(列)所有数值的和都各为零，即行列式 $|K|=0$，所以不存在逆矩阵，但由于 $\{\delta\}=\{F\}[K]^{-1}$ 而导致方程无法求解。其力学意义是，在前面列刚度矩阵时，构件是被视为悬空无支持的，构件的整体刚性位移没有消除，所以无法求出结点的弹性位移 $\{\delta\}$。为解决此问题，必须引入构件的边界条件，对构件刚度方程进行数学处理。

边界条件处理：将图 8-3 中给定的位移约束条件 $u_4=\nu_4=\nu_5=\nu_6=0$，相应支反力 $F_{R_{4x}}$、$F_{R_{4y}}$、$F_{R_{5y}}$、$F_{R_{6y}}$ 和已知外力代入式(8-14)，再对刚度矩阵[K]中对应于零位移(u_4、ν_4、ν_5、ν_6)的行和列的元素消去；同时消去位移列阵 $\{\delta\}$ 和外载荷列阵$\{F\}$中的相应元素，即得可解的刚度方程(8-15)：

$$
\begin{Bmatrix} F_{1x} \\ F_{1y} \\ F_{2x} \\ 0 \\ 0 \\ 0 \\ 0 \\ 0 \end{Bmatrix}
=
\begin{bmatrix}
1 & 0 & -1 & -1 & 0 & 1 & & 0 \\
0 & 2 & 0 & -2 & 0 & 0 & & \\
-1 & 0 & 6 & 1 & -4 & -1 & & \\
-1 & -2 & 1 & 6 & -1 & -2 & 1 & \\
0 & 0 & -4 & -1 & 6 & 1 & -2 & \\
1 & 0 & -1 & -2 & 1 & 6 & -1 & \\
 & & & 1 & -2 & -1 & 6 & -2 \\
0 & & & & & & -2 & 2
\end{bmatrix}
\begin{Bmatrix} u_1 \\ \nu_1 \\ u_2 \\ \nu_2 \\ u_3 \\ \nu_3 \\ u_5 \\ u_6 \end{Bmatrix}
\tag{8-15}
$$

从以上过程可知，只有引入边界条件后，有限元刚度方程才成为等效可解的矩阵方程。

解式(8-15)求出结点位移 $\{\delta\}$ 后，再由前面公式计算应变和应力。如果需要，可将 $\{\delta\}$ 代回式(8-15)刚度方程，直接求出支反力。

8.5 有限元建模

8.5.1 机械结构分析常用单元

1. 常用单元的类型

由于实际机械结构往往较为复杂，在用有限元法进行结构分析时，应当选用合适的单元进行连续结构体的离散化，以便使所建立的计算力学模型能在工程意义上尽量接近实际工程结构，提高计算精度。目前常见的有限元分析软件都备有丰富的单元供用户使用。下面介绍常见的几种单元类型。

(1) 杆状单元

一般把截面尺寸远小于其轴向尺寸的构件称为杆状结构件，杆状构件通常用杆状单元来描述。根据结构形式和受力情况，用杆状单元模拟杆状结构件时，一般还具体分为杆单元、平面梁单元和空间梁单元三种单元形式。

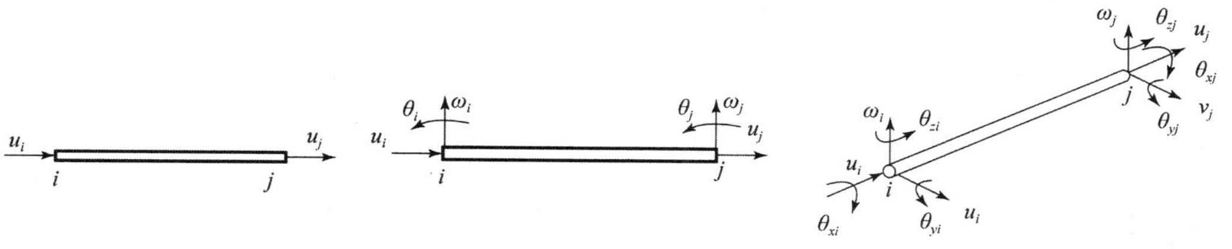

(a) 杆单元　　(b) 平面梁单元　　(c) 空间梁单元

图 8-10　杆状单元

杆单元如图 8-10(a)所示，它有两个结点，每个结点仅有一个轴向自由度，因而它只能承受轴向载荷。常见的铰接桁架通常就可以采用这种单元来处理。

平面梁单元如图 8-10(b)所示，有两个结点，每个结点在图示平面内具有 3 个自由度，即横向自由度、轴向自由度和转动自由度。平面梁单元可以承受弯矩切向力和轴向力。在工程实际中，诸如机床的主轴和导轨、大型管道管壁的加强肋、机械结构中的连接螺栓、传动轴等均可用平面梁单元来处理。

空间梁单元如图 8-10(c)所示，空间梁单元是平面梁单元向空间的推广，空间梁单元中的每个结点具有 6 个自由度，即 3 个方向的平动自由度和 3 个方向的旋转自由度。

(2) 薄板单元

薄板结构件一般是指厚度远小于其他轮廓尺寸的构件。薄板单元主要用于薄板结构件的处理，但对于那些可以简化为平面问题的承载结构也可使用这类单元。按其承载能力薄板单元又可分为平面单元、弯曲单元和薄壳单元 3 种。

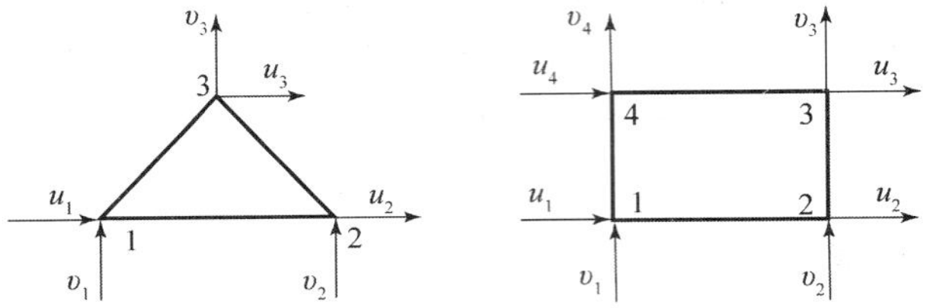

图 8-11 平面单元

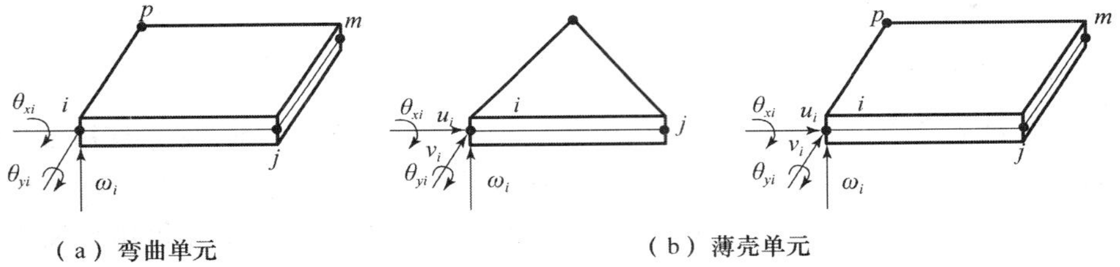

图 8-12 薄板弯曲单元与薄壳单元

常用的平面单元有 3 结点三角形单元、4 结点矩形单元、4 结点四边形单元、6 结点三角形单元和 8 结点曲边四边形单元等。其中最常用的平面单元有三角形平面单元和矩形平面单元 2 种，如图 8-11 所示，它们分别有 3 个和 4 个结点，每个结点仅有两个面内的平动自由度。由于没有旋转自由度，因此平面单元不能承受弯曲载荷。当结构体的边界为不规则的曲线时，采用八结点曲边四边形单元能获得较好的近似结果。但在一般的平面问题中，由于 3 结点三角形单元对包括曲边边界结构的任何形状都能获得较好的近似结果，而且计算量较少，所以 3 结点三角形单元的应用最为广泛。

弯曲单元如图 8-12(a)所示，薄板弯曲单元主要承受横向载荷和绕两个水平轴的弯矩，它也有三角形和矩形两种单元形式，分别具有 3 个和 4 个结点，每个结点都有一个横向自由度和两个转动自由度。

薄壳单元实际上是平面单元和薄板弯曲单元的组合，如图 8-12(b)所示。它的每个结点既可承受面内的作用力，又可承受横向载荷和绕水平轴的弯矩。显然采用薄壳单元来模拟实际工程应用中的板壳结构，不仅考虑了板在平面内的承载能力，还考虑了板的抗弯能力。薄壳单元有时也简称为壳单元。

(3) 多面体单元

多面体单元是平面单元向空间的推广。有四面体单元和六面体单元，分别有 4 个和 8 个结点，每个结点有三个沿坐标轴方向的自由度。多面体单元可用于实心三维结构的有限元分析。

2. 单元的划分

(1) 选择单元类型及阶次

单元的划分，通常需要考虑分析对象的结构形状和受载情况。对于前面所研究讨论的桁架，其单元的划分比较简单，因为分析对象本身就是由一系列杆件相互连接而成，所以可直接取每根杆件作为一个单元。但是，对于其他非杆件的机械结构物，如齿轮、轧机机架等，为了能有效地逼近实际的分析对象，就必须考虑选择何种单元类型。对于一些比较复杂的结构，有时还要采用几种不同类型的单元来进行离散化。许多大型有限元分析软件都备有多达几十种类型的单元库，供分析计算人员选用。

一般地说，对同一类型单元采用高次单元，可望用较少的单元获得所需精度的解答。例如，在结点数相同时，用六结点三角形单元计算的结果要好于三结点三角形单元的结果。单元的阶次越高，单元的适应能力也越强，但是也增加计算时间。选择单元阶次要根据结构实际变形情况及计算经验来确定。

(2) 单元的数量

有限元法的计算基础是随着单元数目的增多，有限元解逐步逼近真实解。因此，一般来说单元数目越多，其解越精确。但是单元数目的增加使结点数目大大增加，从而计算量增大。一般在满足精度要求下，选择较少的单元数目。

(3) 网格的疏密

在机械结构分析中，在应力变化梯度大的地方网格划分密集一些，保证计算精度；在应力变化梯度小的地方适当划分稀疏一些，减少计算工作量。如图 8-13 所示。

(4) 网格分界面及分界点

将集中力载荷布置在网格的分界面及分界点上。如图 8-14 所示。

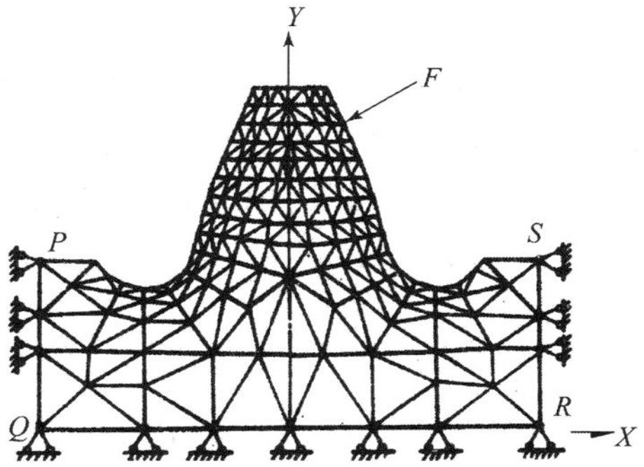

图 8-13　有限元网格的划分

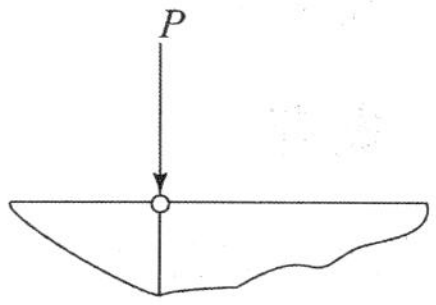

图 8-14　载荷布置在网格分界点

(5) 结点编号

为节省存储空间，同一单元的几个结点号码尽可能接近。因为结点的刚度项只与相邻结点有关，故两不相邻的结点间 K_{rs} 为零。如图 8-15 所示。

	1	2	3	4	5	6	7	8	9	10
1	K	K	K							
2	K	K	K	K						
3	K	K	K	K	K					
4		K	K	K	K	K				
5			K	K	K	K	K			
6				K	K	K	K	K		
7					K	K	K	K	K	
8						K	K	K	K	K
9							K	K	K	K
10								K	K	K

（a）同一单元结点编号靠近

	1	2	3	4	5	6	7	8	9	10
1	K	K				K				
2	K	K	K			K	K			
3		K	K	K			K	K		
4			K	K	K			K	K	
5				K	K				K	K
6	K	K				K	K			
7		K	K			K	K	K		
8			K	K			K	K	K	
9				K	K			K	K	K
10					K				K	K

（b）同一单元结点编号不靠近

图 8-15 结点编号

8.5.2 位移插值函数

位移插值函数的形式与所分析结构的类型、单元形式和计算结构的精度要求有关。位移插值函数是用来近似描述并不知道的单元变形模式和限制有限元模型的变形。因此，为了随着单元尺寸的减小有限元计算结果能收敛于精确解，所选择的位移插值函数必须满足下列 3 个条件：

（1）包括常数项——反映单元的刚体位移

弹性体的每一个单元的位移由两部分组成，一部分是由于单元变形引起的；另一部分与单元的变形无关，即刚体位移。

（2）包括一次项——反映单元的常应变状态

当物体被分割的很小时，单元中各点应变相差很小而趋于相等。唯一插值函数应能反应单元的刚体位移。

（3）位移函数应保证在单元内连续，并且相邻单元间公共边界上的位移必须协调，不能有裂缝和嵌入。为了使单元内部的位移保持连续，必须把位移函数取为坐标的单值连续函数。为了使相邻单元的位移保持连续就要使它们在公共结点处具有相同的位移，公共边位移由结点处位移决定。

8.5.3 载荷处理

在物体边界曲折、应力集中处单元的尺寸要小些。划分单元时，集中力作用点要布置为单元的一个结点。厚度变化、物性变化的地方在划分单元时也区分开来。

分布载荷则可以按照等效原则转化为集中力作用在结点上。如图 8-16 所示。

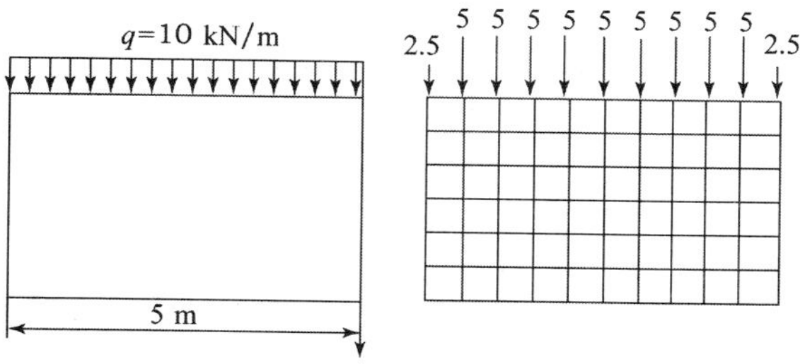

图 8-16　分布载荷转化为集中力

8.5.4　边界条件

要达到消除刚体位移的目的，在平面问题中应至少有三个约束，以消除平面刚体的两个平动一个转动。图 8-17 中的结构因只有两个约束，所以是不合理约束。

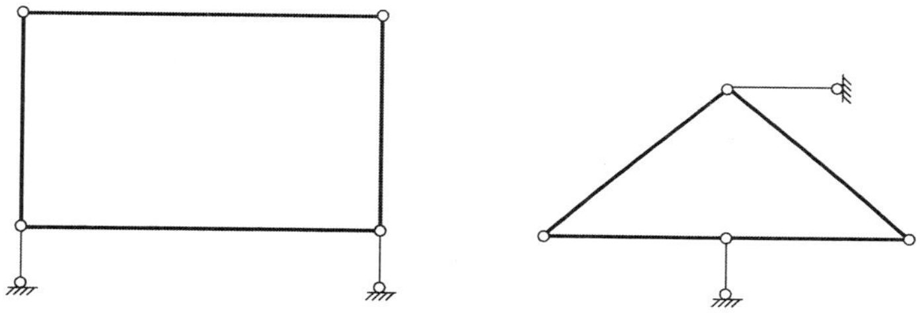

图 8-17　不合理约束

具体问题可采用以下方法处理：

(1) 将支承情况转化为约束，如图 8-13 中把一定距离处的齿轮体作为约束。

(2) 当构件和荷载为对称时，可取对称轴线的一侧计算，则对称轴线上应加相当的约束(在对称面或线的垂直方向的位移为零)，如图 8-18 所示。

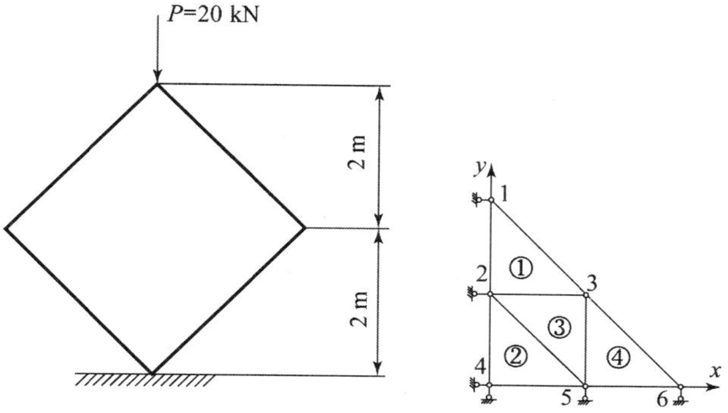

图 8-18　对称问题简化

当弹性体对边界点的支撑刚度已知时，则可将它的作用简化为弹簧，如图 8-19 所示。

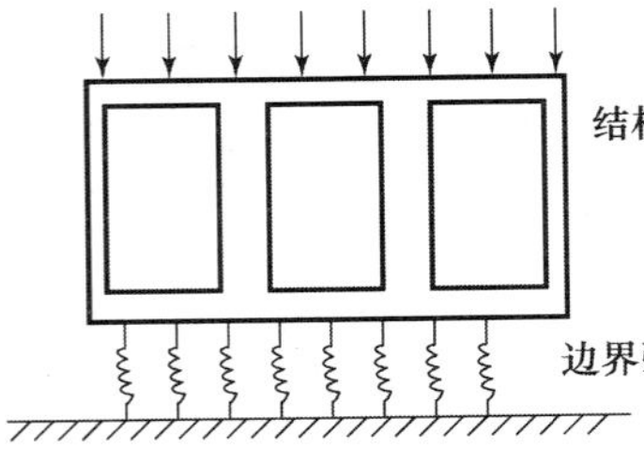

图 8-19　已知刚度的支撑简化为弹簧

有限元模型的质量直接影响分析精度和分析效率(计算机 CPU 时间和存储空间大小)。为了达到较好的分析效果,设计者要运用有限元法的基本原理和相应问题的专门知识,恰当地处理建模过程中的具体问题。

第 9 章 ANSYS 有限元分析实例

ANSYS 软件由世界上最大的有限元分析软件公司之一的美国 ANSYS 开发，是一个适用于微机平台的大型通用有限元分析系统，集结构、流体、电场、磁场、声场分析于一体，功能强大，适用领域非常广泛，现在已广泛应用于航空、航天、电子、汽车、土木工程等各种领域，能够满足各行业有限元分析的需要。它能与多数 CAD 软件接口，实现数据的共享和交换，如 Pro/E、NASTRAN、UG、I-DEAS、AutoCAD 等，是现代产品设计中的高级 CAE 工具之一。ANSYS 10.0 的运行窗口如图 9-1 所示。

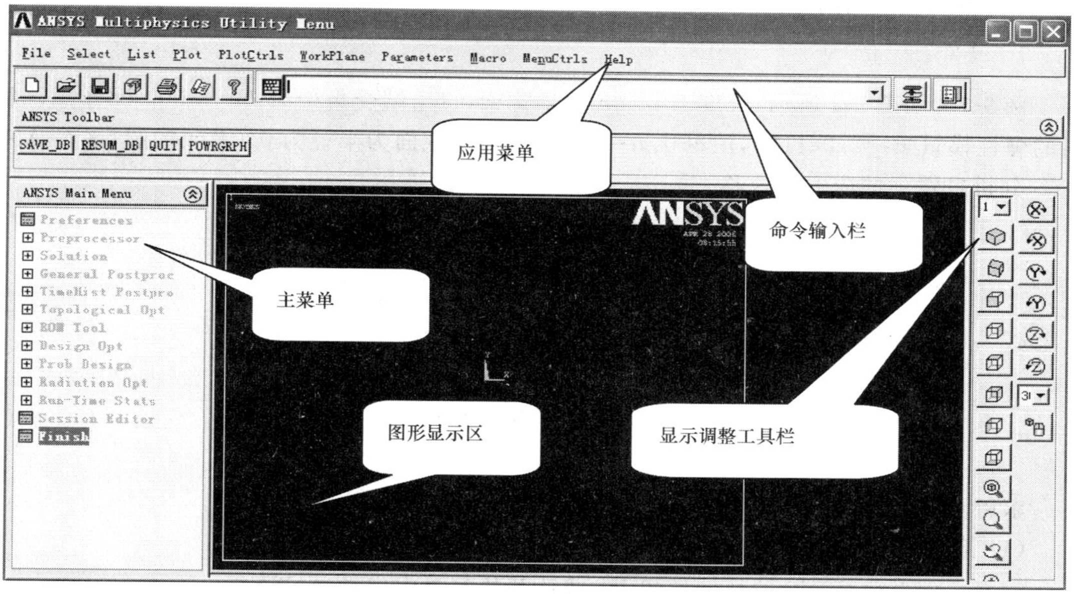

图 9-1 用户主界面

ANSYS 软件主要包括三个部分：前处理模块、分析计算模块和后处理模块。

前处理模块提供了一个强大的实体建模及网格划分工具，用户可以方便地构造有限元模型，软件提供了 100 种以上的单元类型，用来模拟工程中的各种结构和材料。

分析计算模块包括结构分析、流体动力学分析、电磁场分析、声场分析、压电分析以及多物理场的耦合分析，可模拟多种物理介质的相互作用，具有灵敏度分析及优化分析能力。

后处理模块可将计算结果以彩色等值线显示、矢量显示、透明及半透明显示等图形方式显示出来，也可将计算结果以图表、曲线形式显示或输出。

ANSYS 软件分析步骤如下：

(1) 创建有限元模型

① 定义单元类型及材料属性。

② 创建或导入几何模型。

③ 对模型进行网格划分。

(2) 施加载荷进行求解

① 设定约束条件。

② 施加载荷。

③ 求解。

(3) 查看结果

① 查看分析结果。

② 检验结果。

根据以上分析步骤，下面将介绍 4 个 ANSYS 软件在机械工程领域的应用实例。

9.1　悬臂梁的有限元分析实例

例 9-1　如图 9-2 所示，长度 $L=2$ m 的悬臂梁，自由端受集中力 $F=3\ 000$ N 作用。材料的弹性模量 $E=2.0e11$Pa，泊松比 $\mu=0.3$。悬臂梁截面为半径为 0.04 m 的圆，试用 ANSYS 分析悬臂梁的应力和位移。

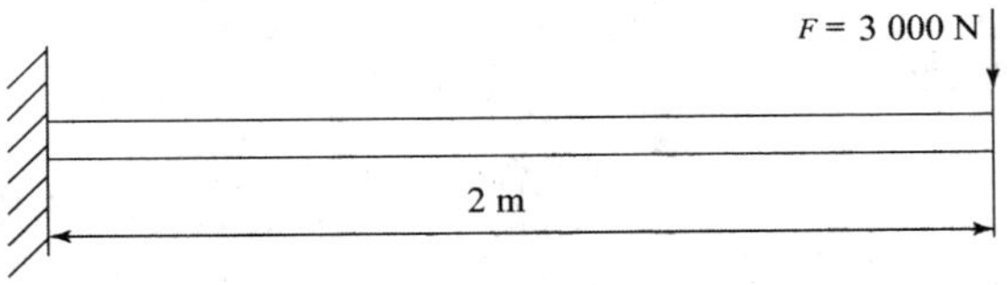

图 9-2　悬臂梁模型

求解步骤如下：

(1) 启动 ANSYS 程序并进行预设置

双击桌面上 ANSYS 的快捷按钮，或从开始菜单中启动 ANSYS。

① 定义工作文件名。执行 Utility Menu:File→Change Jobname 命令，在弹出如图 9-3 所示的“Change Jobname”对话框中输入 ansys_example1，选择 New log and error files 复选框，单击“OK”按钮。

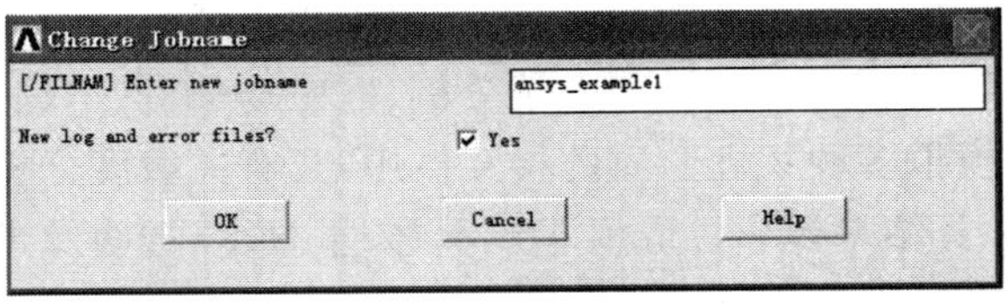

图 9-3　定义工作文件名

② 更改工作目录。首先在“我的文档”文件夹下新建“ansys_example1”文件夹，执行 Utility Menu：File→Change Directory 命令，在弹出的“浏览文件夹”对话框中选择桌面\我的文档\ansys_example1 文件夹，单击“确定”按钮。

③ 定义工作标题。执行 Utility Menu：File→Change Title 命令，在弹出如图 9-4 所示的“Change Title”对话框中输入 The Stress Analysis of Hanging Beam，单击“OK”按钮。

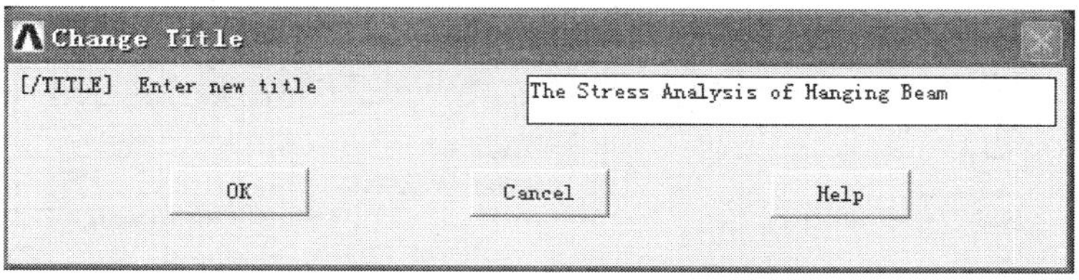

图 9-4　定义标题名

④ 关闭三角坐标号。执行 Utility Menu：PlotCtrls→Windows controls→Window Options 命令，弹出如图 9-5 所示的“Window Options”对话框，在 Location of triad 下拉列表框中选择 Not shown 选项，单击“OK”按钮。

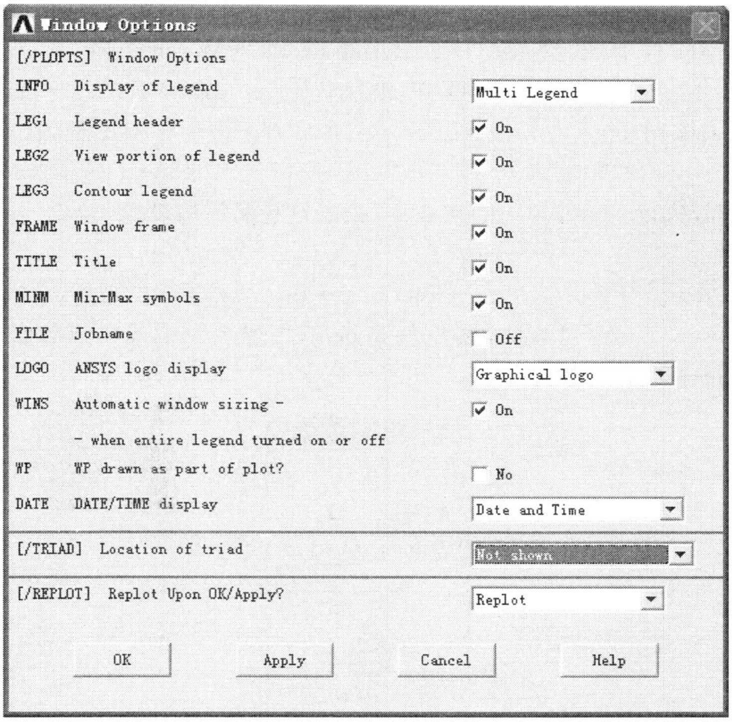

图 9-5　定义图形操作选项

⑤ 设置计算类型。执行 Main Menu：Preferences 命令，在弹出的“Preference for GUI Filtering”对话框中选择 Structural，单击“OK”按钮。本步骤的目的是为了仅使用该软件的结构分析功能，以简化主菜单中各级子菜单的结构。

(2) 设置单元类型及材料属性

① 设置单元类型

执行 Main Menu：Preprocessor→Element Type→Add/Edit/Delete 命令，在弹出的“Element Types” 对话框中单击“Add…”按钮，弹出“Library of Element Type”对话框，如图 9-6 所示，选择 Structural Beam 的 2 node 188 选项(两结点三维梁单元)，单击“OK”按钮返回“Element Types”对话框，单击“Close”按钮退出“Element Types” 对话框。

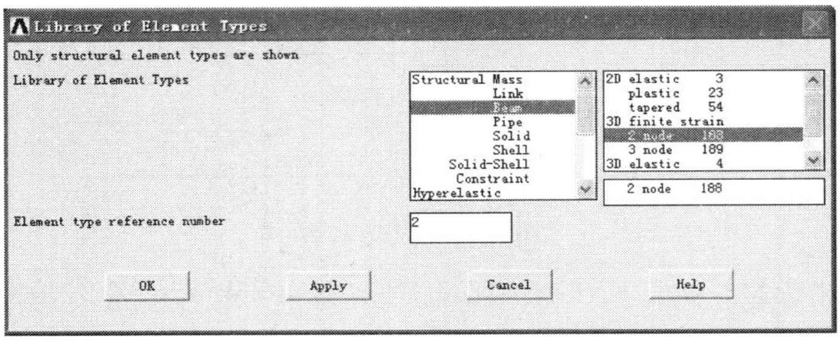

图 9-6 “单元类型”对话框

② 设置材料属性

执行 Main Menu：Preprocessor→Material Props→Material Models 命令，在弹出的“Define Material Models Behavior”对话框中执行 Structural→Linear→Elastic→Isotropic 命令，弹出“Linear Isotropic Properties for Material Number 1”对话框，在 EX 文本框中输入 2e11，在 PRXY 文本框中输入 0. 3，单击“OK”按钮退出“Linear Isotropic Properties for Materials”对话框，执行 Material→Exit 命令，完成材料属性的设置。

③ 设置截面形状

执行 Main Menu：Preprocessor→Sections→Beam→Common Sections 命令，弹出如图 9-7 所示的“Beam Tool” 对话框，在 Sub-Type 下拉列表框中选择圆截面形状，并且输入 *R* 对应值 0. 04，单击“OK”按钮。

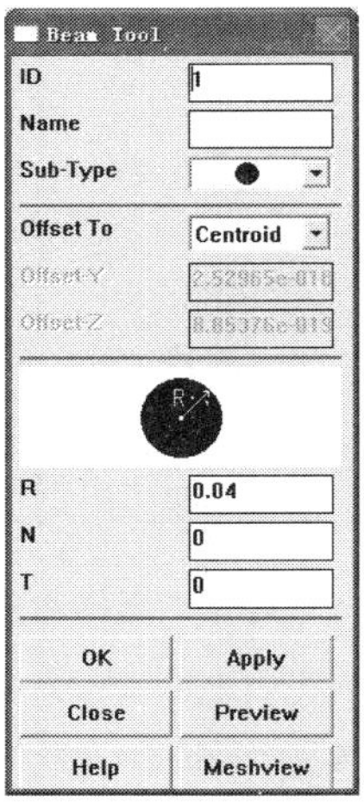

图 9-7 “梁横截面”对话框

(3) 创建几何模型

① 生成关键点

执行 Main Menu：Preprocessor→Modeling→Create→Keypoints→In Active CS 命令，弹出“Create Keypoints in Active Coordinate System”对话框，输入如图 9-8 所示数据，单击“Apply”按钮，之后依次输入第 2 个关键点的坐标：2(2,0,0)，最后单击“OK”按钮。

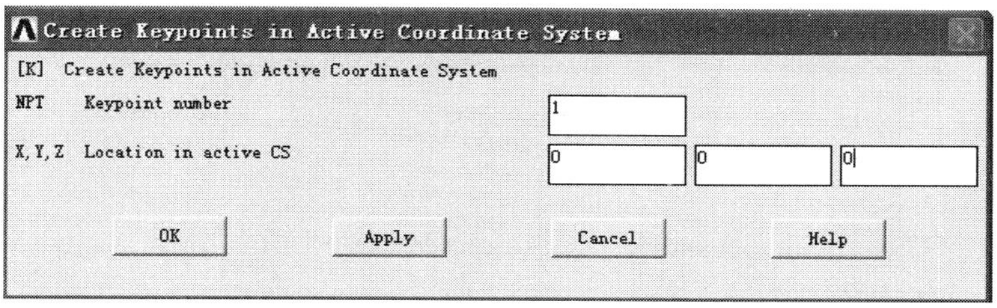

图 9-8　定义关键点

② 生成线

执行 Main Menu：Preprocessor→Modeling→Create→Lines→Lines→Straight Line 命令，弹出如图 9-9 所示的“Create Straight Line”对话框，然后用鼠标依次拾取点 1、2，单击“OK”按钮。

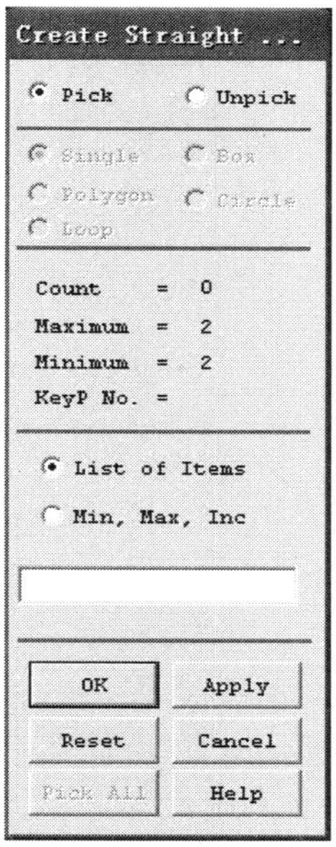

图 9-9　定义直线

(4) 对模型进行网格划分

① 设置单元数目

执行 Main Menu：Preprocessor→Meshing→Size Cntrls→ManualSize→Global→Size 命令，弹出“Global Element Sizes”对话框，如图 9-10 所示。在 NDIV 文本框中输入 40，共划分 40 个梁单元，单击“OK”按钮。

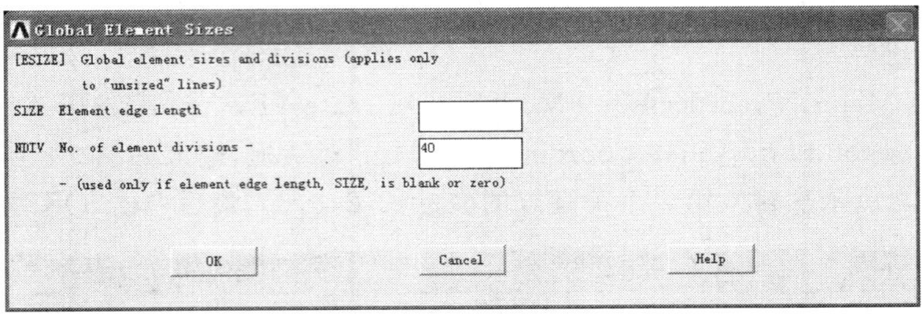

图 9-10　定义单元数目

② 划分网格

执行 Main Menu：Preprocessor→Meshing→Mesh→Lines 命令，弹出“Mesh Lines”对话框，鼠标选取直线 1，单击“OK”按钮。

③ 显示划分网格效果

执行 Utility Menu：PlotCtrls→Style→Size and Shape 命令，弹出如图 9-11 所示对话框，在“/ESHAPE”一栏中单击后面选框，off 变为 on，单击“OK”按钮，显示梁的实际结构。点击右侧图形变换按钮中的“Bottom View”按钮，转换视图方向。

④ 保存有限元网结果

执行 Utility Menu：File→Save as 命令，弹出“Save DataBase”对话框，在 Save DataBase to 下拉列表中输入 mesh_example1. db，单击“OK”按钮。

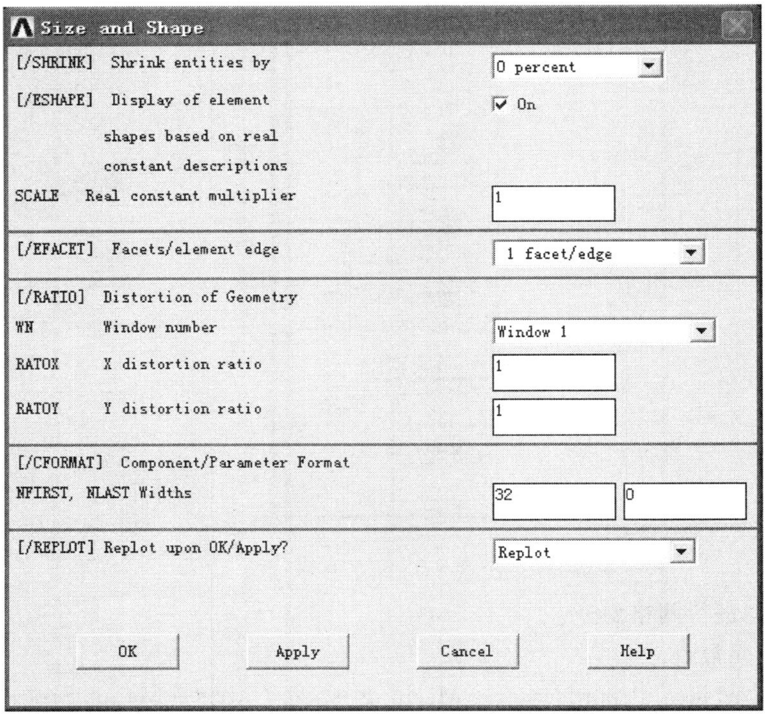

图 9-11　显示三维图形

(5) 设定约束条件

执行 Main Menu：Solution→Define Loads→Apply→Structural→Displacement→On Keypoints 命令，弹出“Apply U,ROT on Kps”对话框，在文本框中输入 1，单击“Apply”按钮，在弹出的对话框中选择 All DOF，单击“OK”按钮，完成在悬臂梁的左端添加约束。

(6) 施加载荷

① 施加集中力载荷

执行 Main Menu：Solution→Define Loads→Apply→Structural→Force/Moment→On Keypoints 命令，弹出“Apply F/M on Kps”对话框，在文本框中输入 2，单击“Apply”按钮，弹出对话框如图 9-12 所示，选择 FY，在 Force/moment value 文本框中输入－3000，单击“OK”按钮。

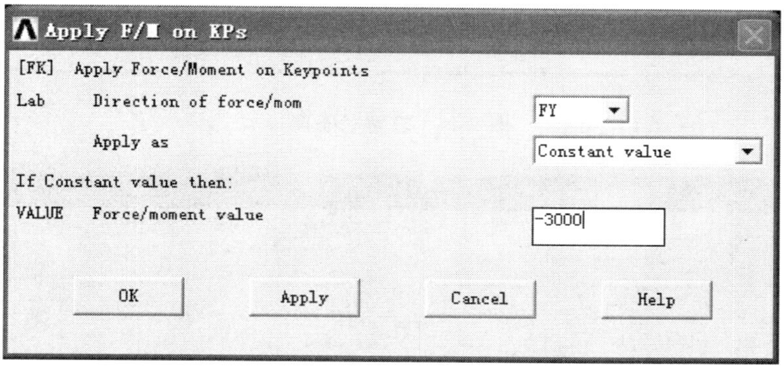

图 9-12　施加集中力载荷

(7) 求解

执行 Main Menu：Solution→Solve→Current LS 命令，弹出如图 9-13 所示的“Solve Current Load Step”对话框，提示重新检查当前模型的相关信息。

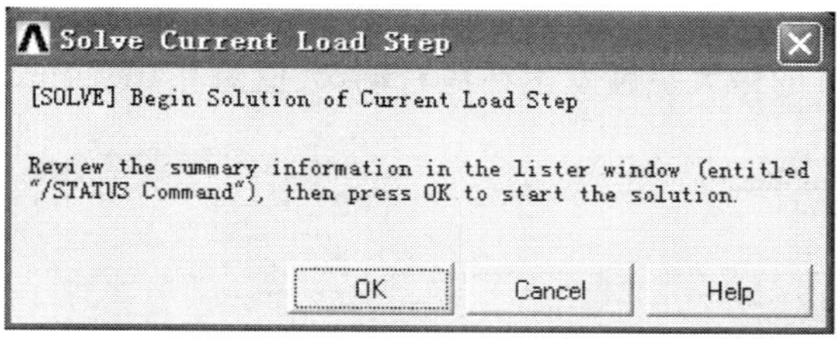

图 9-13　“求解”提示框

查看如图 9-14 所示的“/STATUS Command”状态窗口中的信息，查看完毕，选择菜单 File→Close，关闭“/STATUS Command”状态窗口。最后，单击“Solve Current Load Step”对话框中的“OK”按钮开始进行求解计算。

当弹出如图 9-15 所示的“Note”求解完毕提示框后，单击“Close”按钮关闭此提示框。求解完毕。

执行 Utility Menu：File→Save as 命令，弹出“Save DataBase”对话框，在 Save DataBase to 下拉列表中输入 model_example1. db，单击“OK”按钮。

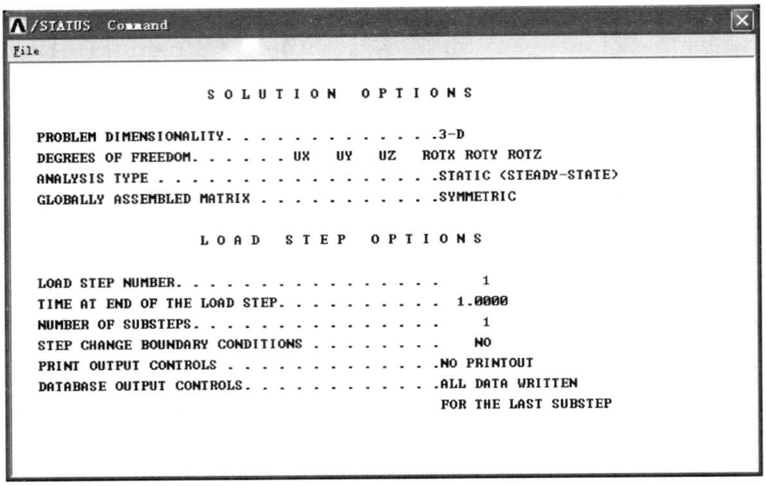

图 9-14 求解状态窗口

图 9-15 求解完毕提示框

(8) 查看分析结果

① 查看位移云图,执行 Main Menu: General Postproc→Plot Results→Contour Plot→Nodal Solu 命令,弹出"Contour Nodal Solution Data"对话框,选择 Nodal Solution→DOF Solution→Y-Component of Displacement 命令,单击"OK"按钮,得到如图 9-16 所示的沿 y 轴方向的变形云图。可以看出,简支梁的最大挠度发生在最右端,数值为 0.019 9 m,方向向下。

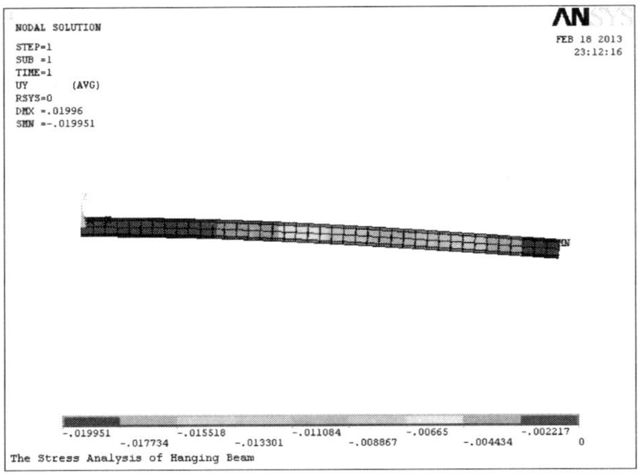

图 9-16 挠度云图

② 查看等效应力云图，执行 Main Menu：General Postproc→Plot Results→Contour Plot→NodalSolu 命令，弹出“Contour Nodal Solution Data”对话框，选择 Nodal Solution→Stress→von Mises stress 命令，单击“OK”按钮，得到如图 9-17 所示等效应力分布图。可以看出，悬臂梁的最大应力发生最左端，数值为 124 MPa。

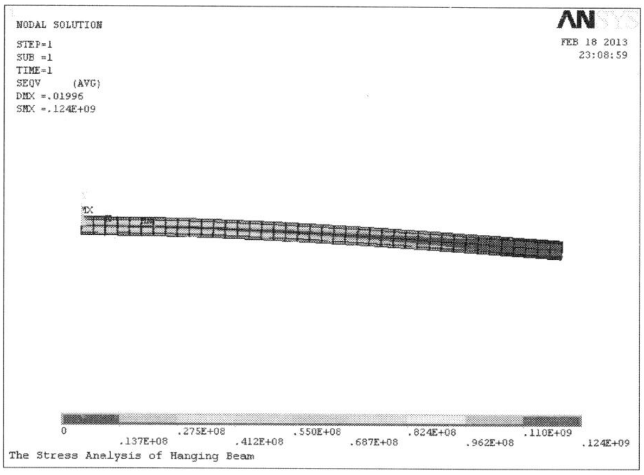

图 9-17　等效应力分布图

(9) 保存文件并退出 ANSYS

执行 Utility Menu：File→Exit 命令，在弹出如图 9-18 所示的“Exit from ANSYS”对话框中选择 Save Everything 单选按钮，最后单击“OK”按钮，保存文件并退出 ANSYS。

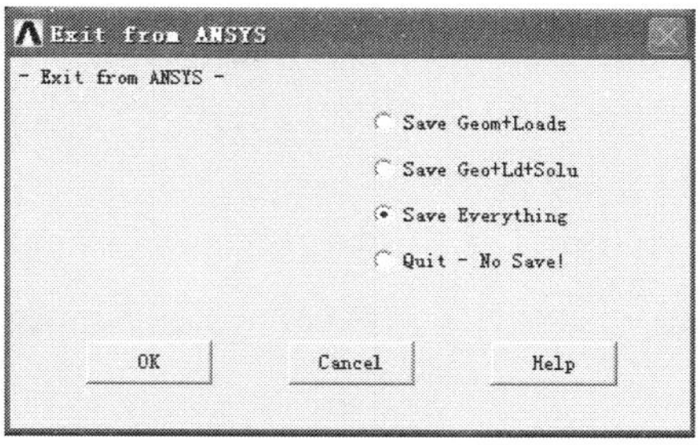

图 9-18　退出 ANSYS

9.2　简支梁的有限元分析实例

例 9-2　简支梁受力如图 9-19 所示，采用普通热轧工字钢，型号为 32a，且已知 $[\sigma]=160$ MPa，长 $L=4\ 000$ mm，承受均布载荷 $q=10$ kN/m，集中载荷 $F=160$ kN，材料的杨氏模量 $E=2.0\times10^{11}$ Pa，泊松比 $\mu=0.3$。工字钢横截面如图 9-20 所示，其中 $t_1=t_2=15$ mm，$t_3=9.5$ mm，$w_1=w_2=130$ mm，$w_3=320$ mm。试求：

(1) 在载荷作用下简支梁的最大挠度；

(2) 在载荷作用下简支梁的最大应力，是否满足要求；

(3) 在载荷作用下左端的转角。

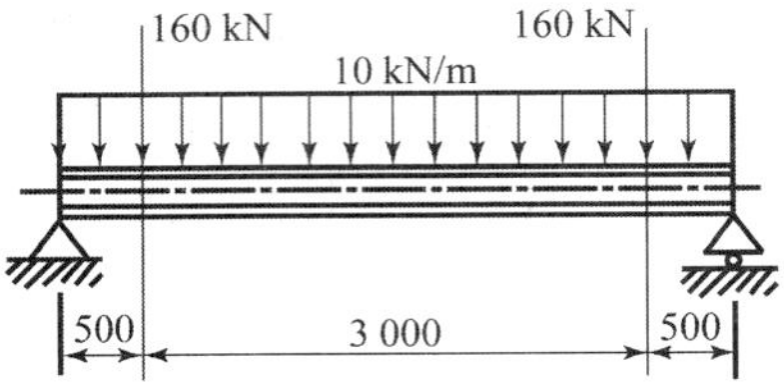

图 9-19 简支梁模型

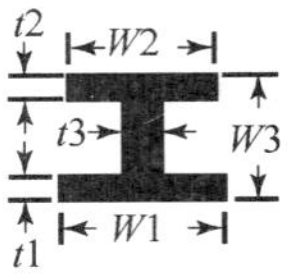

图 9-20 工字钢横截面

求解步骤如下：

(1) 启动 ANSYS 程序并进行预设置

双击桌面上 ANSYS 的快捷按钮，或从开始菜单中启动 ANSYS。

① 定义工作文件名。执行 Utility Menu：File→Change Jobname 命令，在弹出如图 9-21 所示的“Change Jobname”对话框中输入 ansys_example2，选择 New log and error files 复选框，单击“OK”按钮。

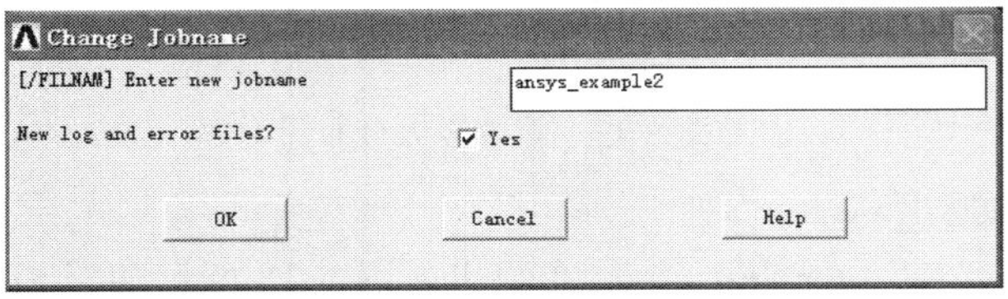

图 9-21 定义工作文件名

② 更改工作目录。首先在“我的文档”文件夹下新建“ansys_example2”文件夹，执行 Utility Menu：File→Change Directory 命令，在弹出的“浏览文件夹”对话框中选择桌面\我的文档\ansys_example2 文件夹，单击“确定”按钮。

③ 定义工作标题。执行 Utility Menu：File→Change Title 命令，在弹出如图 9-22 所示的“Change Title”对话框中输入 The Stress Analysis of Simply supported Beam，单击“OK”按钮。

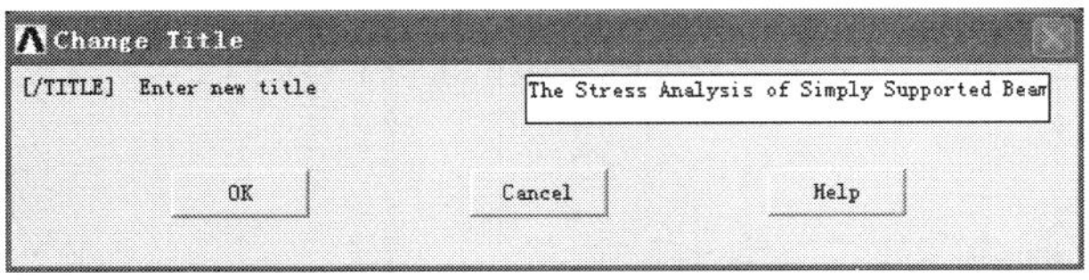

图 9-22 定义标题名

④ 关闭三角坐标号。执行 Utility Menu：PlotCtrls→Windows controls→Window Options 命令，弹出如图 9-23 所示的“Window Options”对话框，在 Location of triad 下拉列表框中选择 Not shown 选项，单击“OK”按钮。

⑤ 设置计算类型。执行 Main Menu：Preferences 命令，在弹出的“Preference for GUI Filtering” 对话框中选择 Structural，单击“OK”按钮。

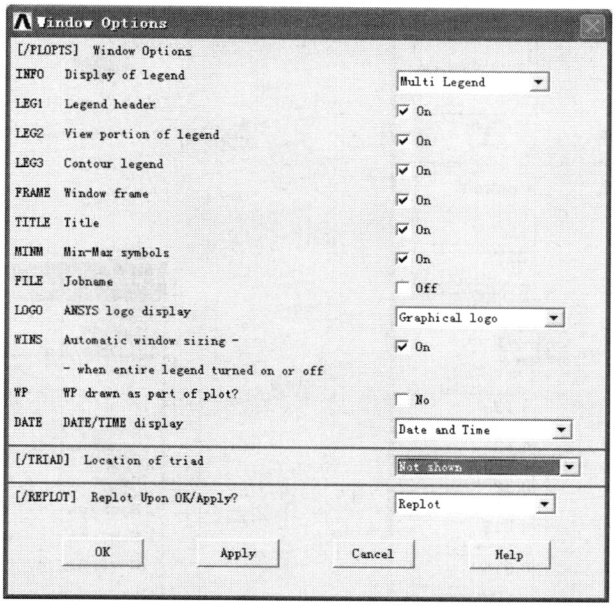

图 9-23　定义图形操作选项

(2) 设置单元类型及材料属性

① 设置单元类型

执行 Main Menu：Preprocessor→Element Type→Add/Edit/Delete 命令，在弹出的“Element Types”对话框中单击“Add…”按钮，弹出“Library of Element Type”对话框，如图 9-24 所示，选择 Structural Beam 的 2 node 188 选项(两结点三维梁单元)，单击“OK”按钮返回“Element Types”对话框，单击“Close”按钮退出“Element Types” 对话框。

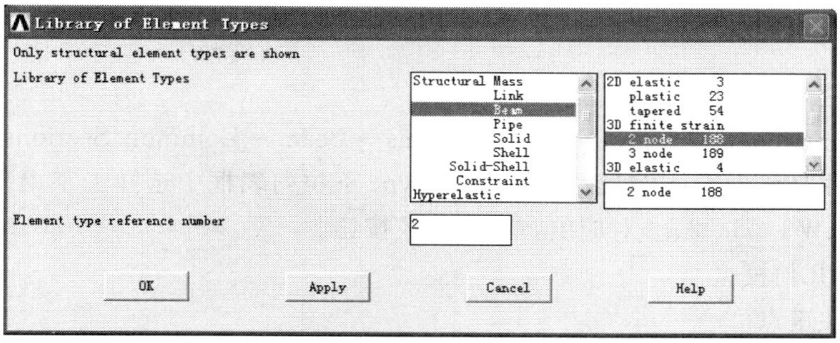

图 9-24　“单元类型”对话框

② 设置材料属性

执行 Main Menu：Preprocessor→Material Props→Material Models 命令，在弹出的“Define Material Models Behavior”对话框中执行 Structural→Linear→Elastic→Isotropic 命令，弹出“Linear Isotropic Properties for Material Number 1”对话框，在 EX 文本框中输入 2e11，在 PRXY 文本框中输入 0.3，单击“OK”按钮退出“Linear Isotropic Properties for Materials” 对话框，执行 Material→Exit 命令，完成材料属性的设置。

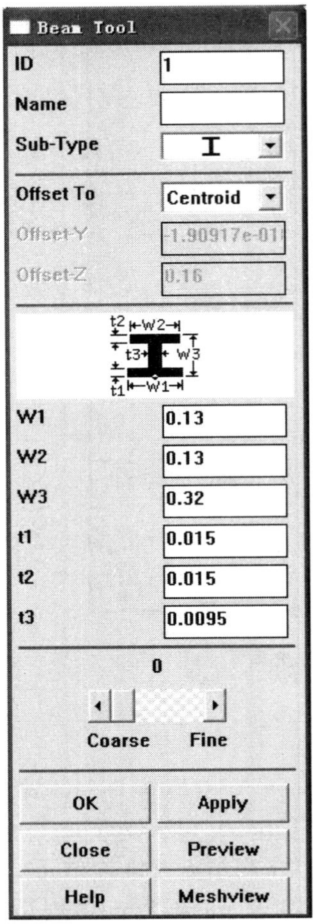

图 9-25 “梁横截面”对话框

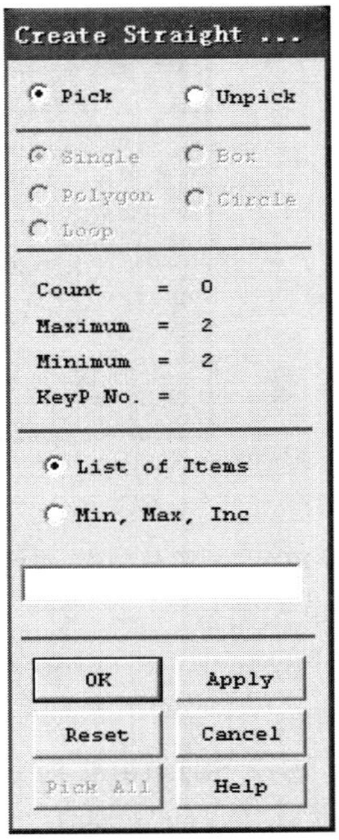

图 9-26 定义直线

③ 设置截面形状

执行 Main Menu：Preprocessor→Sections→Beam→Common Sections 命令，弹出如图 9-25 所示的“Beam Tool”对话框，在 Sub-Type 下拉列表框中选择工字钢截面形状，并且输入 $W1$、$W2$、$W3$ 、$t1$、$t2$、$t3$ 对应值，单击“OK”按钮。

(3) 创建几何模型

① 生成关键点

执行 Main Menu：Preprocessor→Modeling→Create→Keypoints→In Active CS 命令，弹出“Create Keypoints in Active Coordinate System”对话框，输入如图 9-27 所示数据，单击“Apply”按钮，之后依次输入三个关键点的坐标：2(0.5,0,0)、3(3.5,0,0)、4(4,0,0)，最后单击“OK”按钮。

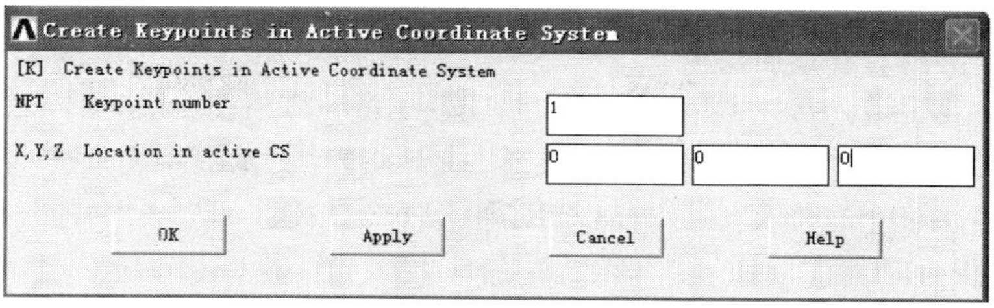

图 9-27　定义关键点

② 生成线

执行 Main Menu：Preprocessor→Modeling→Create→Lines→Lines→Straight Line 命令，弹出如图 9-26 所示的“Create Straight Line”对话框，然后用鼠标依次拾取点 1、4，单击“OK”按钮。

（4）对模型进行网格划分

① 设置单元尺寸

执行 Main Menu：Preprocessor→Meshing→Size Cntrls→ManualSize→Global→Size 命令，弹出“Global Element Sizes”对话框，如图 9-28 所示。在 Element edge length 文本框中输入 0.05（共划分 80 个梁单元），单击“OK”按钮。

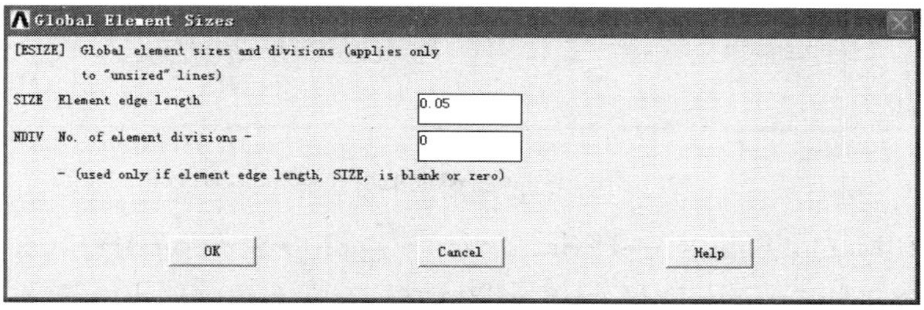

图 9-28　定义单元尺寸

② 划分网格

执行 Main Menu：Preprocessor→Meshing→Mesh→Lines 命令，弹出“Mesh Lines”对话框，鼠标选取直线 1，单击“OK”按钮。

③ 显示划分网格效果

执行 Utility Menu：PlotCtrls → Style → Size and Shape 命令，弹出对话框，在“/ESHAPE”一栏中单击后面选框，off 变为 on，单击“OK”按钮，显示梁的实际结构。点击右侧图形变换按钮中的“Bottom View”按钮，转换视图方向。

④ 保存有限元网结果

执行 Utility Menu：File→Save as 命令，弹出“Save DataBase”对话框，在 Save DataBase to 下拉列表中输入 mesh_example2.db，单击“OK”按钮。

（5）设定约束条件

① 在简支梁的左端添加约束

执行 Main Menu：Solution→Define Loads→Apply→Structural→Displacement→On Keypoints 命令，弹出“Apply U,ROT on Kps”对话框，在文本框中输入 1，单击“Apply”按

钮，在弹出的对话框中选择 UX、UY、UZ、ROTX，单击“OK”按钮。

② 在简支梁的右端添加约束

执行 Main Menu：Solution→Define Loads→Apply→Structural→Displacement→On Keypoints 命令，弹出“Apply U，ROT on Kps”对话框，在文本框中输入 4，单击“Apply”按钮，在弹出的对话框中选择 UY、UZ、ROTX，单击“OK”按钮。

（6）施加载荷

① 施加集中力载荷

执行 Main Menu：Solution→Define Loads→Apply→Structural→Force/Moment→On Keypoints 命令，弹出“Apply F/M on Kps” 对话框，在文本框中输入 2，单击“Apply”按钮，弹出对话框如图 9-29 所示，选择 FZ，在 Force/moment value 文本框中输入－160 000，单击“OK”按钮。

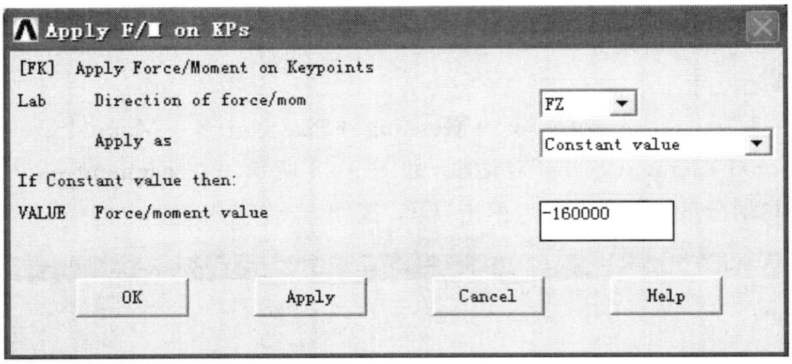

图 9-29 施加集中力载荷

执行 Main Menu：Solution→Define Loads→Apply→Structural→Force/Moment→On Keypoints 命令，弹出“Apply F/M on Kps”对话框，在文本框中输入 3，单击“Apply”按钮，在弹出的对话框中选择 FZ，在 Force/moment value 文本框中输入－160 000，单击“OK”按钮。

② 施加均布载荷

执行 Main Menu：Solution→Define Loads→Apply→Structural→Pressure→On Beams 命令，弹出“Apply PRES on Beams”对话框，单击“Pick All”按钮，弹出对话框如图 9-30 所示，在 VALI 文本框输入 10 000，单击“OK”按钮。

（7）求解

执行 Main Menu：Solution→Solve→Current LS 命令，弹出如图 9-13 所示的“Solve Current Load Step”对话框，提示重新检查当前模型的相关信息。

查看如图 9-31 所示的“/STATUS Command”状态窗口中的信息，查看完毕，选择菜单 File→Close，关闭“/STATUS Command”状态窗口。最后，单击“Solve Current Load Step”对话框中的“OK”按钮开始进行求解计算。

当弹出如图 9-32 所示的“Note”求解完毕提示框后，单击“Close”按钮关闭此提示框。求解完毕。

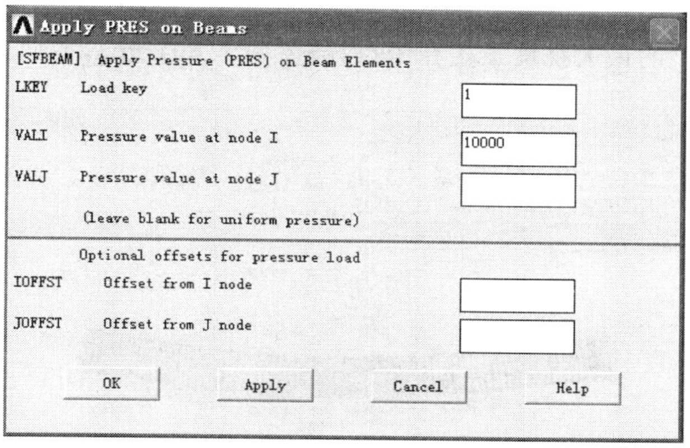

图 9-30　施加均布载荷

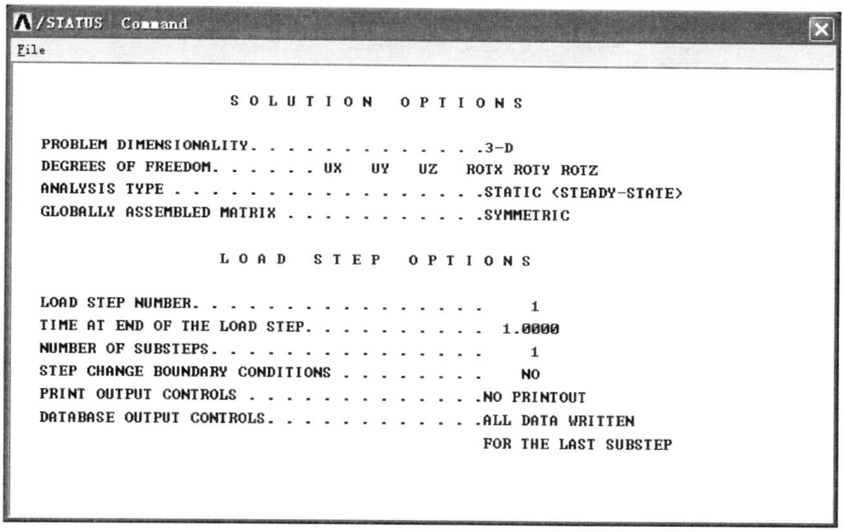

图 9-31　求解状态窗口

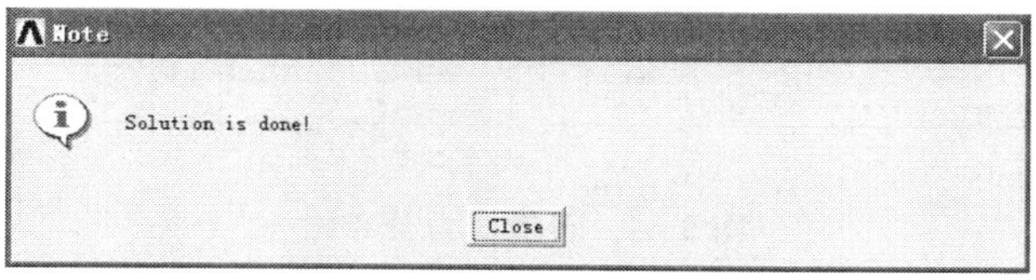

图 9-32　求解完毕提示框

执行 Utility Menu:File→Save as 命令,弹出“Save DataBase”对话框,在 Save DataBase to 下拉列表中输入 model_example2. db,单击“OK”按钮。

(8) 查看分析结果

① 在载荷作用下简支梁的最大挠度

执行 Main Menu: General Postproc→Plot Results→Contour Plot→Nodal Solu 命令,弹出“Contour Nodal Solution Data”对话框,选择 Nodal Solution→DOF Solution→Z-Component of Displacement 命令，单击“OK”按钮，得到如图 9-33 所示的沿 z 轴方向的变形云图。可以看出，简支梁的最大挠度发生在中点，数值为 1.604 mm，方向向下。

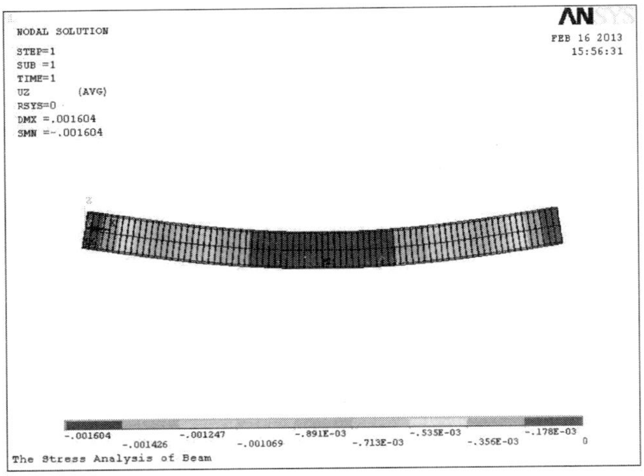

图 9-33 挠度云图

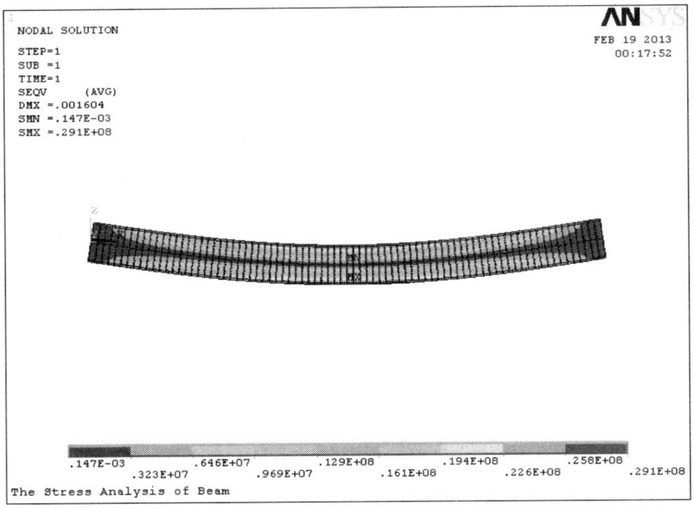

图 9-34 等效应力分布图

② 在载荷作用下简支梁的最大应力，是否满足要求

执行 Main Menu：General Postproc→Plot Results→Contour Plot→Nodal Solu 命令，弹出“Contour Nodal Solution Data”对话框，选择 Nodal Solution→Stress→Von Mises 命令，单击“OK”按钮，得到如图 9-34 所示等效应力分布图。可以看出，简支梁的最大应力发生在中点，数值为 29.1 MPa，小于 32a 工字钢的许用应力 160 MPa，符合要求。

③ 在载荷作用下左端的转角

执行 Main Menu：General Postproc→Plot Results→Contour Plot→Nodal Solu 命令，弹出“Contour Nodal Solution Data”对话框，选择 Nodal Solution→DOF Solution→Y-Component of rotation 命令，单击“OK”按钮，得到如图 9-35 所示的沿 y 轴方向旋转的转动变形图。可以看出，简支梁在载荷作用下左端的转角大小为 0.001 211 rad。

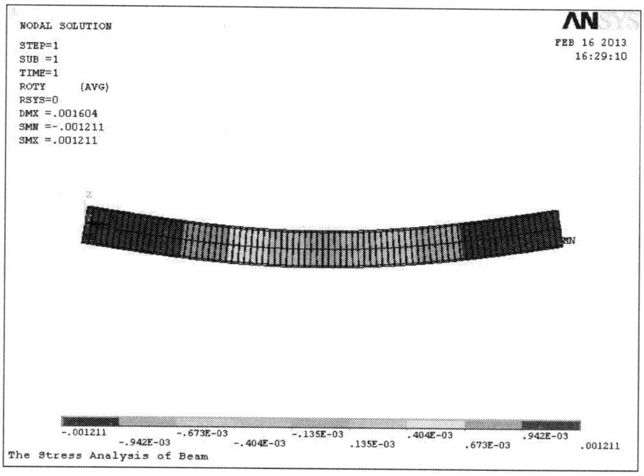

图 9-35　沿 y 方向转动变形图

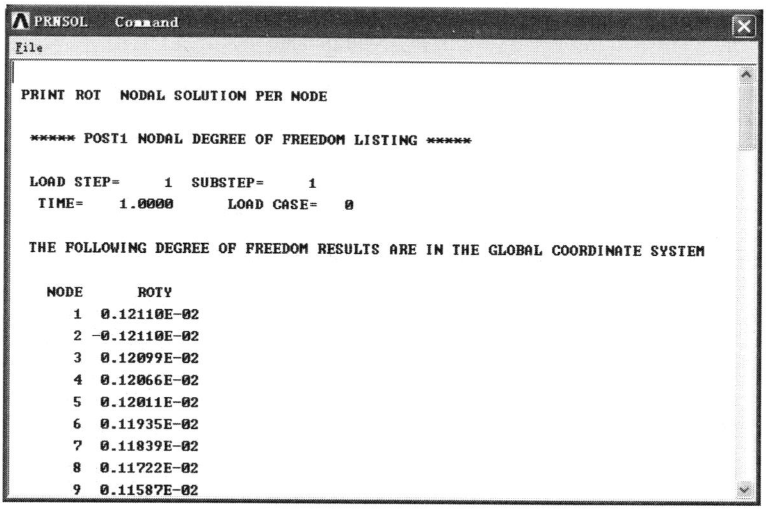

图 9-36　沿 y 方向各截面转角数值

④ 列表显示各截面转角数值

执行 Main Menu：General Postproc→List Results→Nodal Solu 命令，弹出“List Nodal Solution”对话框，选择 Nodal Solution→DOF Solution→Y-Component of rotation 命令，单击“OK”按钮，弹出“PRNSOL Command”状态窗口，如图 9-36 所示，可以查看到简支梁左端即结点 1 转角大小为 0.001 211 rad。

(9) 保存文件并退出 ANSYS

执行 Utility Menu：File→Exit 命令，在弹出如图 9-37 所示的“Exit from ANSYS”对话框中选择 Save Everything 单选按钮，最后单击“OK”按钮，保存文件并退出 ANSYS。

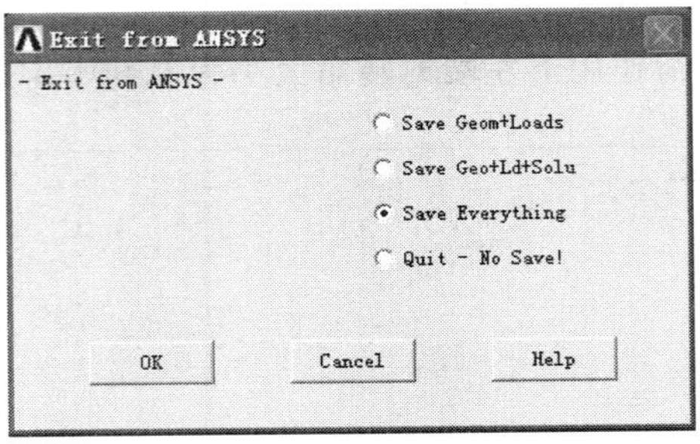

图 9-37　退出 ANSYS

9.3　轴承座的有限元分析实例

例 9-3　已知轴、轴瓦、轴承座的尺寸如图 9-38 所示，轴的材料为 45 号钢，轴瓦和轴承座的材料为 HT200，轴上受有作用力 $P=5\ 000$ N。

(1) 试对轴承座受力后的应力和变形进行分析；

(2) 该轴承座最大能承受多大的力。

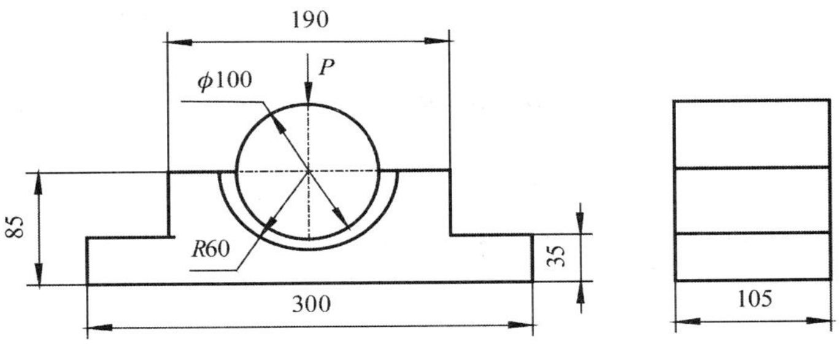

图 9-38　轴承座

分析：轴承座的材料为 HT200，查设计手册得到弹性模量 $E=126$ GPa，泊松比 $\mu=0.3$，HT200 材料的最大许用应力值 $[p]=200$ MPa。由于在轴径中心上施加的力是 5 000 N，传递到轴承座上的压力可以简化为是在轴承座接触面的轮廓线上加载了线性变化的力，即

$$|p|=\frac{2|p_{\max}|}{\pi}\times\alpha \qquad \left(0\leqslant\alpha\leqslant\frac{\pi}{2}\right)$$

其分布的力在 y 轴方向的合力为 5 000 N(通过计算可得到所施加的分布力最大为 84 N，作用在半圆中点处)。

求解步骤如下：

(1) 启动 ANSYS 程序并进行预设置

双击桌面上 ANSYS 的快捷按钮，或从开始菜单中启动 ANSYS。

① 定义工作文件名。执行 Utility Menu:File→Change Jobname 命令，在弹出如图 9-39 所示的“Change Jobname”对话框中输入 ansys_example3，选择 New log and error files 复选框，单击“OK”按钮。

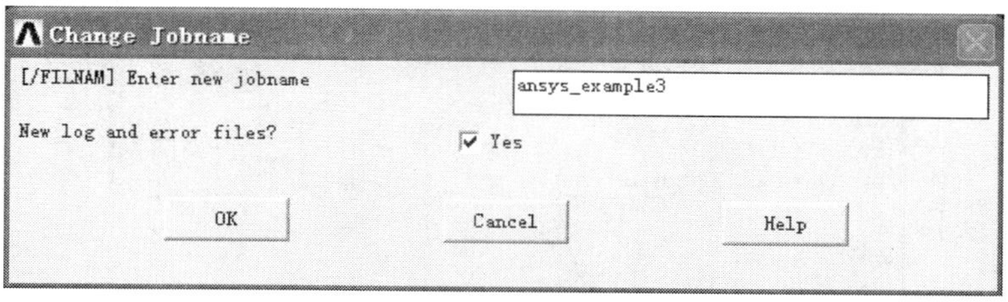

图 9-39　定义工作文件名

② 更改工作目录。首先在[我的文档]文件夹下新建"ansys_example3" 文件夹，执行 Utility Menu：File→Change Directory 命令，在弹出的"浏览文件夹"对话框中选择桌面\我的文档\ansys_example3 文件夹，单击"确定"按钮。

③ 定义工作标题。执行 Utility Menu：File→Change Title 命令，在弹出如图 9-40 所示的"Change Title"对话框中输入 The Stress Analysis of Bearing Block，单击"OK"按钮。

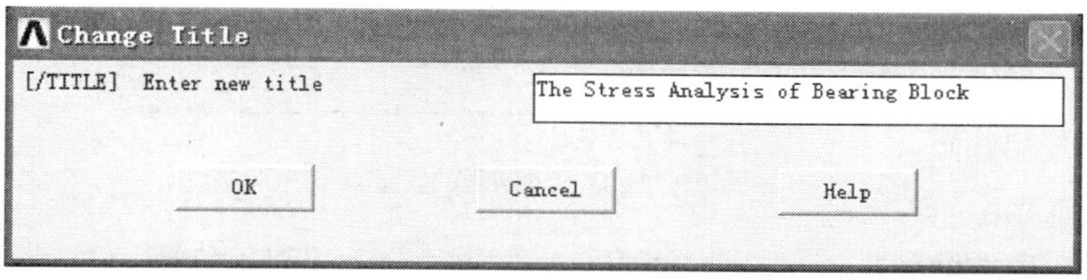

图 9-40　定义标题名

④ 关闭三角坐标号。执行 Utility Menu：PlotCtrls→Windows controls→Window Options 命令，弹出如图 9-41 所示的"Window Options"对话框，在 Location of triad 下拉列表框中选择 Not shown 选项，单击"OK"按钮。

⑤ 设置计算类型。执行 Main Menu：Preferences 命令，在弹出的"Preference for GUI Filtering" 对话框中选择 Structural，单击"OK"按钮。

(2) 设置单元类型及材料属性

① 设置单元类型

执行 Main Menu：Preprocessor→Element Type→Add/Edit/Delete 命令，在弹出的"Element Types" 对话框中单击"Add…"按钮，弹出"Library of Element Type"对话框，如图 9-42 所示，选择 Solid 的 Quad 4node 42，单击"OK"按钮返回"Element Types"对话框，单击"Close"按钮退出"Element Types" 对话框，完成单元类型的选择。

② 设置材料属性

执行 Main Menu：Preprocessor→Material Props→Material Models 命令，在弹出的"Define Material Models Behavior"对话框中执行 Structural→Linear→Elastic→Isotropic 命令，弹出"Linear Isotropic Properties for Material Number 1"对话框，在 EX 文本框中输入 1.26e11，在 PRXY 文本框中输入 0.3，单击"OK"按钮退出"Linear Isotropic Properties for Materials"对话框，执行 Material→Exit 命令，完成材料属性的设置。

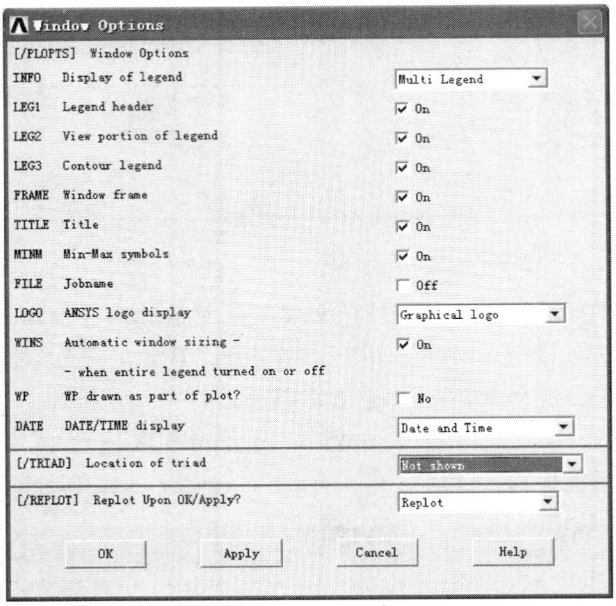

图 9-41 定义图形操作选项

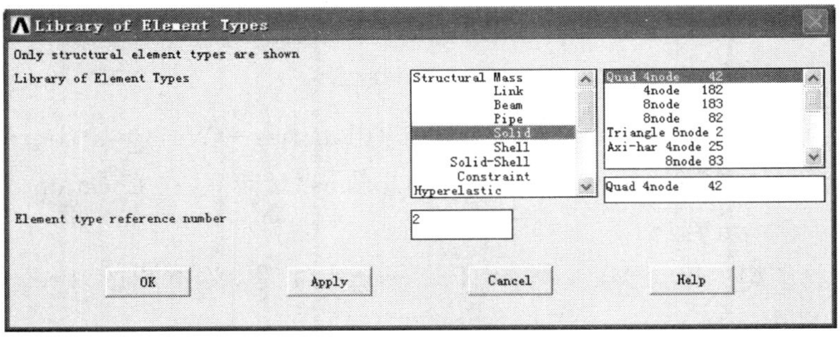

图 9-42 “单元类型”对话框

(3) 创建几何模型

① 执行 Main Menu:Preprocessor→Modeling→Create→Areas→Rectangle→By 2 corners,弹出如图 9-43 所示“Rectangle by 2 corners”对话框,在 WPX 文本框中输入 0,在 WPY 文本框中输入 0,在 Width 文本框中输入 0.3,在 Height 文本框中输入 0.035,单击“OK”按钮退出“Rectangle by 2 corners”对话框。

② 同理再以参数 WPX:0.055,WPY:0.035,Width:0.19,Height:0.05,画另外一个矩形。

③ 执行 Main Menu:Preprocessor→Modeling→Operate→Booleans→Add→Areas,弹出“AddAreas”对话框,选择以上的两个矩形,单击“OK”按钮进行布尔加运算将两个矩形合成一体。

④ 执行 Main Menu:Preprocessor→Modeling→Create→Areas→Circle→Solid Circle,弹出如图 9-44 所示“Solid Circular Area”对话框,在 WPX 文本框中输入 0.15,在 WPY 文

本框中输入 0.085，在 Radius 文本框中输入 0.06，单击"OK"按钮退出"Solid Circular Area"对话框。

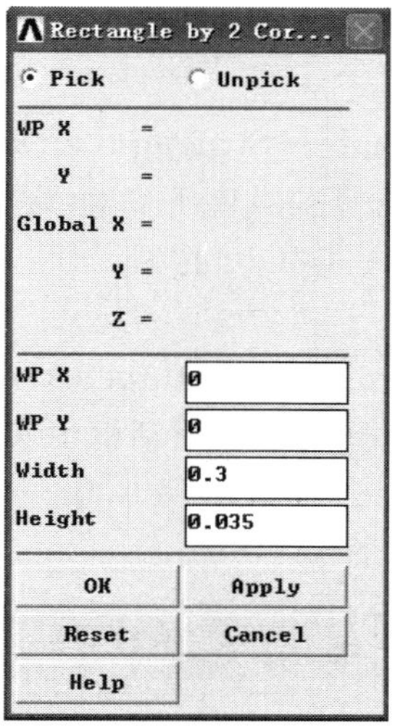

图 9-43　生成矩形尺寸

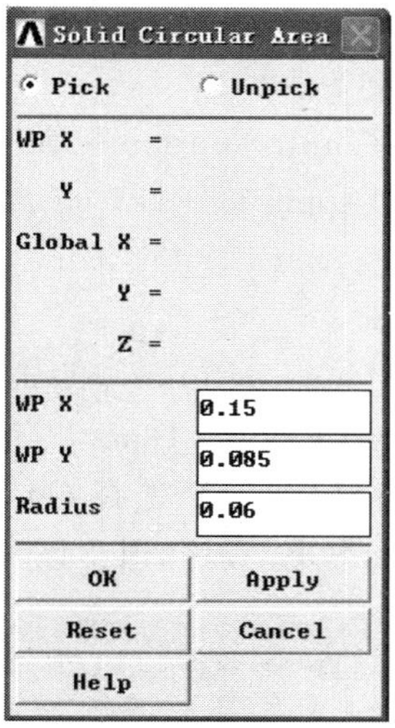

图 9-44　生成圆尺寸

⑤ 执行 Main Menu：Preprocessor → Modeling → Operate → Booleans → Subtract → Areas，弹出"Subtract Areas"对话框，先选择矩形单击"Apply"按钮，再选择圆，单击"OK"按钮进行布尔减运算。

（4）对模型进行网格划分

① 执行 Main Menu：Preprocessor→Meshing→Mesh Tool 命令，弹出"Mesh Tool"对话框，选择 Smart size，并将其数值设置为 4，在 Mesh 后面的下拉列表框中选择 Areas，选择 Shape 后面的 Tri 和 Free，单击"Mesh"按钮，弹出"Mesh Areas"对话框，单击"Pick All"按钮，完成网格划分。所建立的模型如图 9-45 所示。

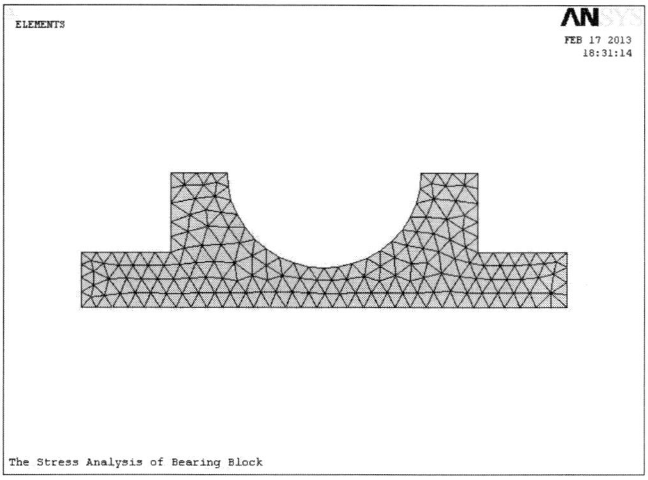

图 9-45　网格划分

② 保存有限元网格结果

执行 Utility Menu:File→Save as 命令,弹出“Save DataBase”对话框,在 Save DataBase to 下拉列表中输入 mesh_example3. db,单击“OK”按钮。

(5) 设定约束条件

执行 Main Menu: Solution→Define Loads→Apply→Structural→Displacement→On Lines 命令,弹出“Apply U,ROT on Lines”对话框,选择轴承座下底边,单击“OK”按钮,在弹出的对话框中选择 All DOF,Value 文本框输入 0,单击“OK”按钮。

(6) 施加载荷

执行 Main Menu: Solution→Define Loads→Apply→Structural→Pressure→On lines 命令,弹出“Apply PRES on Lines”对话框,选择左 1/4 圆,单击对话框中“OK”按钮,弹出新对话框,有三项内容,第一个选择 Constant value,第二个请填写 0,第三项请填写 84,如图 9-46 所示,单击“OK”按钮,退出该对话框。

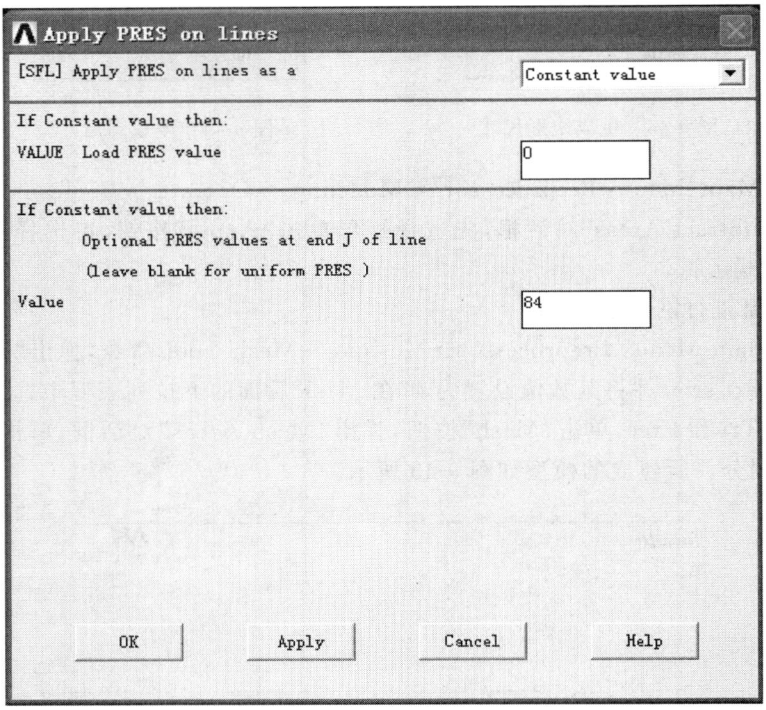

图 9-46 添加分布载荷

同理,执行 Main Menu: Solution→Define Loads→Apply→Structural→Pressure→On lines 命令,弹出“Apply PRES on Lines”对话框,选择右 1/4 圆,单击对话框中“OK”按钮,弹出新对话框,有三项内容,第一个选择 Constant value,第二个请填写 84,第三项请填写 0,单击“OK”按钮,退出该对话框。

(7) 求解

执行 Main Menu: Solution→Solve→Current LS 命令,弹出如图 9-47 所示的“Solve Current Load Step”对话框,提示重新检查当前模型的相关信息。

查看如图 9-48 所示的“/STATUS Command”状态窗口中的信息，查看完毕，选择菜单 File→Close，关闭“/STATUS Command”状态窗口。最后，单击“Solve Current Load Step”对话框中的“OK”按钮开始进行求解计算。

当弹出如图 9-49 所示的“Note”求解完毕提示框后，单击“Close”按钮关闭此提示框。求解完毕。

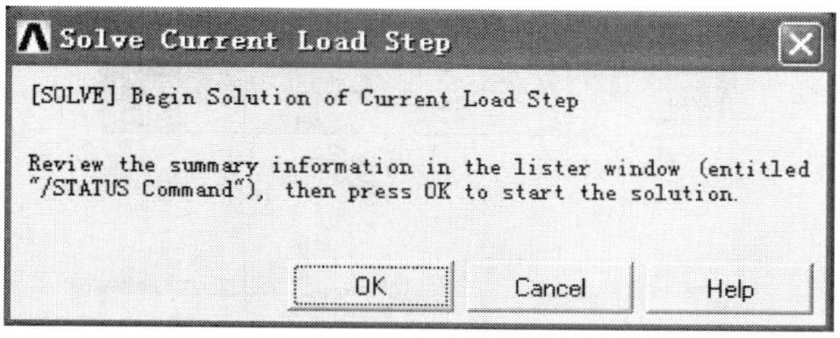

图 9-47　“求解”提示框

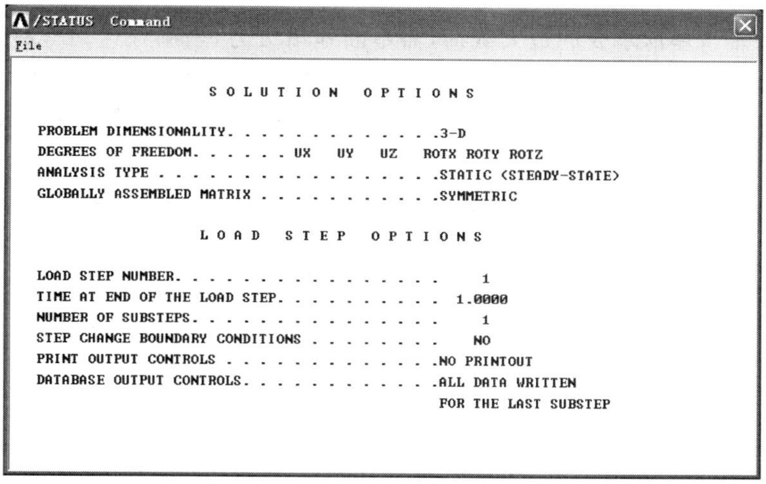

图 9-48　求解状态窗口

图 9-49　求解完毕提示框

执行 Utility Menu:File→Save as 命令，弹出“Save DataBase”对话框，在 Save DataBase to 下拉列表中输入 model_example3. db，单击“OK”按钮。

(8) 查看分析结果

① 执行 Main Menu: General Postproc→Plot Results→Contour Plot→Nodal Solu 命令，弹出“Contour Nodal Solution Data”对话框，选择 Nodal Solution→Stress→Von Mises 命令，单击“OK”按钮，得到如图 9-50 所示等效应力分布图。

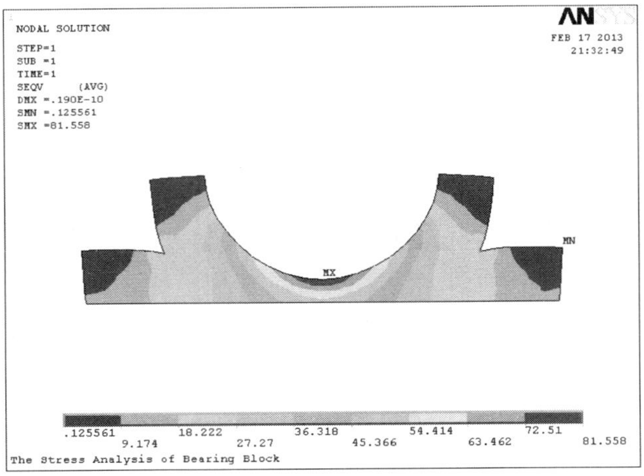

图 9-50 等效应力分布图

② 为了求轴承座能承受的最大载荷，需不断地增大力，当刚好达到材料的许用应力值时的载荷为能承受的最大载荷。因为 HT200 材料的最大许用压力[p]=200 MPa，将作用力 P 逐渐增大。当轴承座上承受作用力 P=12 000 N(此时所施加的分布力最大为 200 N，作用在半圆中点处)时，轴承座圆形凹槽底部压力值达到 194 MPa 左右，所以可以粗略地认为该轴承座能承受的最大作用载荷 P_{max}=12 000 N。如图 9-51 所示。

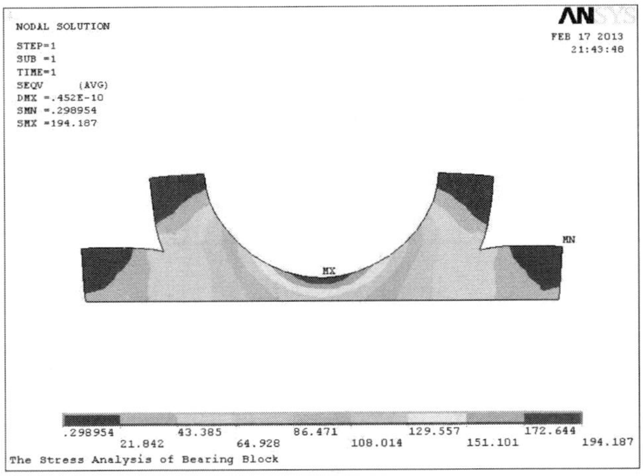

图 9-51 最大作用载荷下等效应力分布图

(9) 保存文件并退出 ANSYS

执行 Utility Menu:File→Exit 命令，在弹出如图 9-52 所示的“Exit from ANSYS”对话框中选择 Save Everything 单选按钮，最后单击“OK”按钮，保存文件并退出 ANSYS。

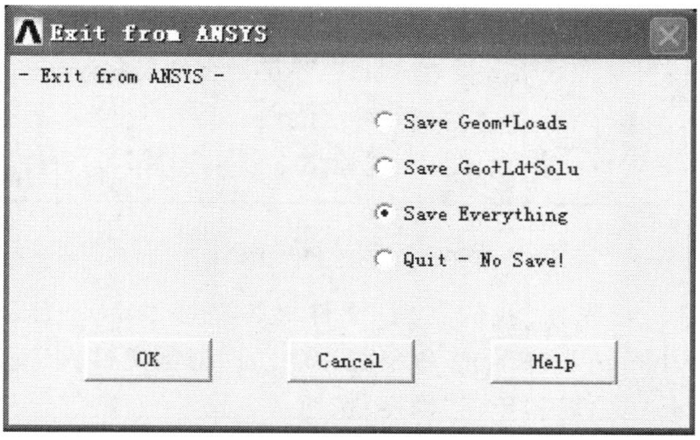

图 9-52　退出 ANSYS

9.4　桁架的有限元分析实例

例 9-4　如图 9-53 所示，桁架结构由 5 个杆件组成，两端分别在 1、3 点用铰链支承，2 点受到一个方向向下的力 $F=10\ 000$ N，桁架的尺寸已在图中标出，材料弹性模量 $E=2.06e11$Pa；泊松比 $\mu=0.3$；杆件的横截面积 $A=0.002\ 5\ m^2$，试利用 ANSYS 计算各杆件的受力。

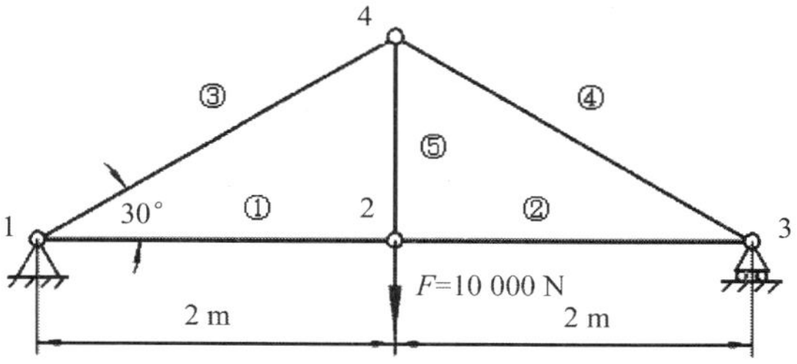

图 9-53　桁架结构简图

分析：根据结构的几何特点，单元类型选用 Link1 单元，根据各结点的坐标生成节点，通过连接结点直接生成单元，添加约束和载荷后进行求解，求解结束后，绘出结构变形图并观察动态变形过程，同时列表显示各杆件的受力。

求解步骤如下：

(1) 启动 ANSYS 程序并进行预设置

双击桌面上 ANSYS 的快捷按钮，或从开始菜单中启动 ANSYS。

① 定义工作文件名。执行 Utility Menu：File→Change Jobname 命令，在弹出如图 9-54 所示的“Change Jobname”对话框中输入 ansys_example4，选择 New log and error files 复选框，单击“OK”按钮。

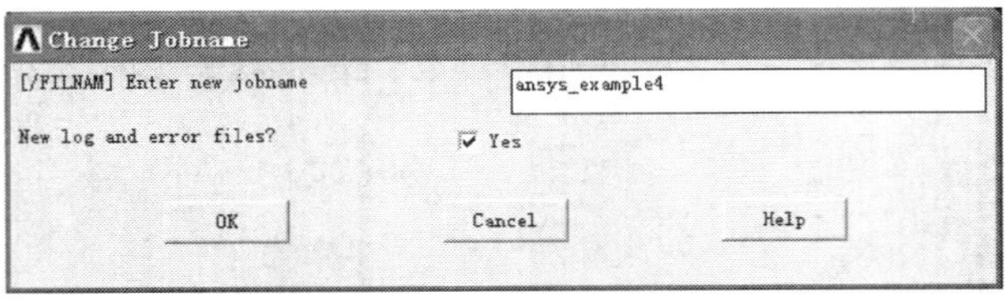

图 9-54　定义工作文件名

② 更改工作目录。首先在“我的文档”文件夹下新建“ansys_example4”文件夹，执行 Utility Menu:File→Change Directory 命令，在弹出的“浏览文件夹”对话框中选择桌面\我的文档\ansys_example4 文件夹，单击“确定”按钮。

③ 定义工作标题。执行 Utility Menu:File→Change Title 命令，在弹出如图 9-55 所示的“Change Title”对话框中输入 The Stress Analysis of truss，单击“OK”按钮。

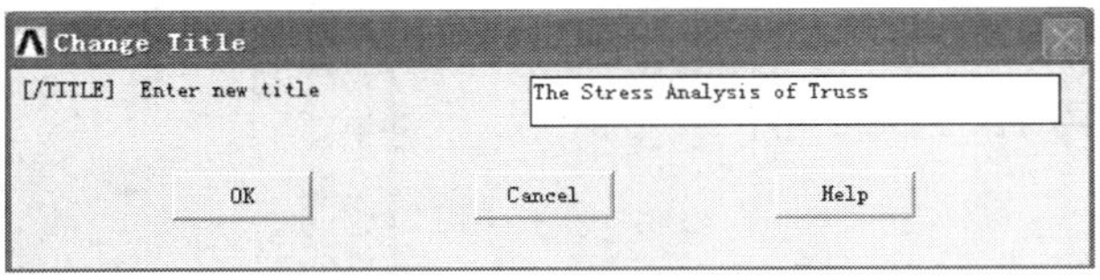

图 9-55　定义标题名

④ 关闭三角坐标号。执行 Utility Menu: PlotCtrls→Windows controls→Window Options 命令，弹出如图 9-56 所示的“Window Options”对话框，在 Location of triad 下拉列表框中选择 Not shown 选项，单击“OK”按钮。

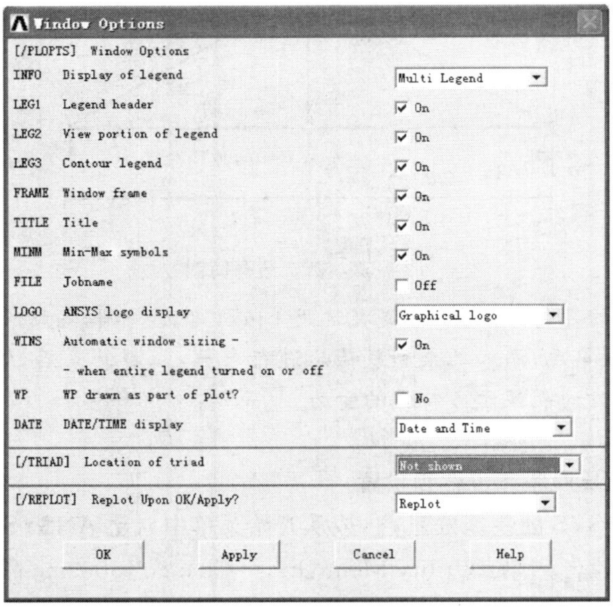

图 9-56　定义图形操作选项

⑤ 设置计算类型。执行 Main Menu:Preferences 命令，在弹出的“Preference for GUI

Filtering”对话框中选择 Structural，单击“OK”按钮。

（2）设置单元类型及材料属性

① 设置单元类型

执行 Main Menu：Preprocessor→Element Type→Add/Edit/Delete 命令，在弹出的“Element Types”对话框中单击“Add…”按钮，弹出“Library of Element Type”对话框，如图 9-57 所示，选择 Link 的 2D spar 1，单击“OK”按钮返回“Element Types”对话框，单击“Close”按钮退出“Element Types”对话框，完成单元类型的选择。注：LINK1 属于二维平面杆单元，即二力杆，只承受拉力或压力，不考虑弯矩。

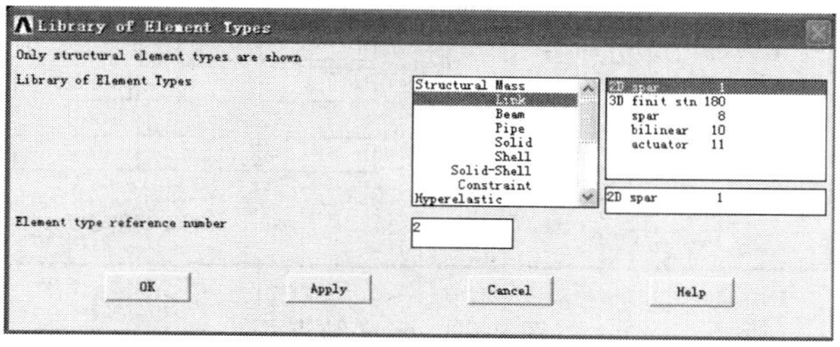

图 9-57　“单元类型”对话框

② 定义实常数

执行 Main Menu：Preprocessor→Real Constants→Add/Edit/Delete 命令，在弹出的“Real Constants”对话框中单击“Add”按钮，弹出“Element Type for Real Constants”对话框，已经定义过的 LINK1 单元出现于该对话框中，单击“OK”按钮，弹出下一级对话框，在 AREA 文本框输入 0.0025，如图 9-58 所示，单击“OK”按钮，返回上一级对话框，单击“Close”按钮，关闭“Element Type for Real Constants”对话框，完成实常数的定义。

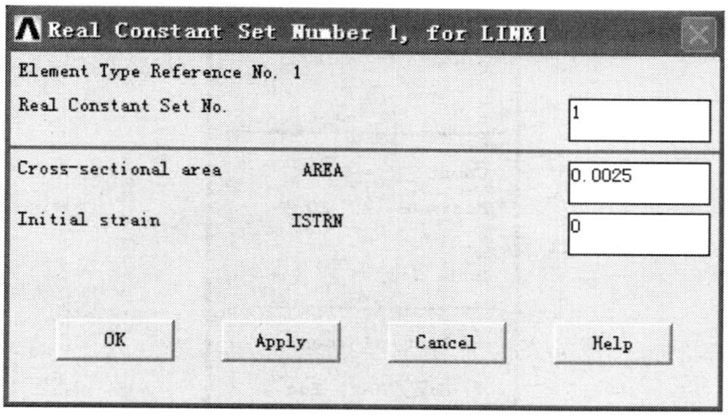

图 9-58　实常数定义

③ 设置材料属性

执行 Main Menu：Preprocessor→Material Props→Material Models 命令，在弹出的“Define Material Models Behavior”对话框中执行 Structural→Linear→Elastic→Isotropic 命令，弹出“Linear Isotropic Properties for Material Number 1”对话框，在 EX 文本框中输入 2.06e11，在 PRXY 文本框中输入 0.3，单击“OK”按钮退出“Linear Isotropic Properties for Materials”对话框，执行 Material→Exit 命令，完成材料属性的设置。

(3) 创建几何模型

① 生成结点

图 9-53 所示衍架中共有 4 个结点，根据已知条件，其坐标求出如下：1(0,0,0)，2(2,0,0)、3(4,0,0)、4(2,1.1547,0)。执行 Main Menu：Preprocessor→Modeling→Create→Nodes→In Active CS 命令，弹出“Create Nodes in Active Coordinate System”对话框，输入如图 9-25 所示数据，单击“Apply”按钮，之后依次输入三个点的坐标：2(2,0,0)、3(4,0,0)、4(2,1.1547,0)，如图 9-59 所示。最后单击“OK”按钮。

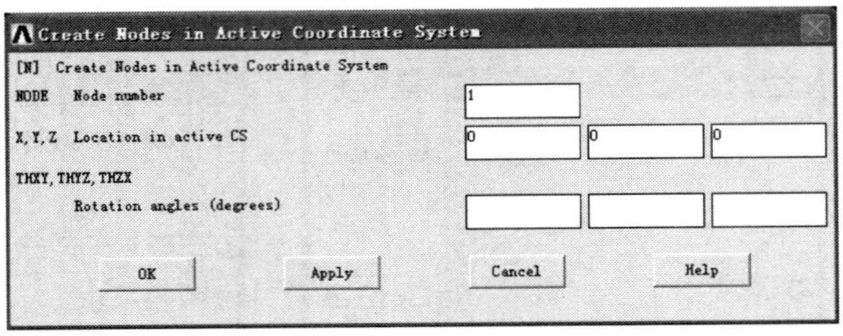

图 9-59 定义结点

② 生成单元

执行 Main Menu：Preprocessor→Modeling→Create→Elements→Auto Numbered→Thru Nodes 命令，弹出如图 9-60 所示的“Elements from Nodes”对话框，然后用鼠标依次拾取点 1、2，单击“Apply”按钮。即可生成①单元。同理，分别点击 2、3，1、4，3、4，2、4 可生成其余 4 个单元。

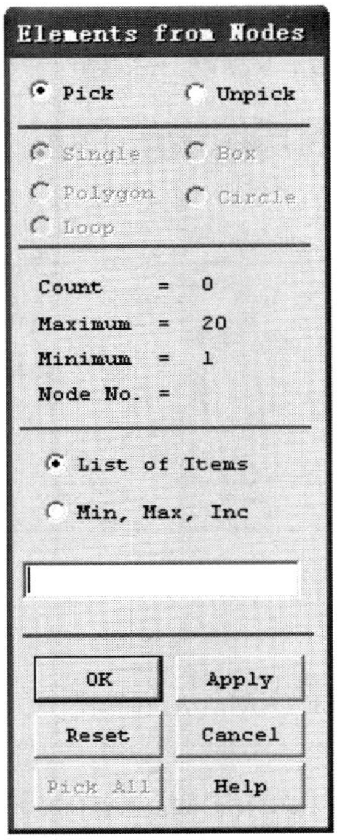

图 9-60 生成单元

(4) 设定约束条件

① 在桁架的左端添加约束

执行 Main Menu：Solution→Define Loads→Apply→Structural→Displacement→On Nodes 命令，弹出“Apply U，ROT on Nodes”对话框，选择结点 1 后，然后单击“OK”按钮，在弹出的对话框中选择 All DOF，如图 9-61 所示，单击“OK”按钮。

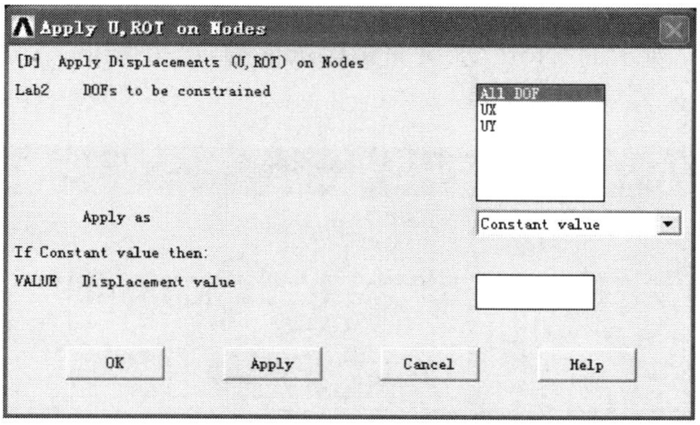

图 9-61　设定约束

② 在桁架的右端添加约束

执行 Main Menu：Solution→Define Loads→Apply→Structural→Displacement→On Nodes 命令，弹出“Apply U，ROT on Nodes”对话框，选择结点 3 后，然后单击“OK”按钮，在弹出的对话框中选择 UY，单击“OK”按钮。

执行 Utility Menu：File→Save as 命令，弹出“Save DataBase”对话框，在 Save DataBase to 下拉列表中输入 mesh_example4. db，单击“OK”按钮。

(5) 施加载荷

执行 Main Menu：Solution→Define Loads→Apply→Structural→Force/Moment→On Nodes 命令，弹出“Apply F/M on Nodes”对话框，选择结点 2，单击对话框中“OK”按钮，弹出新对话框，有三项内容，第一项选择 FY，第二项填写 Constant value，第三项填写 −10 000，如图 9-62 所示，单击“OK”按钮，退出该对话框。

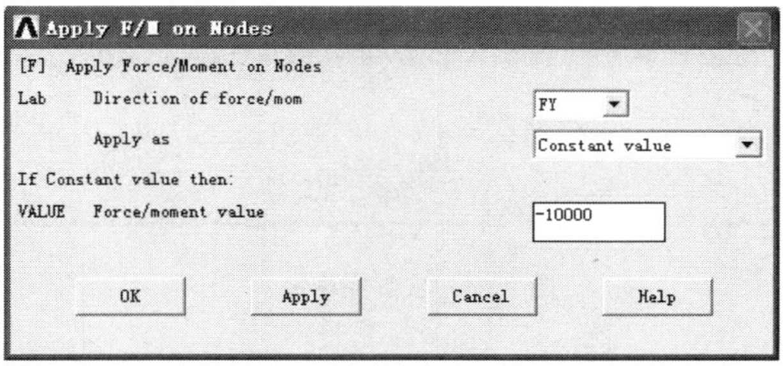

图 9-62　添加分布载荷

执行 Utility Menu：PlotCtrls→Style→Size and Shape 命令，弹出对话框，在“/ESHAPE”一栏中单击后面选框，off 变为 on，单击“OK”按钮，显示桁架的实际结构。

(6) 求解

执行 Main Menu：Solution→Solve→Current LS 命令，弹出如图 9-63 所示的“Solve Current Load Step”对话框，提示重新检查当前模型的相关信息。

查看如图 9-64 所示的“/STATUS Command”状态窗口中的信息，查看完毕，选择菜单 File→Close，关闭“/STATUS Command”状态窗口。最后，单击“Solve Current Load Step”对话框中的“OK”按钮开始进行求解计算。

当弹出如图 9-65 所示的“Note”求解完毕提示框后，单击“Close”按钮关闭此提示框，求解完毕。

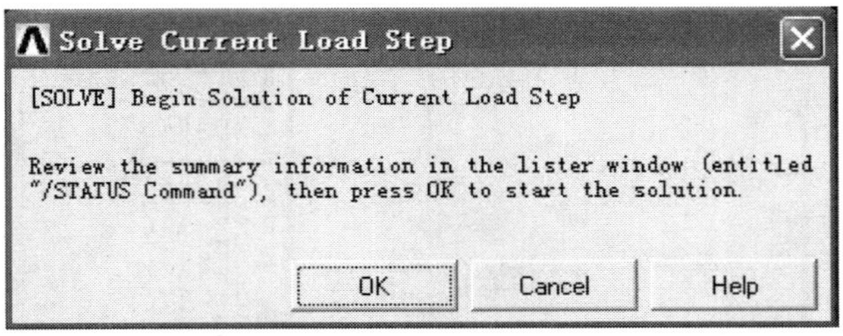

图 9-63 “求解”提示框

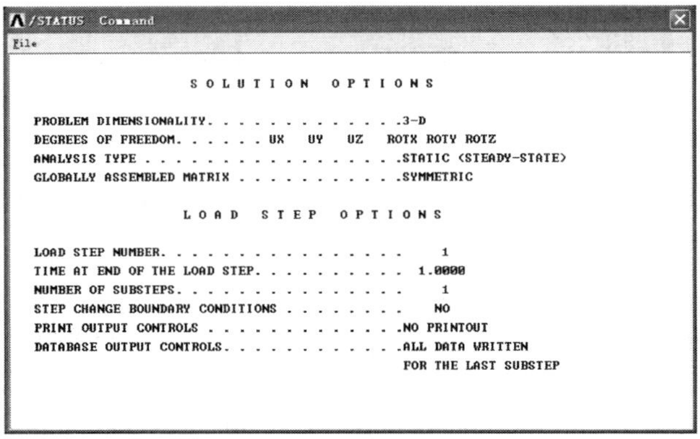

图 9-64 求解状态窗口

图 9-65 求解完毕提示框

执行 Utility Menu：File→Save as 命令，弹出“Save DataBase”对话框，在 Save DataBase to 下拉列表中输入 model_example4. db，单击“OK”按钮。

(7) 查看分析结果

① 显示变形图

执行 Main Menu：General Postproc→Plot Results→Deformed Shape 命令，弹出“Plot

Deformed Shape”对话框，选择 Def shape only 命令，单击“OK”按钮，得到如图 9-66 所示变形后的图形。

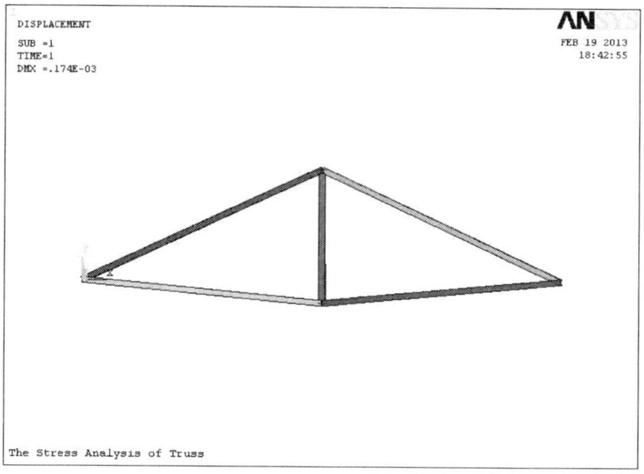

图 9-66 变形后图形

② 显示变形动画

执行 Utility Menu:PlotCtrls→Animate→Deformed Shape 命令，弹出如图 9-67 所示对话框，并在 Time delay 文本框中输入 0.1，选中 Def shape only 选项，然后单击“OK”按钮，即可显示桁架结构的变形动画。

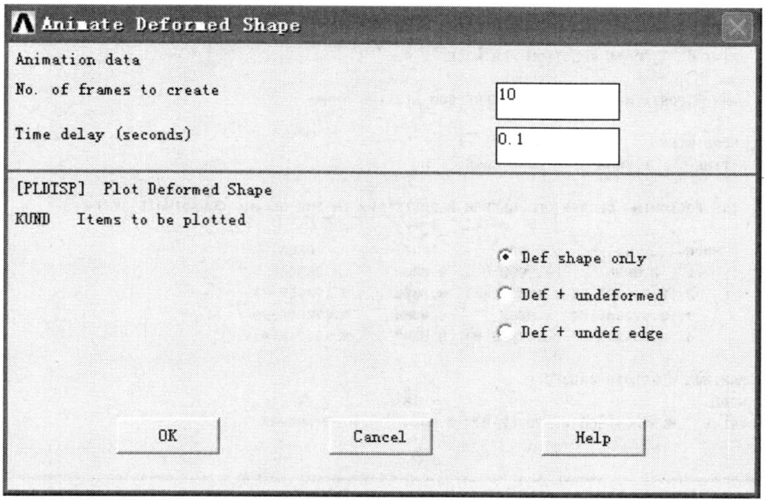

图 9-67 动画设置

③ 在载荷作用下挠度云图

执行 Main Menu: General Postproc→Plot Results→Contour Plot→Nodal Solu 命令，弹出“Contour Nodal Solution Data”对话框，选择 Nodal Solution→DOF Solution→Displacement of vector sum 命令，单击“OK”按钮，得到如图 9-68 所示的挠度云图。可以看出，桁架的最大挠度发生在结点 2，大小为 0.174 mm。

④ 列表显示各节点的位移

执行 Main Menu：General Postproc→List Results→Nodal Solu 命令，弹出“List Nodal Solution”对话框，选择 Nodal Solution→DOF Solution→Displacement of vector sum 命令，单击“OK”按钮，弹出“PRNSOL Command”状态窗口，如图 9-69 所示，列表显示桁架结构各结点的位移。

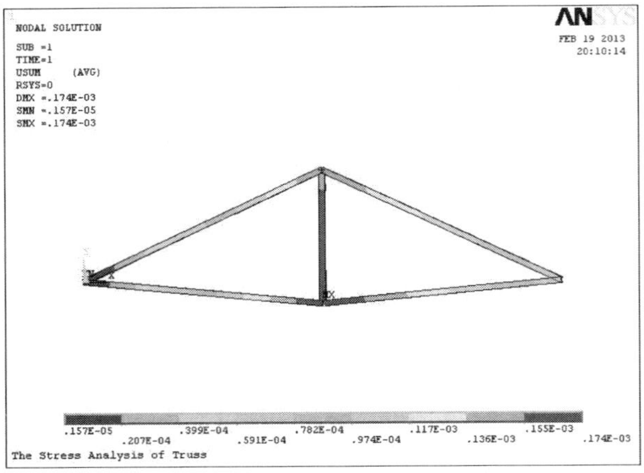

图 9-68 挠度云图

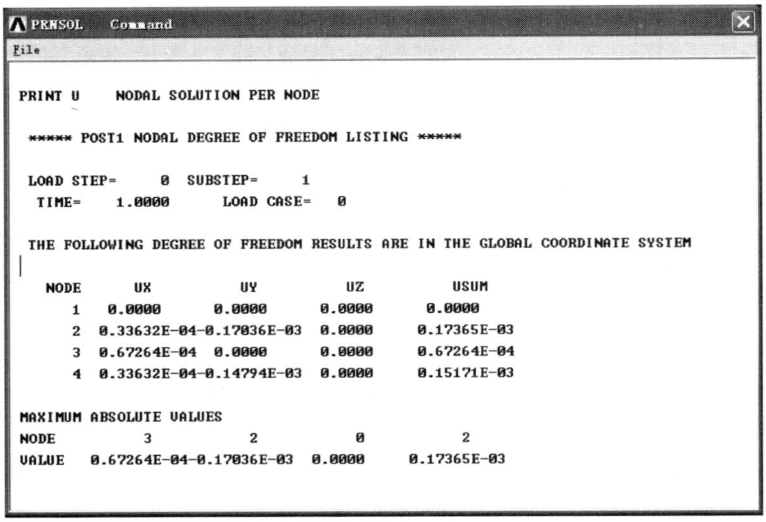

PRNSOL Command

File

PRINT U NODAL SOLUTION PER NODE

***** POST1 NODAL DEGREE OF FREEDOM LISTING *****

LOAD STEP= 0 SUBSTEP= 1
TIME= 1.0000 LOAD CASE= 0

THE FOLLOWING DEGREE OF FREEDOM RESULTS ARE IN THE GLOBAL COORDINATE SYSTEM

NODE	UX	UY	UZ	USUM
1	0.0000	0.0000	0.0000	0.0000
2	0.33632E-04	-0.17036E-03	0.0000	0.17365E-03
3	0.67264E-04	0.0000	0.0000	0.67264E-04
4	0.33632E-04	-0.14794E-03	0.0000	0.15171E-03

MAXIMUM ABSOLUTE VALUES

NODE	3	2	0	2
VALUE	0.67264E-04	-0.17036E-03	0.0000	0.17365E-03

图 9-69 列表显示各结点位移

⑤ 在载荷作用下各杆单元所受轴向力

执行 Main Menu：General Postproc→List Results→Element Solution 命令，弹出“List Element Solution”对话框，选择 Element Solution→Miscellaneous Items→Summable Items (SMISC,1)命令，在弹出的新对话框单击“OK”按钮，返回“List Element Solution”对话框，单击“OK”按钮，弹出“PRNSOL Command”状态窗口，如图 9-70 所示，列表显示桁架结构各杆单元所受的轴向力，此外，列表还给出了最大、最小力及其发生位置。

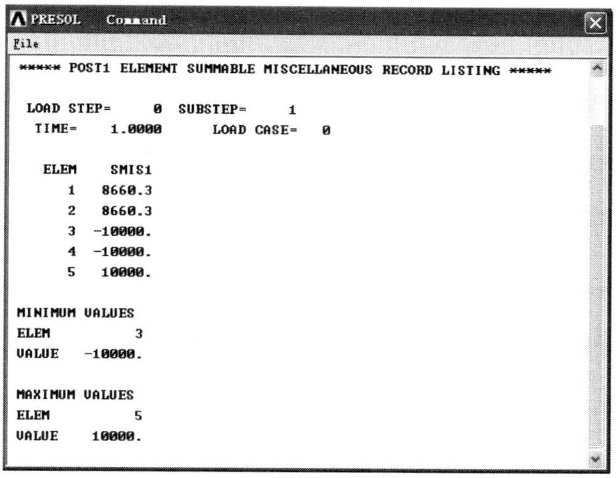

图 9-70　列表显示各杆单元受力大小

（8）保存文件并退出 ANSYS

执行 Utility Menu:File→Exit 命令，在弹出如图 9-71 所示的“Exit from ANSYS”对话框中选择 Save Everything 单选按钮，最后单击“OK”按钮，保存文件并退出 ANSYS。

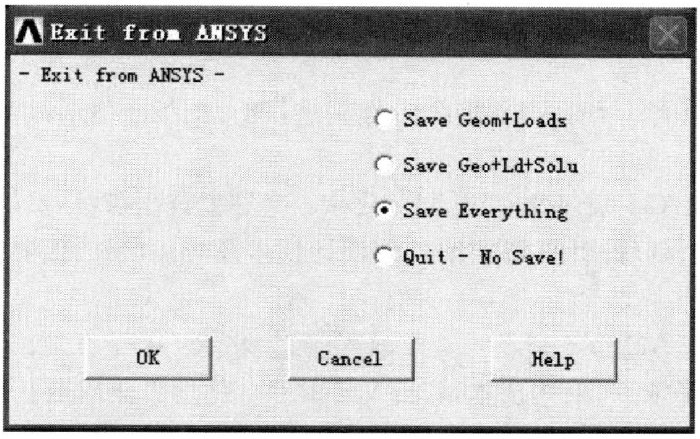

图 9-71　退出 ANSYS

参考文献

[1] 孙桓，陈作模，葛文杰．机械原理[M]．7 版．北京：高等教育出版社，2001．
[2] 裘建新．机械原理课程设计指导书[M]．北京：高等教育出版社，2005．
[3] 光耀，李达蕾，谢龙汉．UG NX7 三维造型设计及制图[M]．北京：清华大学出版社，2011．
[4] 郭卫东．虚拟样机技术与 ADAMS 应用实例教程[M]．北京：北京航空航天大学出版社，2008．
[5] 孔鹏．Visual C++6.0 完全自学手册[M]．北京：机械工业出版社，2007．
[6] 杨素英．基于 Visual C++的标准 C 实用程序设计教程[M]．北京：清华大学出版社，2010．
[7] 王隆太，朱灯林，戴国洪，等．机械 CAD/CAM 技术[M]．3 版．北京：机械工业出版社，2010．
[8] 宁汝新，赵汝嘉，欧宗瑛．CAD/CAM 技术[M]．北京：机械工业出版社，2010．
[9] 欧长劲，邬义杰．机械 CAD/CAM[M]．西安：西安电子科技大学出版社，2007．
[10] 杜静，何玉林．机械 CAD/CAE 应用技术基础[M]．2 版．北京：机械工业出版社，2008．
[11] 崔洪斌，郭彦书，译．计算机辅助设计与制造[M]．2 版．北京：清华大学出版社，2006．
[12] 张英杰．CAD/CAM 原理及应用[M]．北京：高等教育出版社，2007．
[13] 李原，张开富，余剑峰．计算机辅助几何设计技术及应用[M]．西安：西安工业大学出版社，2007．
[14] 王新荣，初旭宏．ANSYS 有限元基础教程[M]．北京：电子工业出版社，2011．
[15] 冷纪桐，赵军，张娅．有限元技术基础[M]．北京：化学工业出版社，2010．
[16] 李人宪．有限元法基础[M]．2 版．北京：国防工业出版社，2012．